"十三五"江苏省高等学校重点教材
高等学校统编教材

GNSS原理及其应用

Principles and Applications of Global Navigation Satellite System

(第二版)

赵长胜　孙小荣　周　立　王爱生
吴继忠　赵好好　付培义　编著

测绘出版社
·北京·

内容简介

本书是“十三五”江苏省高等学校重点教材,介绍了全球导航卫星系统(GNSS)的技术特点、应用领域,以及常用坐标系统和时间系统的概念及其转换方法;阐述了GNSS卫星运动理论基础、卫星在轨位置计算、导航电文结构和信号特点,GNSS静态、动态和导航定位的基本原理、数学模型和数据处理方法与误差处理方法;全面介绍了GNSS控制网设计方法、外业测量方法和内业数据处理理论与方法。

本书注重内容的系统性、科学性和实用性,力争使初学者理解和掌握GNSS技术。主要读者对象为高等学校测绘类或相关专业本科生,也可以作为研究生和工程技术人员的参考书。

图书在版编目(CIP)数据

GNSS原理及其应用 / 赵长胜等编著. —2版. —北京:测绘出版社,2020.8(2021.9重印)
高等学校统编教材
ISBN 978-7-5030-4327-7

Ⅰ. ①G… Ⅱ. ①赵… Ⅲ. ①卫星导航—全球定位系统—高等学校—教材 Ⅳ. ①P228.4

中国版本图书馆CIP数据核字(2020)第147516号

责任编辑	刘　策	封面设计	李　伟	责任印制	陈姝颖

出版发行	测绘出版社	电　　话	010—68580735(发行部) 010—68531363(编辑部)
地　　址	北京市西城区三里河路50号		
邮政编码	100045	网　　址	www.chinasmp.com
电子邮箱	smp@sinomaps.com	经　　销	新华书店
成品规格	184mm×260mm	印　　刷	北京建筑工业印刷厂
印　　张	12.25	字　　数	303千字
版　　次	2015年5月第1版 2020年8月第2版	印　　次	2021年9月第2版第2次印刷 (累计第4次印刷)
印　　数	5301—9300	定　　价	42.00元

书　　号　ISBN 978-7-5030-4327-7
本书如有印装质量问题,请与我社发行部联系调换。

第二版前言

本书自 2015 年 5 月第一版出版后，经过一次重印，2018 年被评为“十三五”江苏省高等学校重点教材。根据五年来读者的意见反馈和全球导航卫星系统的发展情况，我们对本书第一版进行了修订再版。具体的修订情况如下：

第 1 章增加了北斗卫星导航系统内容的介绍，简单介绍了日本准天顶卫星系统和印度区域导航系统等，删除了卫星三角测量和卫星多普勒导航定位测量两个部分。第 2 章增加了天球坐标系、地球坐标系中空间直角坐标与球面坐标的转换，以及岁差、章动旋转矩阵计算方面的算例。第 3 章增加了根据全球导航卫星系统卫星广播星历计算卫星在轨道坐标系的坐标，并转换为地球坐标系的坐标方面的算例，帮助初学者掌握卫星运动理论和在轨位置计算方法。第 4 章增加了卫星载波相位观测值与伪距观测值转换方面的算例。第 5 章增加了多系统数据融合理论与方法的介绍，以及电离层、对流层误差改正数计算和单点定位方面的算例。第 6 章增加了导航原理与卡尔曼滤波基本原理，为初学者进一步深造奠定基础。第 7 章增加了一些应用算例。

宿迁学院孙小荣副教授参加了第二版的修订工作。

由于作者水平有限，书中不当之处敬请读者批评指正。

第一版前言

全球导航卫星系统(GNSS)包括美国的 GPS、俄罗斯的 GLONASS、欧洲的 Galileo 和中国的 BDS 等。GNSS 在国民经济建设、国防和人民生活中扮演着越来越重要的角色。在测量领域中,GNSS 定位技术以其高精度、高效率、全天候、低成本、测站间不需要通视、花费时间少和作业方法多样等优良特性取代了用常规测角、测距手段建立的大地控制网,并广泛应用于工程测量。在水利施工、输电线路施测、道路(如铁路、公路)测量、精密设备安装、水下地形测量、变形监测、海洋测量、航空摄影测量、不动产测量等现场,到处都在使用 GNSS 定位技术。为适应 GNSS 定位技术的发展需要编写了本书。本书体现测绘类专业的特点,同时注意内容的系统性、科学性、实用性,以高等学校测绘类或相关专业本科生为主要读者,力争使初学者学习、理解和掌握 GNSS 定位技术。同时,本书也可以供测量工程技术人员和科技工作者参考应用。

全书分 7 章:第 1 章概述卫星定位技术的发展历程、技术特点和应用领域;第 2 章主要介绍测量工作涉及的坐标系统和时间系统;第 3 章介绍卫星运动基础和在轨位置技术方法;第 4 章介绍卫星导航电文和卫星信号;第 5 章介绍卫星静态定位原理和误差特点;第 6 章介绍卫星动态定位原理与实时动态定位技术;第 7 章介绍 GPS 在控制测量中的应用。

参加本书编写的有:江苏师范大学王爱生编写第 5 章和第 7 章;淮海工学院周立编写第 1 章;南京工业大学吴继忠编写第 2 章和第 3 章;南京信息工程大学赵好好编写第 4 章;太原理工大学付培义编写第 6 章。江苏师范大学赵长胜负责全书策划和统稿。中国矿业大学张华海教授审阅了全书,提出了宝贵的修改意见。

由于作者水平有限,书中不当之处敬请读者批评指正。

目　录

第1章　绪　论

1957 年 10 月，世界上第一颗人造地球卫星 Sputnik 发射成功，人们就开始利用卫星进行定位和导航的研究，人类的空间科学技术研究和应用跨入了一个崭新的时代，世界各国争相利用人造地球卫星为军事、经济和科学文化服务。全球导航卫星系统(global navigation satellite system,GNSS)是现代化的精密卫星导航定位系统。现有美国的 GPS、俄罗斯的 GLONASS、中国的 BDS 和欧洲的 Galileo 等全球导航卫星系统。其他国家或地区也在积极筹建全球导航卫星系统，如日本的 QZSS 和印度的 IRNSS。

本章主要介绍常用的全球导航卫星系统及其组成与特点以及应用等方面的内容。

1.1　全球导航卫星系统

GNSS 是以卫星为基础的无线电导航定位系统，具有全能性(陆地、海洋、航空和航天)、全球性、全天候、连续性和实时性的定位、导航和授时功能，能够提供精密的三维坐标、速度和时间参数。下面分别介绍 GPS、GLONASS、Galileo 和 BDS 四种全球导航卫星系统。

1.1.1　GPS

1973 年 12 月，美国国防部批准美国海陆空三军联合研制新一代卫星导航定位系统，即目前的全球定位系统(Global Positioning System,GPS)。

GPS 自 1974 年建立以来，经历了方案论证、系统研制和生产实验三个阶段，是继阿波罗计划、航天飞机计划之后的又一个庞大的空间计划。1978 年 2 月 22 日，第一颗 GPS 实验卫星发射成功。1989 年 2 月 14 日，第一颗 GPS 工作卫星发射成功，宣告 GPS 进入了营运阶段。1994 年 3 月 28 日，完成第 24 颗工作卫星的发射工作，其中，21 颗为工作卫星，3 颗为备用卫星，如图 1-1 所示，卫星均匀地分布在 6 个相对于赤道倾角为 55°的近似圆形轨道上，距离地球表面的平均高度为 20 200 km，运行速度为 3 800 m/s，运行周期为 11 小时 58 分钟。卫星的载波频率为 L1＝1 575.42 MHz(波长约 19 cm)和 L2＝1 227.60 MHz(波长约 24 cm)。每颗卫星可覆盖全球约 38%的面积。卫星的分布可保证在地球上任何地点、任何时刻，能同时观测到 4 颗以上的卫星。对于地面观测者来说，每天将提前 4 分钟见到同一颗 GPS 卫星。位于地平线以上的卫星颗数随着时间和地点的不同而不同，最少可见到 4 颗，最多可以见到 11 颗。满足了

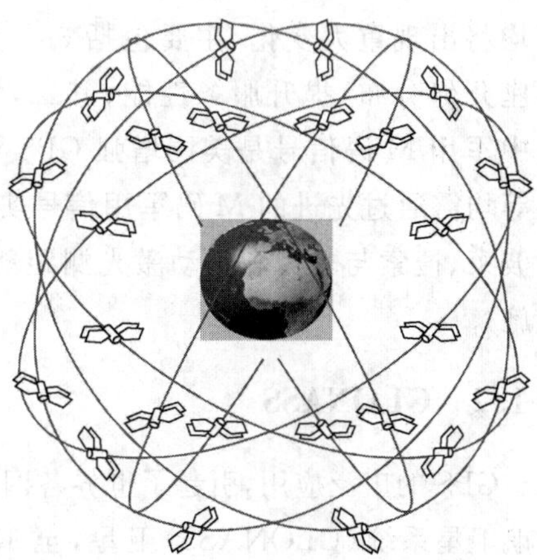

图 1-1　GPS 卫星星座

在用 GPS 信号导航定位时,为解算测站的三维坐标必须观测 4 颗 GPS 卫星的基本要求。每颗 GPS 工作卫星都发出用于导航定位的信号。GPS 用户正是利用这些信号来进行导航定位工作的。

GPS 卫星的编号方式有:按发射先后次序编号(01～24)、按卫星信号所采用的伪随机噪声码(PRN)的不同编号、按国际编号(第一部分为该星发射年代,第二部分为该年中发射卫星的序号,字母 A 表示发射的有效负荷)、按轨道位置顺序编号等。在导航定位测量中,一般采用 PRN 编号。

GPS 卫星的主体呈圆柱形,两侧设有两块双叶太阳能板,能自动对日定向,以保证卫星正常供电。每颗卫星配置有 4 台高精度原子钟(2 台铷钟和 2 台铯钟),这是卫星的核心设备。它将发射标准频率信号,为 GPS 定位提供高精度的时间标准。

在 GPS 设计之初,美国国防部的主要目的是能够为海陆空三军提供实时、全天候和全球性的导航服务,并用于情报收集、核暴监测和应急通信等一些军事活动。GPS 卫星运行性能表明,GPS 不仅能够达到上述目的,而且能够进行厘米甚至毫米级精度的静态定位,实现米级甚至亚米级精度的动态定位。随着 GPS 的开发应用,其被广泛地应用于飞机、船舶和各种载运工具的导航,以及高精度的大地测量、精密工程测量、地壳形变测量、地球物理测量、航天发射和卫星回收等技术领域。

迄今为止,GPS 卫星已设计了三代:BLOCK-Ⅰ、BLOCK-Ⅱ和 BLOCK-Ⅲ。为了保持、增强美国在全球卫星导航领域的领先优势与主导地位,美国实施了 GPS 现代化计划:第一阶段发射 12 颗改进型的 GPSⅡR 型卫星,信号功率上有了很大提高,在 L2 上加载了 C/A 码,在 L1 和 L2 上播发 P(Y)码的同时加载军用的 M 码。第二阶段发射 GPSⅡF 型卫星,除了具有 GPSⅡR 型卫星的功能外,还进一步强化了 M 码的功率,并增加了 L5 频率。目前,GPS 全部应用 BLOCK-ⅡF 型卫星运行。第三阶段发射 GPSⅢ型卫星,计划用近 20 年时间完成 GPSⅢ计划,取代 GPSⅡ。2018 年 12 月 23 日,首颗 GPSⅢ型卫星成功发射,使 GPS 现代化进入跨代发展阶段。

GPS 现代化将全面提升 GPS 军事与民用服务的性能,增强 GPS 民用导航服务的竞争能力和对抗条件下的军用导航服务能力。GPS 空间段星座卫星数量、导航信号、卫星功能等均将出现重大变化,主要包括 3 个方面:其一,星座卫星数量增加至 30 颗以上,以改善星座几何分布,提升服务性能;其二,增加军用 M 码信号、3 个民用信号(L1C、L2C、L5),其中军用 M 码信号是美国增强 GPS 导航战能力的重要基础,包括星上信号功率增强、点波束等均需通过先进的 M 码军用信号实现;其三,增加星上功率可调、高速星间与星地链路、点波束、搜索与救援和被动激光测距能力等,这是增强 GPS 自主导航与导航战能力的关键措施。

1.1.2 GLONASS

GPS 的广泛应用,引起了世界各国的关注。苏联自 1982 年 10 月开始研制发射格洛纳斯导航卫星系统(GLONASS)卫星,至 1996 年共发射 24＋1 颗卫星,经数据加载、调整和检验,1996年 1 月 18 日系统正式运行,主要为军用。2018 年底,GLONASS 在轨卫星 26 颗,成功发射GLONASS-M 卫星2颗，保证了GLONASS系统运行与服务的稳定。GLONASS卫星均匀地分布在3个轨道平面内，轨道倾角为64.8°，每个轨道上等间隔地分布8颗卫星。卫星距离地面高度为19 100 km，运行周期为11小时15分钟。GLONASS卫星星座如图1-2所示。民用无任何限制，不收费。卫星的载波频率L1为1 602～1 616 MHz和L2为1 246～1 256 MHz。民用的标准精度为：水平精度为50～70 m，垂直精度为75 m，测速精度为15cm/s，授时精度为1μs。GLONASS卫星的平均工作寿命超过4.5年。为了在未来与美国GPS以及其他国家的卫星导航系统的竞争中立于不败之地，俄罗斯开展了一系列现代化改进计划。俄罗斯2012年出台的《GLONASS系统2012—2020年维护、发展及应用计划》包括研制和部署新的GLONASS-K、地面段现代化、发展星基增强系统等。

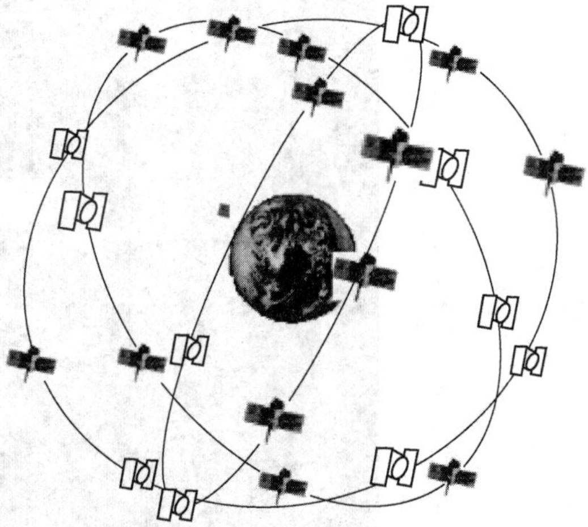

图1-2 GLONASS卫星星座

1.1.3 Galileo

GPS和GLONASS分别受到美国和俄罗斯两国军方的严密控制，其信号的可靠性无法得到保证，长期以来欧洲只能在美、俄的授权下从事接收机制造、导航服务等从属性的工作。为了能在卫星导航领域占有一席之地，欧洲认识到建立拥有自主知识产权的卫星导航系统的重要性。同时在欧洲一体化进程中，建立欧洲自主的卫星导航系统将会全面加强欧盟诸成员国之间的联系和合作。在这种背景下，欧盟启动一个军民两用并与现有的卫星导航系统兼容的全球卫星导航计划——伽利略计划。

欧盟在1992年2月首次提出伽利略计划。计划分成四个阶段，即论证阶段、系统研制阶段、卫星部署阶段和系统投入使用阶段。2005年12月28日，第一颗伽利略实验卫星GIOVE-A发射升空，标志着伽利略导航卫星系统(Galileo)正式进入实施阶段。从2008年开始，伽利略计划投资预算约为32.5亿欧元，服务范围覆盖全球，可以提供导航、定位、时间、通信等服务。其服务方式包括开放服务、商业服务和官方服务三个方面。2018年，欧洲完成4颗Galileo-FOC卫星的部署，在轨卫星达到25颗。

伽利略系统的基本结构包括星座与地面设施、服务中心、用户接收机等。卫星星座将由30颗卫星(27颗工作卫星和3颗备用卫星)组成，卫星采用中等地球轨道，均匀分布在高度约为23 616 km的3个中高度圆轨道面上，倾角56°。地面控制设施包括卫星控制中心和提供各项服务所必需的地面设施，用于管理卫星星座及测定和传播集成信号。Galileo卫星星座如图1-3所示。卫星的设计寿命为20年，卫星信号将采用4种位于L波段的多载频来发射，其频率分别为：① E5a：1 176.45 MHz；② E5b：1 207.14 MHz；③ E6：1 278.75 MHz；④ E1：1 575.42 MHz。

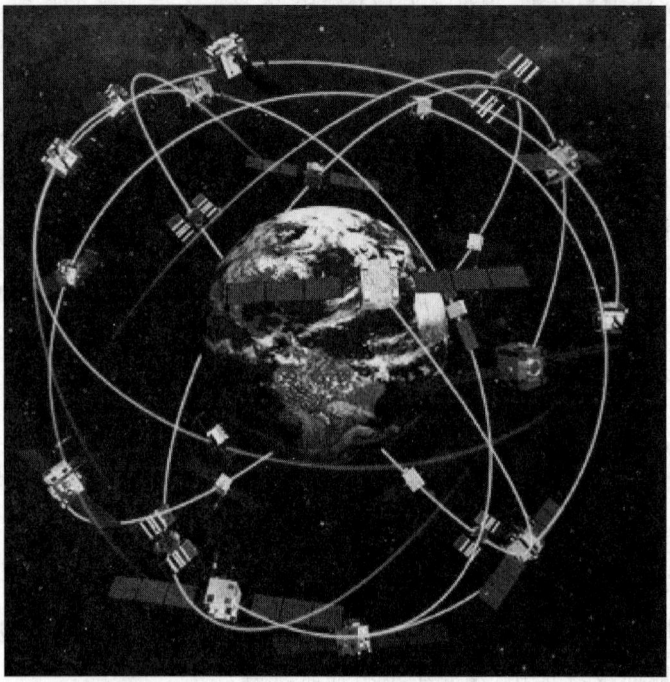

图 1-3 Galileo 卫星星座

Galileo 的主要特点是,向用户提供公开服务、安全服务、商业服务、政府服务等不同模式的服务。它除具有与 GPS 相同的全球导航定位功能以外,还具有全球搜寻援救(search and rescue,SAR)功能。为此,每颗 Galileo 卫星还装备一种援救收发器,可接收来自遇险用户的求援信号,并将它转发给地面援救协调中心,后者组织对遇险用户的援救。与此同时,Galileo 还向遇险用户发送援救安排通报,以便遇险用户等待援救。Galileo 接收机不仅可以接收本系统信号,而且可以接收 GPS 和 GLONASS 的信号,并且实现导航功能和移动电话功能的结合。

Galileo 是欧洲自主、独立的全球多模式卫星定位导航系统,提供高精度、高可靠性的定位服务,实现完全非军方控制、管理,可以进行覆盖全球的导航和定位功能。Galileo 可以分发实时的米级定位精度信息,这是现有的卫星导航系统所没有的。同时 Galileo 能够保证在许多特殊情况下提供服务,即便失败也能够在几秒钟内通知用户,这对安全性有特殊要求的情况,如运行的火车、汽车和飞机着陆等特别适合。这个民用系统将为海上和陆上交通提供极大的便利,将为欧洲公路、铁路、空中和海洋运输,以及欧洲共同防务甚至是徒步旅行者有保障地提供精度为 1 m 的定位导航服务。

1.1.4 BDS

按照"自主、开放、兼容、渐进"的发展原则,遵循先区域、后全球的总体思路,我国北斗卫星导航系统(BDS)按三步走发展规划稳步有序推进:第一步,1994 年启动北斗卫星导航试验系统建设,并于 2000 年形成区域有源服务能力;第二步,2004 年启动北斗卫星导航系统建设,2012 年形成区域无源服务能力;第三步,2020 年北斗卫星导航系统形成全球无源服务能力,BDS 卫星星座如图 1-4 所示。

我国自行研制的第一颗导航定位卫星——北斗导航试验卫星,于 2000 年 11 月 1 日凌晨

0时02分在西昌卫星发射中心发射升空,并准确进入预定轨道。2000年12月22日凌晨0时20分,第二颗北斗导航试验卫星在西昌卫星发射中心发射成功。这两颗试验卫星构成了我国北斗双星导航系统。2003年5月25日又发射了卫星导航系统的备份卫星,它与前两颗卫星组成了完整的卫星导航系统,确保全天候、全天时提供卫星导航信息。北斗双星导航系统定位的基本原理为空间球面交会测量原理。地面控制中心站通过两颗卫星向用户询问,用户应答后测量并计算出用户到两颗卫星的距离;然后根据地面控制中心站的数字地图,由地面控制中心站算出用户到地心的距离,再根据两颗卫星和地面控制中心站的已知地心坐标计算出用户的三维位置,由卫星发给用户。

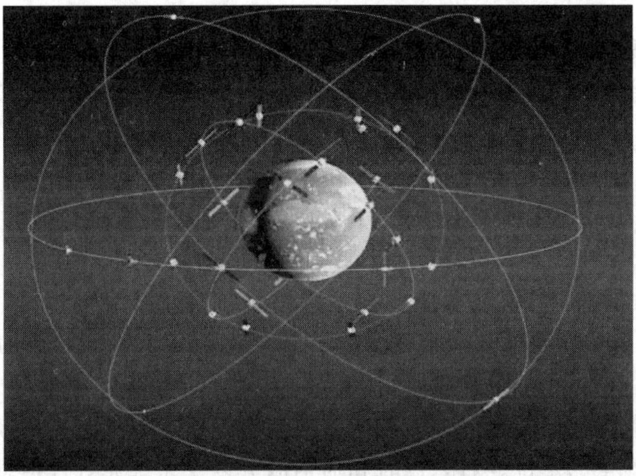

图1-4 BDS卫星星座

我国的北斗双星导航系统综合了天文导航定位和地面无线电导航定位的优点,相当于一个设置在太空的无线电导航台,可以在任何时间、定位服务区域内的任何地点为用户确定其所在的地理经纬度和海拔高度。北斗双星导航系统是国际上首次实现的区域导航系统,填补了我国导航卫星领域的空白,使中国成为世界上继美、俄之后自主建立导航系统的国家。

北斗双星导航系统的服务区域为东经70°～145°、北纬5°～55°范围,定位精度为平面20 m、高程10 m。北斗双星导航系统具有快速定位、短报文通信、精密授时三大功能。

2007年4月14日,我国成功发射了北斗二代系统首颗试验卫星COMPASS-M1,拉开了北斗全球卫星导航系统布网建设的序幕。2012年10月,北斗区域卫星导航系统组网完成并正式开通运行。区域系统在中国区域可为用户提供10 m的三维位置服务精度、50 ns的授时精度和0.2 m/s的测速精度。北斗区域系统空间部分由5颗相隔60°的地球静止轨道(GEO)卫星、5颗倾斜地球同步轨道(IGSO)卫星和4颗中圆地球轨道卫星(MEO)构成。

北斗全球卫星导航系统设计由5颗地球静止轨道(GEO)卫星、30颗非静止地球轨道卫星(IGSO卫星和MEO卫星)组成。截至2018年底,北斗卫星导航系统在轨工作卫星星座由5颗GEO卫星、7颗IGSO卫星和21颗MEO卫星组成,实现了定位、导航和授时的全球覆盖。GEO卫星的轨道高度为35 786 km,分别定点于东经58.75°、80°、110.5°、140°、160°。IGSO卫星的轨道高度为35 786 km,轨道倾角为55°,分别在3个轨道面内,其中,第一轨道面3颗卫星升交点经度分别为东经 95°、112°和 118°,第二个轨道面 2 颗卫星升交点经度为东经 95°和 118°,第三个轨道面 2 颗卫星升交点经度为东经 95°和 118°。MEO 卫星的轨道高度为 21 528 km,轨道倾角为 55°,分布在 3 个轨道面上。2019 年 9 月,北斗卫星导航系统正式向全球提供服务,在轨 39 颗卫星中包括 21 颗北斗三号卫星:有 18 颗运行于中圆地球轨道、1 颗运行于地球静止轨道、2 颗运行于倾斜地球同步轨道。随着北斗地基增强系统提供服务,北斗卫星导航系统可提供米级、亚米级、分米级,甚至厘米级的服务,定位精度将与美国 GPS 相媲美。

北斗卫星导航系统提供 4 个公开服务信号:B1I 信号,中心频率为 1 561.098 MHz;B3I 信号,中心频率为 1 268.52 MHz;B1c 信号,中心频率为 1 575.42 MHz;B2a 信号,中心频率为 1 176.45 MHz。

北斗卫星导航系统可与其他全球导航卫星系统(GNSS)实现兼容与互操作。北斗卫星导航系统使用的无线电频率符合国际电信联盟公约,并受其保护。北斗卫星导航系统与其他 GNSS 不产生有害干扰,可实现射频兼容;用户通过联合使用北斗和其他 GNSS 的公开服务信号,能享有更好的服务性能,且不显著增加复杂性和用户成本,可实现互操作;北斗时溯源于协调世界时,并在导航电文中播发北斗系统与其他 GNSS 的时间信息;北斗坐标系与国际地球参考框架(international terrestrial reference frame,ITRF)保持一致。

确定一个星座的导航范围,最主要的参考因素是位置精度衰减因子(position dilution of precision,PDOP)和卫星定轨的可实施性。PDOP 值越小,卫星导航系统的定位精度越高。卫星轨道最北到达 55°,PDOP<3 的区域仅到达北纬 26°(我国福州一线)。系统提供开放服务和授权服务两种服务方式。开放服务是在服务区免费提供定位、测速和授时服务;授权服务是向授权用户提供更安全的定位、测速、授时和通信服务以及系统完好性信息。

北斗卫星导航系统应用具有五大优势:同时具备定位与通信功能,无须其他通信系统支持。融合北斗导航定位系统和卫星导航增强系统两大资源,提供更丰富的增值服务;覆盖中国及周边国家和地区,24 小时全天候服务,无通信盲区;定位解算都集中在地面控制中心站,特别适合于大范围移动目标监控与管理自主系统,高强度加密设计,安全、可靠、稳定,适合关键部门应用。北斗三号全球卫星导航系统于 2020 年 7 月 31 日正式开通。

1.1.5 其他导航卫星系统

1. 日本 QZSS

按照日本航天计划,日本发射准天顶卫星系统(QZSS),它是以 3 颗人造卫星透过时间转移完成全球定位系统区域性功能的卫星扩增系统。在 2017 年完成 QZSS 的测试与实验工作;2018 年 11 月 1 日日本宣布 QZSS 投入初始运行;2023 年前完成 7 颗卫星组成 QZSS 的部署,并投入运行。QZSS 可以提供独立的卫星导航服务,同时也提供 GPS 增强服务。这种自主导航系统与 GPS 增强系统相结合的方式,既构建了不依赖其他国家的卫星导航能力,又以卫星增强方式满足了高精度卫星导航服务的需求,日本的测试结果称定位精度达到 6 cm。

2. 印度 IRNSS

印度区域导航卫星系统(IRNSS)是由印度空间研究组织(ISRO)发展的自由区域型导航卫星系统。印度区域导航卫星系统将提供两种服务,包括民用的标准定位服务,以及供特定授权使用者(军用)的限制型服务。按照印度的计划,IRNSS 的组网工作将分为两大步骤:第一步是发射地球同步卫星组成覆盖印度全境的“区域导航卫星系统”。2013—2015 年,发射 7 颗地球同步轨道导航卫星，从而实现全天候昼夜覆盖印度及其周边约 1 500 km 范围的较为精确的卫星定位、导航和授时服务。第二步是从“区域导航卫星系统”向印度版“全球导航卫星系统”迈进。

3. 韩国 KPS

2018 年 2 月，韩国政府出台航天发展五年规划，提出加快韩国自主卫星导航系统建设，到 2034 年完成韩国卫星定位系统(KPS)的建设。

KPS 为区域卫星定位系统，空间星座由 3 颗 GEO 轨道卫星和 4 颗 IGSO 卫星组成，计划分三个阶段完成系统建设：2024 年完成第一阶段建设，包括地面试验设施建设，研发卫星导航载荷和获得卫星信号频率；2028 年完成第二阶段建设，研发 IGSO 轨道导航卫星技术和地面运行管理技术，2028 年发射 1 颗 IGSO 卫星；2034 年完成第三阶段建设，发射 3 颗 GEO 卫星和 3 颗 IGSO 卫星，完成 KPS 建设任务。

1.1.6　GNSS 的发展

至 2020 年，随着 BDS、Galileo 等系统的部署完成，全球卫星导航领域将呈现 GPS、GLONASS、Galileo 和 BDS 四大系统并存的局面。把所有 GNSS 整合成一个系统，不同 GNSS 的兼容和互操作将是关键问题。它的特点首先是用户将面临四大系统近百颗导航卫星同时并存、互相兼容的局面。它们的民用部分将呈现彼此补充、用户共享的势态；其次是用户将面临多系统导航卫星信号的组合、选用和优化问题。因此导航卫星系统将在更多领域、更多层次得到更广泛应用和多方面提供服务。用户可以根据各个导航卫星系统的不同特点和优势，针对自己所需的精度、可靠性和费用，有选择地主动采用最佳方案，综合利用多系统导航卫星信息。

研究证明，更多卫星和信号会使全球导航卫星系统的连续性、精度、效率、可用性和可靠性等整体性能提高。在连续性方面，作为整体的 GPS、GLONASS、Galileo、BDS 组合系统同时发生问题的概率远小于独立的 GNSS。GNSS 信号容易受到干扰或阻塞，因此，如果有足够的卫星和不同频率、调制码特征的信号，那么定位、导航和授时(PNT)能力将得到更好保证，综合提高了 GNSS 连续性。在精度和可靠性方面，观测更多的卫星意味着在定位算法中使用更多的观测量，减小卫星几何因素等影响，可以抑制多路径、周跳和干扰的影响。未来新信号 L2C 或者 L5 的测量值噪声更小，有利于提高定位精度。同时，数据冗余也提高了可靠性。在定位效率方面，在基于载波相位定位的情况下，增加卫星和信号将大大减少求解模糊度需要的时间，可以提高效率。在可用性方面，增加卫星和信号可以提高特定位置的信号可用性，这对于不满足开放天空条件区域内想要 PNT 解的用户是很重要的。GNSS 高效率定位的理想条件通常是：①最少 5 颗可见卫星；②较好的卫星几何精度衰减因子；③低的多路径干扰。为提高系统的可用性，需要跟踪数量足够且未被遮挡的卫星多频信号。

未来的战争将会是以导航、侦察、通信等信息手段为主导的信息化战争，这不但包括上述信息获取手段的“知己、知彼”，更包括通过电子干扰、电子欺骗等信息对抗手段，阻断、破坏敌军的信息获取。PNT 信息的获取是信息化战争的重要保障，同时也不可避免地将受到敌军干扰与破坏的威胁。以美国为代表的卫星导航大国，近些年一直重视对抗条件下的 PNT 技术发展，如美国 GPS 增加播发的 M 码信号和未来 GPSⅢ卫星加装的点波束天线等。可以预见，强对抗条件下的军事 PNT 技术将成为未来信息化战争中时空信息对抗的关键技术。

1.2　全球导航卫星系统的组成

GNSS由全球设施、区域设施和用户设施等部分构成。本节重点介绍全球设施部分。

1.2.1　全球设施

GNSS是服务全球的位置和时间测定系统。全球设施部分是其核心基础组件,是提供自主导航定位服务所必需的组成部分,由空间段、空间信号段和地面控制段构成。

1. 空间段

由一个或多个卫星导航定位系统构成的一系列在轨运行的工作卫星称为GNSS卫星。它提供系统自主导航定位服务所必需的无线电导航定位信号,是空间段的核心部件。卫星内的原子钟(采用铷钟、铯钟或氢钟)为系统提供高精度的时间基准和高稳定度的信号频率基准。

由于高轨卫星对地球重力异常的反应灵敏度较低,作为高空观测目标的GNSS卫星一般采用高轨卫星,通过测定用户接收机与卫星之间的距离或距离差完成导航定位任务。

GNSS卫星的主要功能包括:

(1)在卫星飞越地面监测站上空时,接收由地面站发送到卫星的导航电文和卫星工作状态有关信息,并实时发送给地面用户接收机。

(2)通过星载的原子钟为系统提供精确的时间基准和频率基准。产生并向地面用户接收机连续不断地发送载波和测距码信号。

(3)发送非导航定位服务信号(如BDS卫星提供短报文通信服务信号,Galileo卫星将提供搜寻营救服务信号)。

例如,GPS空间部分是由24颗GPS卫星所组成,21颗工作卫星和3颗在轨备用卫星共同组成了GPS卫星星座。这24颗卫星分布在6个倾角为55°的轨道平面上绕地球运行,各个轨道平面之间相距60°,轨道平均高度20 200 km。GPS卫星星座的分布保障了在地球上任何地点、任何时刻至少有4颗卫星被同时观测,加之卫星信号的传播和接收不受天气的影响,因此,GPS是一种全球性、全天候的连续实时定位系统。

与GPS相应的其他全球导航卫星系统空间段特征如表1-1所示。

表1-1　GNSS卫星特征

特征项	GPS	GLONASS	Galileo	BDS
首次发射	1970-02-22	1982-10-12	2005-12-28	2007-04-13
完全运行状态	1995-07-17	1996-01-18	—	2020-06-23
设计卫星数	24(31)	24	27	35(55)
轨道平面数	6	3	3	3
轨道倾角/(°)	55	64.8	56	55
长半轴/km	26 560	25 508	29 601	27 840
轨道面间隔/(°)	60	120	120	120

续表

特征项	GPS	GLONASS	Galileo	BDS
运行周期	11 小时 58 分	11 小时 16 分	14 小时 05 分	12 小时 50 分
地面轨迹重复周期	约 1 恒星日	约 8 恒星日	约 10 恒星日	GEO 和 IGSO 约 1 恒星日、MEO 约 7 恒星日
星历数据	开普勒参数、改正系数	位置、速度、加速度向量	开普勒参数、改正系数	开普勒参数、改正系数
大地参考系	WGS-84	PE-90	GTRF	CGCS2000
时间系统	GPS 时间，UTC(USNO)	GLONASS 时间，UTC(SU)	Galileo 时间	BDS 时间，UTC
频率数	3	每两个径对卫星一个频率	3(4)	3
频率/MHz	L1:1 575.420 L2:1 227.600 L5:1 176.450	G1:1 602.000 G2:1 246.000 G3:1 204.704	El:1 575.420 E5a:1 176.450 E5b:1 207.140 E6:1 278.750	B1:1 575.420 B2:1 191.796 B3:1 268.520
通信	无	无	单向（搜寻营救服务信号）	双向(短报文)
发送完备性信息	GPSⅢ有	无	有	有
服务年限/a	15～20	7	—	—

2. 空间信号段

空间信号是指在轨 GNSS 卫星发射的无线电信号。根据国际电信联盟(International Telecommunication Union,ITU)的规定,卫星导航系统的空间信号段应该在无线电导航卫星服务波段内。在 2000 年的世界无线电通信大会上公布的 GPS、GLONASS 以及 Galileo 空间信号频率配置如图 1-5 所示。

GNSS 卫星发送的导航定位信号包括载波、测距码和数据码三类信号。①载波是搭载测距码和数据码的电磁波。各类 GNSS 卫星分别有不同频率数和波长的 L 和 C 波段电磁波。②测距码是测定卫星到地面观测站之间距离的一种主要信号,以 GPS 信号为例,GPSⅡR 卫星分别播发民用码 C/A 码和军用码 P(Y)。在 Galileo 信号中可使用更多类型的测距码,包括 10 种民用导航信号和 1 种搜救(search and rescue,SAR)信号,其中,SAR 信号将占用为紧急服务保留的 L 波段(1 544～1 545 MHz)。③数据码被调制在载波上,其信号频率为50 Hz,包含卫星的轨道参数、卫星钟改正数和其他一些系统参数。用户一般需要利用此导航信息来计算某一时刻 GNSS 卫星在地球轨道上的位置。导航信息也被称为广播星历。

3. 地面控制段

地面控制段由一系列全球分布的地面站组成,这些地面站可分为卫星监测站、主控站和信息注入站。地面监控段的主要功能是卫星控制和任务控制。卫星控制指使用跟踪遥测遥控链路上传监

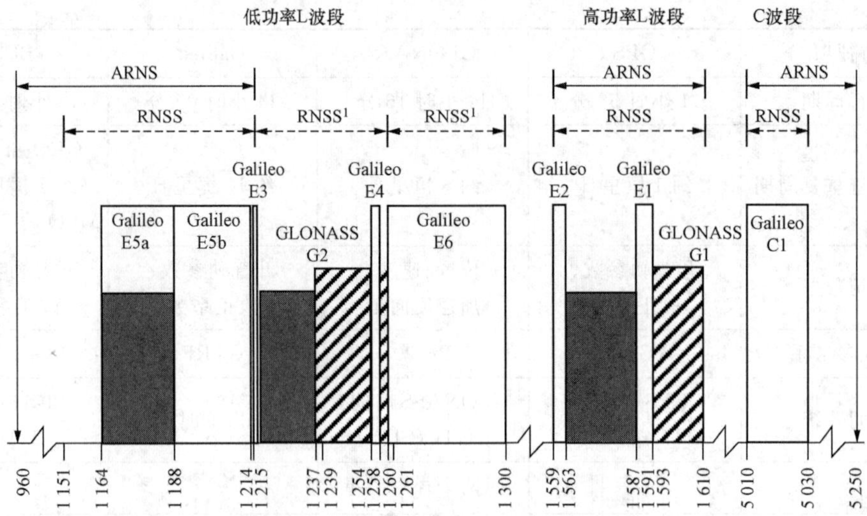

图 1-5 GNSS 卫星空间信号频率配置

注:单位为 MHz;ARNS 为航空无线电导航服务(aeronautical radio navigation service);RNSS 为无线电导航卫星服务(radio navigation satellite service);RNSS[1] 为与其他服务共享的 RNSS 波段。

控指令对卫星星座进行管理;任务控制指对轨道测定和时钟同步等导航任务进行全面控制和管理。

GNSS 地面监控段由分布在全球的若干个跟踪站所组成的监控系统所构成。下面对 GPS 地面监控段进行简要介绍。根据其作用的不同,这些跟踪站又被分为主控站、监测站和注入站。

1)主控站

主控站的作用是:①根据各监测站的观测数据,计算出卫星的星历、卫星钟的改正参数和大气层的修正参数等,并把这些数据传送到注入站。②将这些数据通过注入站注入卫星中。③提供全球定位系统的时间基准。各测站和 GPS 卫星的原子钟均应与主控站的原子钟同步,或测出其间的钟差,并把这些钟差信息编入导航电文,送到注入站。④对卫星进行控制,向卫星发布指令,当工作卫星出现故障时,调度备用卫星,替代失效的工作卫星。⑤具有监测站的功能。⑥调整偏离轨道的卫星,使之沿预定的轨道运行。GPS 只有一个主控站,设在美国科罗拉多(Colorado)的联合空间执行中心(CSOC)。

2)监测站

监测站是在主控站直接控制下的数据自动采集中心。站内设有 GPS 接收机、高精度原子钟、计算机各一台和环境数据传感器若干台。接收机对 GPS 卫星进行连续观测,以采集数据和监测卫星的工作状况。原子钟提供时间基准,而环境传感器收集有关当地的气象数据。所有观测资料由计算机进行初步处理,并储存和传送到主控站,用以确定卫星的轨道。GPS 现有 5 个地面跟踪站均具有监测站的功能,除了主控站外,其他 4 个分别位于夏威夷(Hawaii)、阿森松(Ascension)、迪戈加西亚(Diego Garcia)、夸贾林(Kwajalein)。监测站的作用是接收卫星信号,监测卫星的工作状态。

3)注入站

注入站的主要任务是在主控站的控制下将主控站推算和编制的卫星星历、钟差、导航电文和其他控制指令等,注入相应卫星的存储系统,并检测注入星系的正确性。注入站的作用是将主控站计算出的卫星星历和卫星钟的改正数等注入卫星中去。GPS 现有 3 个注入站,分别设在印度洋的迪戈加西亚、南大西洋阿森松和北太平洋的夸贾林。注入站的主要设备包括1台直径为3.6 m的天线、1台C波段发射机和1台计算机。整个GPS的地面监控部分,除主控站外均无人值守。各站间用现代化的通信网络联系起来,在原子钟和计算机的驱动和精确控制下,各项工作高度的自动化和标准化。

1.2.2 区域设施

区域设施是面向对系统功能或性能有特殊要求的服务,并且可以组合当地地面定位和通信系统,以满足更广泛用户群体的需求。目前,GPS的主要区域设施有美国的广域增强系统(wide area augmentation system,WAAS)和欧洲的静止卫星导航重叠服务系统(EGNOS)外部增强系统。WAAS是由美国联邦航空局开发建立的用于空中导航的一个系统,该系统主要通过解决广域差分GPS的数据通信问题来提高GPS的精度和可用性。WAAS利用遍布美国及周边领域内分散建设的地面基准站,即广域基准站(WRS),接收和处理GPS卫星和地球静止轨道卫星发射的数据。这些站的数据送至叫作广域主站(WMS)的处理中心,处理或产生每颗在美国上空的卫星的完好性、差分校正量、剩余误差和电离层信息。由广域主站产生的信息送至地面地球站(GES),在那里格式化后上传至地球静止轨道卫星。地球静止轨道卫星以GPS L1频率和类似于C/A码的伪码和调制方式将这些数据广播至地球上的用户。这样用户就能够通过得到的校正信息精确计算自己的位置,以提高精度、完好性、连续性和可用性。

目前,WAAS由25个基站、2个主站和3颗地球静止轨道卫星构成网络,信号已覆盖95%的美国领土,如图1-6所示。任何位置、任何环境下,其动态定位水平精度可达到3~5 m,垂直精度可达3~7 m,而且用户不需要增加任何导航设备。

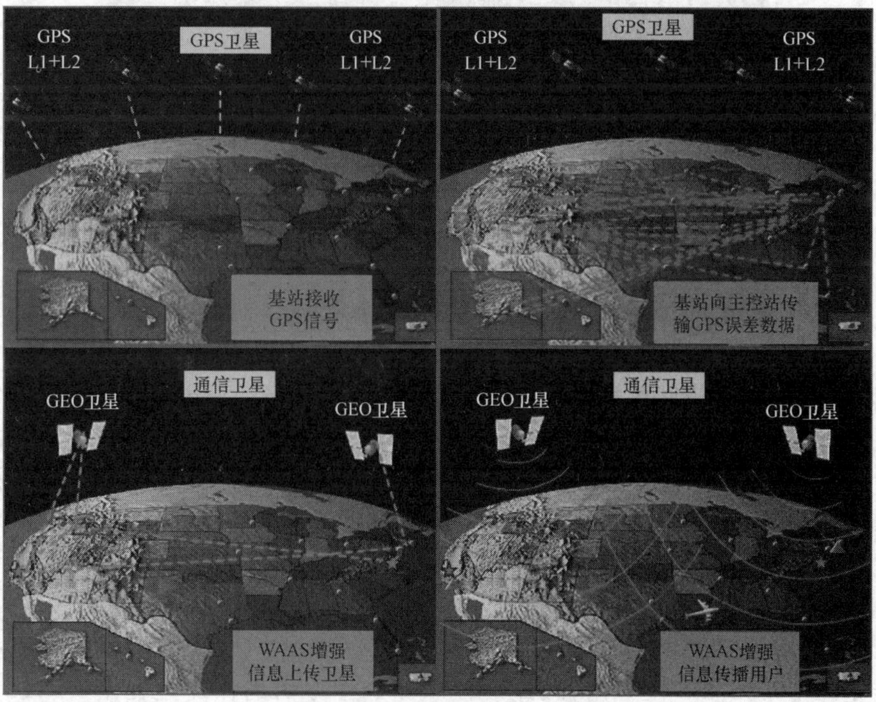

图1-6 WAAS外部增强系统构架

1.2.3 用户设施

GNSS用户设施由一系列接收机、数据采集处理软件,以及相应的用户设备如计算机、气象仪器等所构成。其中,接收机是基础设施部件,用于接收GNSS卫星发射的无线电信号,获取导航定位信息和观测信息,并经数据处理软件处理以完成各种导航、定位以及授时任务。接收机终端也是卫星导航定位系统的重要组成部分,是卫星导航定位系统与广大用户之间的唯一接口。

例如,GPS用户设施主要由GPS接收机硬件和软件组成。GPS接收机硬件一般包括主机、天线、控制器和电源,主要功能是:接收GPS卫星发射的信号,能够捕获到按一定卫星截止高度角所选择的待测卫星的信号,并跟踪这些卫星的运行,获得必要的导航和定位信息及观测量;对所接收到的GPS信号进行变换、放大和处理,以便测量出GPS信号从卫星到接收机天线的传播时间;解译出GPS卫星所发送的导航电文,实时地计算出测站的三维位置,甚至三维速度和时间,从而实现实时导航和定位。GPS接收机软件部分指各种数据采集处理软件包,除实时计算出导航定位信息外,其主要作用是对观测数据进行精加工,以便获得精密定位结果。以上这两大部分共同组成了一个完整的GPS用户系统。如图1-7所示为GPS用户系统的Trimble R8 GPS接收机装置。

图1-7 Trimble R8 GPS接收机

根据GNSS用户的不同要求,所需的GNSS用户设备各异。随着GNSS定位技术的迅速发展和应用领域的日益扩大,许多国家都在积极研制、开发适用于不同要求的GNSS接收机及相应的数据处理软件。通常按用途可分为导航型接收机、测地型接收机和授时型接收机等。在GPS、GLONASS、Galileo和BDS四大全球导航卫星系统竞相发展、群星环绕的今天,卫星导航接收机也呈现出以下新的发展特点:

(1)多系统兼容接收机是技术发展的大趋势。今后卫星导航系统将从单一的GPS时代向GNSS时代转变,即由主要依赖GPS向GPS+GLONASS+Galileo+BDS等多系统并存的局面转化。由于GNSS在可用性、连续性和完好性方面的保障远比单一GPS好,所以GNSS兼容接收机将是未来接收机技术发展的大趋势。以后兼容多个卫星导航系统的

GNSS 接收机将成为主流 GNSS 用户设施。

(2)软件无线电接收机越来越显示出其举足轻重的地位。软件无线电是一种新的无线通信体系结构，将软件无线电引入到卫星导航接收机的研究中，可以实现接收机的软件化设计。软件接收机的结构具有非常强的通用性，可用来实现多频段、多用户和多系统的通用接收机，使得接收机在性能、尺寸、重量和功耗方面具有巨大的优势，接收机的成本也将大大降低。

1.3　卫星定位技术的应用

1.3.1　卫星定位技术特点

卫星定位技术是目前测绘领域应用最为广泛的技术，它以高精度、全天候、高效率、多功能、易操作等特点著称，比其他测量定位技术具有更强的优势。

1. 定位精度高

GNSS 可为各类用户连续提供动态目标的三维位置、三维速度及时间信息。随着 GNSS 定位技术及数据处理技术的发展，其精度还将进一步提高。

大量的实验和工程应用表明，用载波相位观测量进行相对静态定位，在小于 50 km 的基线上，相对定位精度可达 $1\times10^{-6}\sim2\times10^{-6}$，而在 100～500 km 的基线上可达 $10^{-6}\sim10^{-7}$。随着观测技术与数据处理方法的改善，有望在大于 1 000 km 的距离上，相对定位精度达到或优于 10^{-8}。在实时动态(RTK)定位和实时伪距差分(RTD)定位方面，定位精度可达到厘米级和分米级，能满足各种工程测量的要求。相对于其他经典的测量技术来说，所达到的定位精度及潜力如图 1-8 所示。

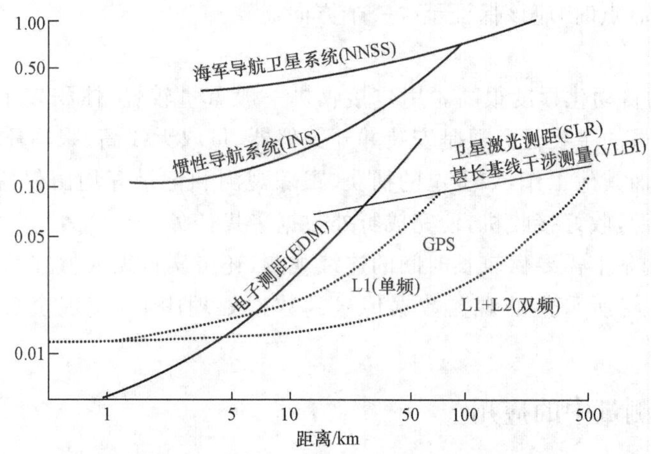

图 1-8　几种定位方法的精度比较

2. 全天候测量

GNSS 卫星较多，且分布均匀，保证了全球地面被连续覆盖，使得在地球上任何地点、任何时候都能进行观测工作。通常情况下，除雷雨天气不宜观测，一般不受天气状况的影响。因此，GNSS 定位技术的发展是对经典测量技术的一次重大突破。一方面，它使经典的测量理论与方法产生了深刻的变革；另一方面，也进一步加强了测量学与其他学科之间的相互渗透，从而促进了测绘科学技术的现代化发展。

3. **高效率测量**

目前,利用经典的相对静态定位模式,观测20 km以内的基线所需的观测时间,对于单频接收机在1 h左右,对于双频接收机仅需15～20 min。采用实时动态定位模式,流动站初始观测15～20 min进行初始化,然后可随时定位,每站观测仅需几秒钟。利用GNSS技术建立控制网,可缩短观测时间,提高作业效益。

利用GNSS进行导航可实时确定运动目标的三维位置和速度,既可实时保障运动载体沿预定航线运行,又可选择最佳路线。特别是对军事上动态目标的导航,具有十分重要的意义。

4. **多功能**

GNSS不仅可以用于测量、导航,还可以用于测速、测时。测速的精度可达0.1 m/s,测时的精度可达几十纳秒。其应用领域不断扩大。

卫星定位观测站之间无须通视。经典测量技术需要保持良好的通视条件,又要保障测量控制网的良好图形结构。而GNSS测量只要求测站15°以上的空间视野开阔,与卫星保持通视即可,并不需要观测站之间相互通视,因而不再需要建造觇标。这一优点即可大大减少测量工作的经费和时间(一般造标费用约占总经费的30%～50%),同时,也使选点工作变得非常灵活,完全可以根据工作的需要来确定点位,可省去经典测量中的传算点、过渡点的测量工作。

可提供全球统一的三维地心坐标。经典大地测量将平面和高程采用不同方法分别施测。GNSS测量中,在精确测定观测站平面位置的同时,可以精确测量观测站的大地高程。GNSS测量的这一特点,不仅为研究大地水准面的形状和确定地面点的高程开辟了新途径,同时也为航空物探、航空摄影测量及精密导航提供了重要的高程数据。例如GPS定位是在全球统一的WGS-84坐标系统中计算的,因此全球不同点的测量成果是相互关联的。

不过也应指出,GNSS测量虽然不要求观测站之间相互通视,但为了方便常规方法联测的需要,在布设GNSS点时,应该保证至少一个方向通视。

5. **易操作**

GNSS测量的自动化程度很高。用户接收机一般重量较轻、体积较小。对于智能型接收机,在观测中测量员的主要任务只是安装并开关仪器、量取天线高、采集环境的气象数据、监视仪器的工作状态,而其他工作,如卫星的捕获、跟踪观测和记录等均由仪器自动完成。结束观测时,仅需关闭电源,收好接收机,便完成野外数据采集任务。

如果在一个测站上需要做较长时间的连续观测,还可实行无人值守的数据采集,通过网络或其他通信方式,将所采集的观测数据传送到数据处理中心,实现全自动化的数据采集与处理。

1.3.2 在大地测量中的应用

GNSS定位技术以其高精度、高效率、低成本等优良特性完全取代了用常规测角、测距手段建立大地控制网,成为大地控制测量的主力军。

GNSS定位技术可应用于全球或全国性的高精度GNSS网。GNSS网中相邻点的距离在数千千米至上万千米,其主要任务是作为全球高精度坐标框架或全国高精度坐标框架,为全球性地球动力学和空间科学方面的科学研究工作服务,或用以研究地区性的板块运动或地壳形变规律等问题。1991年国际大地测量协会(IAG)决定在全球范围内建立一个国际GNSS服务观测网,并于1992年6—9月实施了第一期会战联测,我国借此机会由多家单位合作,在全国范围内组织了一次盛况空前的“中国 '92 GPS 会战”，目的是在全国范围内确定精确的地心坐标，建立起我国新一代的地心参考框架及其与国家坐标系的转换参数，以优于 10^{-8} 量级的相对精度确定站间基线向量，布设成国家 A 级网，作为国家高精度卫星大地网的骨架，并奠定地壳运动及地球动力学研究的基础。

新布成的国家 A 级 GPS 网共由 28 个点组成，经过精细的数据处理，平差后在 ITRF 91 地心参考框架中的点位精度优于 0.1 m，边长相对精度一般优于 1×10^{-8}。作为我国高精度坐标框架的补充以及为满足国家建设的需要，在国家 A 级 GPS 网的基础上建立了国家 B 级 GPS 网(又称国家高精度 GPS 网)。全网基本均匀布点、覆盖全国，共布测 818 个点左右，平均边长在我国东部地区为50 km，中部地区为 100 km，西部地区为 150 km，经整体平差后，点位地心坐标精度可达 0.1 m，GPS 基线边长相对中误差可达 2.0×10^{-8}，高程分量相对中误差为 3.0×10^{-8}。国家 A、B 级 GPS 网已成为我国现代大地测量和基础测绘的基本框架，将在国民经济建设中发挥越来越重要的作用。

从 2000 年开始，我国已着手开展国家高精度 GPS A、B 级网，中国地壳运动监测网络和原总参测绘局 GPS 一、二级网的三网联测工作，以建立国家高精度 2000 国家大地坐标系控制网，预期相对精度为 10^{-8}。这充分整合了我国 GPS 网络资源，以满足我国采用空间技术为大地控制测量、定位、导航、地壳形变监测服务。

GNSS 技术可广泛应用于城市或工矿区城市控制网建立、检核和改善已有地面网，以及对已有的地面网进行加密。GNSS 工程网的建立中，相邻点间的距离为几千米至几十千米，其主要任务是直接为国民经济建设服务。我国建立区域大地控制网的手段已基本被 GNSS 技术所取代。

随着无线通信和互联网技术的蓬勃发展，为了满足高精度动态导航定位服务的要求，实现区域范围内厘米级、分布均匀、可靠性高的实时动态定位应用，基于区域连续运行基准站(continuously operating reference stations，CORS)网络的现代大地测量基准框架应运而生。20 世纪 90 年代，国际 GNSS 服务组织(IGS)的全球跟踪服务网络正式运行，实现了 GPS 原始观测数据、精密星历、时钟和地球自转参数等信息的全球共享，其在大地测量和地球动力学领域发挥着巨大的作用，使人们开始认识到 GNSS 连续运行基准站网络建设的重要性。欧美国家相继建立了服务大地测量应用及多功能实时定位的连续运行基准站网络综合服务系统。

现代连续运行基准站空间基准框架一方面采用静态后处理模式，面向大地测量应用，提供事后精密定位服务，以及精密星历、电离层和大气参数等产品和观测数据共享等，用户通过互联网下载参考站网络地心坐标信息和 GPS 卫星静态观测数据，进行事后精密定位；另一方面，采用实时或准实时数据处理模式，面向实时动态定位应用，即网络 RTK 定位服务，基于参考站实时载波相位观测值建立的区域精密误差修正模型，实时生成流动站位置的改正信息，通过无线通信链路(如 GSM、GPRS、CDMA 等)向用户实时连续发布，从而支持在用户端实现分米级甚至厘米级高精度实时定位服务。

中国现代测绘基准体系基础设施建设工程一期工程 2012 年启动。该项工程将建设360 个国家级 GNSS 连续运行基准站、4 500 点规模的国家卫星大地控制网、12.2 万千米国家一等水准网、50 个国家重力基准点，以及 1 个数据系统等，在全国范围内建成高精度、三维、动态的现代测绘基准体系。

从 2000 年起,香港、深圳、北京、成都、昆明、上海等城市率先建立了城市多功能 GNSS 服务网,国内出现了大规模建立覆盖城市范围的多功能 GNSS 连续运行基准站网络,以满足城市对 GNSS 空间信息服务的要求,如图 1-9 所示。以网络 RTK 技术为代表的第三代差分定位技术,必将随着区域连续运行基准站的建设浪潮而得到广泛应用。

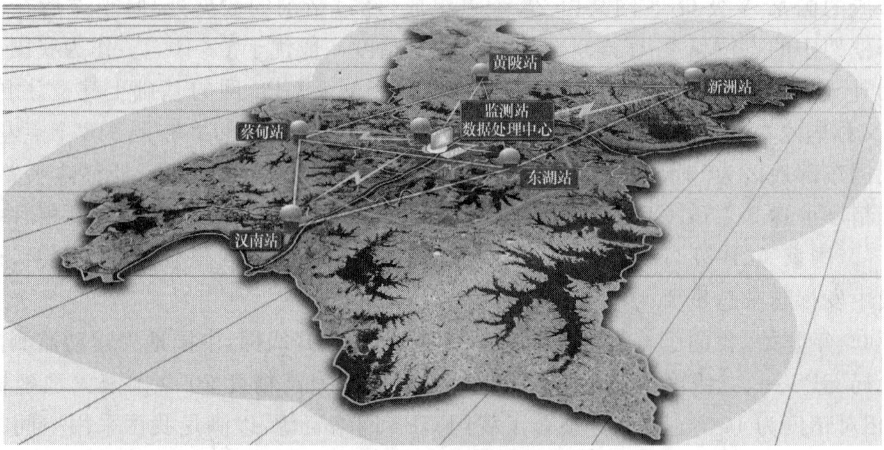

图 1-9 武汉市 GNSS 连续运行基准站分布

1.3.3 在工程测量中的应用

目前,GNSS 定位技术广泛应用于工程测量,甚至是以毫米级乃至亚毫米级精度为目的的精密工程测量。它具有精度高、观测时间短、测站间不需要通视、全天候作业、花费时间少和作业方法多样等优点,使三维坐标测设简单易行。在水利施工、输电线路施测、道路(如铁路、公路)测量、精密设备安装、水下地形测量等现场,到处都能见到 GNSS 的身影。

近年来,铁路和公路建设飞速发展,特别是建设大跨度桥梁与隧道贯通工程发展很快。采用 GNSS 相对静态定位技术建立桥梁与隧道施工控制网,既能满足工程精度要求,又能提高功效、满足工程进度要求。因此,GNSS 定位技术在桥梁与隧道控制测量中已获得广泛的应用。

例如杭州湾跨海大桥工程测量,由于地球曲率的影响,投影长度变形达 4.559 m。首级平面控制网采用 GNSS 静态 B 级网精度的要求施测,最终首级网经平差,最弱点点位精度为 3 mm,大桥两岸联测边长相对中误差为 10^{-6}。利用 GNSS 技术建立大型桥梁的高程控制网,获得 GNSS 拟合高程的测量精度达 2 cm,完全满足大桥的测量控制需要。同时,建立 GNSS 连续运行基准站工程服务系统,为桥梁工程施工测量放样提供高精度差分改正数保障。

在道路的施工与管线的架设中,借助 GNSS-RTK 技术直接放样出三维位置,广泛应用于实际生产施工中。在桥梁及港口的项目工程施工过程中,其水面的上桩位检测大量应用 GNSS-RTK 技术。与此同时,在打桩施工的船上分别设立 GNSS-RTK 的打桩机及接收机桩位,创设相对稳固的几何关系,进而精确地设定出打桩船所在的具体位置及所处方位,再展开施工桩位放样。高新技术 GNSS 在大型工程施工放样测量中起到关键的作用。

高速铁路精密工程测量技术是高速铁路成功建设的关键技术之一。车速超过 250 km/h 的专线铁路或超过 200 km/h 的既有线铁路称为高速铁路。轨道的平顺性是制约列车行车安全和速度的重要因素之一。高速铁路的最突出特点是其轨道的高平顺性。高速铁路普遍使用无砟轨道来实现轨道的高平顺性。无砟轨道与有砟轨道的最大区别在于无砟轨道铺轨的定位精度要求高，轨道板一旦浇筑，轨道的可调量极小。因此，对高速铁路测量提出了很高的要求。我国高速铁路工程测量体系中，采用卫星定位测量方法建立统一基准框架控制网(CP0)和基础平面控制网(CPⅠ)，为沿线路走向布设，按GNSS相对静态定位原理建立线路平面控制网(CPⅡ)提供起闭的基准。例如，京津城际铁路，哈大、京沪、石武高速铁路平面控制测量首先采用GNSS精密定位测量方法建立高精度的框架控制网(CP0)，作为高速铁路平面控制测量的起算基准，不仅提高了基础平面控制网(CPⅠ)的精度，而且，在高速铁路基准框架控制网(CP0)测量中，GNSS测量技术很好地解决了由于沿线国家高级控制点之间的兼容性差而导致的基础平面控制网(CPⅠ)经国家高级控制点约束后使高精度的控制网(CPⅠ)发生扭曲、控制点(CPⅠ)间的相对精度降低的问题。

1.3.4　在变形监测中的应用

变形监测一般包括建筑物的位移和人为原因造成的建筑物或地壳的形变。工程变形监测通常要达到毫米级或亚毫米级的精度，而监测的边长一般为300～1 000 m。与传统方法相比较，应用GNSS不仅具有精度高、速度快、操作简便等优点，而且利用GNSS技术、计算机技术、数据通信技术及数据处理与分析技术进行集成，可实现从数据采集、传输、管理到变形分析及预报的全自动化、实时监测的目的。GNSS用于工程结构和局部性变形监测的精度可达亚毫米级，从而为大型建筑物(如大坝、桥梁、大型厂房、高楼等)及滑坡崩塌等高精度工程结构变形监测提供了一种极为有效的手段，如利用GPS定位技术研究高度383.95 m的深圳地王大厦风荷载时的结构动力特性。

清江隔河岩大坝在国内首次建起了外观变形GPS自动化监测系统，对坝面上的各监测点进行连续同步的三维变形监测，实现了从数据采集、传输、分析、显示、存储、报警全过程自动化。综合有线、无线、光纤通信的数据传输网络，构成全天候、亚毫米级精度、三维实时、全自动、常年观测的大坝外观变形GPS安全监测系统。系统主要由数据采集、数据传输，以及数据处理、分析、管理三大部分组成。数据采集用7台Ashtech Z-12双频GPS接收机。2个基准点分别位于大坝下游两岸基岩上，与隔河岩坝区水平位移监测网联网，通过每年1～2次定期联测，分析基准点的稳定性。2个基准点也定期与武汉、北京、上海GPS跟踪站联测，加强稳定性监测。基准点采集GPS数据，采用网点和Arlan 630-2400无线登录设备。坝上5台接收机用智能多串口卡和光隔离器进行数据的采集和传输，并通过光纤传输至控制中心，如图1-10所示。

利用改进的广播星历或精度预报星历及6小时的双频GPS观测值求得的监测点的水平位移及垂直位移(相对于基准点)的精度均优于1.0 mm，汛期可提供1小时解或2小时解，其水平位移及垂直位移的精度均优于1.5 mm。

2008年由中国地震局、原总参测绘局、中国科学院、原国家测绘局、中国气象局、教育部六部委联合承担的“中国大陆构造环境监测网络”工程以GNSS观测为主，辅以甚长基线干涉测量(VLBI)和卫星激光测距(SLR)等空间技术，并结合精密重力和水准测量等多种技术手段，建成了由260个连续观测和2 000个不定期观测站点构成的，覆盖中国陆地的高精度、高时空分辨率和自主研发数据处理系统的观测网络。全网基线相对精度可达到3×10^{-9}，速度场相对精度：水平方向优于0.2 mm，垂直方向优于0.4 mm。主要用于监测中国陆地地壳运动、重力场形态及变化、大气圈对流层水汽含量变化及电离层离子浓度的变化，为研究地壳运动的时空

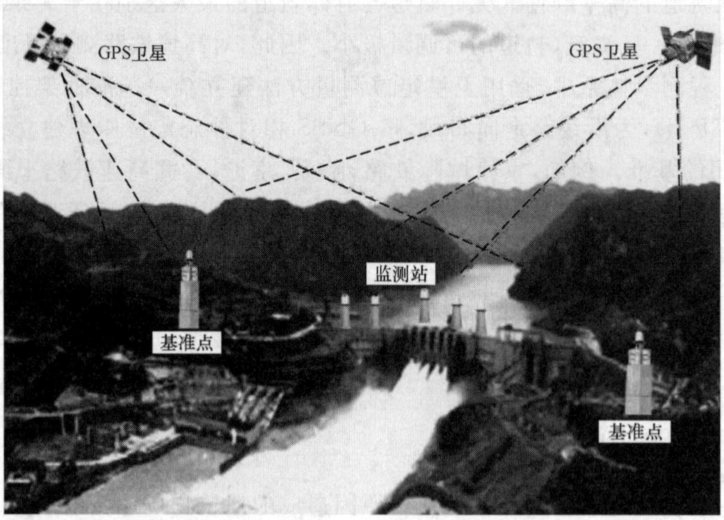

图1-10 隔河岩大坝GPS安全监测系统

变化规律、构造变形的三维精细特征、现代大地测量基准系统的建立和维持、汛期暴雨的大尺度水汽输送模型等科学问题提供基础资料和产品。

1.3.5 在海洋测量中的应用

海洋测绘主要包括海上定位、海洋大地测量、水下地形测量、海洋划界、航道测量以及海洋资源勘探与开采、海底管道敷设、近海工程(如海港工程等)、疏浚等海洋工程测量。此外,还有为科学研究服务的平均海面测量、海面地形测量、海流和海面变化、板块运动以及海啸等测量。

海上定位是海洋测绘中最基本的工作。由于海域辽阔,GPS卫星定位技术有得天独厚的优势。海上一般定位导航,采用一台GPS接收机进行单点定位(绝对定位),其实时定位精度,对于C/A码伪距可达15~25 m,已满足多数海洋定位工作。对于要求精度较高的定位,可采用GPS实时动态(GPS-RTK)定位差分方法,包括单站差分GPS(SRDGPS)、局域差分GPS(LADGPS)和广域差分GPS(WADGPS)等,精度一般可达米级和亚米级。

差分GPS海上定位必须建立一个甚至若干个基准站。基准站向海上舰船上的GPS接收机(流动站)发出差分改正数信号,对流动站的GPS定位数据进行误差修正,然后才能精确定位。例如,交通运输部建立的"中国沿海无线电指向标差分GPS(RBN/DGPS)系统"。整个系统由20个RBN/DGPS基准站组成,构形从鸭绿江口到南沙群岛部分区域,覆盖我国沿海港口和重要水域的差分GPS导航服务网。为保证RBN/DGPS基准站具有精确的地心坐标,所有RBN/DGPS基准站网与国家GPS A级网联网,并将基准站点的坐标纳入国际地球参考框架ITRF 91地心坐标系统。基准站间基线长度相对中误差达10^{-8},在国际地球参考框架ITRF 91框架中的地心坐标精度,在经、纬方向优于15 cm,垂直分量优于25 cm。在沿海200海里范围内,RBN/DGPS的定位误差小于5 m,在几十千米范围内,定位精度可达1 m之内。在其覆盖范围内的用户,都可以接收到改正数并用来修正自己GPS接收机的定位结果,达到1~5 m的定位精度,已在海上导航定位、海图测量、航道测量、岸线修测、航标定位,以及近海急、难、险、重大工程中发挥重要作用。

在茫茫的深海远海定位，通常采用广域增强系统(WAAS)。广域增强系统是通过地球同步卫星传递差分信号，利用同步卫星的L1波段转发广域差分GPS修正信号。同时发射调制在L1波段上的C/A码伪距信号。系统完全抛弃了附加的差分数据通信链系统，直接利用GPS接收天线识别、接收、解调由地球同步卫星发送的差分信号，并同时利用该系统发射C/A码测距信号，从而大大提高系统的导航精度、可靠性和完备性。如接收StarFire网络提供的差分改正数信号，单机定位的标称精度达25 cm。StarFire网络提供全球范围差分信号服务，它的差分改正数信号由国际海事卫星发布，信号覆盖面积由北纬76°到南纬76°。

利用差分GPS技术可以进行海洋物探定位和海洋石油钻井平台的定位。进行海洋物探定位时，在岸上设置一个基准站，另外在前后两条地震船上都安装差分GPS接收机。前面的地震船按预定航线利用差分GPS导航和定位，按一定距离或一定时间通过人工控制向海底岩层发送地震波，后续船接收地震反射波，同时记录GPS定位结果。通过分析地震波在地层内的传播特性，研究地层的结构，从而寻找石油资源的储油构造。根据地质构造的特点，在构造图上设计钻孔位置。利用差分GPS技术按预先设计的孔位建立安装钻井平台。具体方法是在钻井平台上和海岸基准站上设置差分GPS。如果在钻井平台的四周都安装GPS天线，由四个天线接收的信息进入同一个接收机，同时由数据链电台将基准站观测的数据也传送到钻井平台的接收机上。通过平台上的微机同时处理五组数据，可以计算出平台的平移、倾斜和旋转，以实时监测平台的安全性和可靠性。

1.3.6 在摄影测量中的应用

摄影测量技术是基于解析空中三角测量原理获取被摄对象空间位置信息的技术。目前，摄影测量的空间基准有地基和空基两类。地基是利用地面像控点技术，先求出像片的外方位元素(三个线元素、三个角元素)，进而确定像片上任一目标的空间坐标；空基是通过测量摄影机或传感器的空间位置和姿态，直接测量出像片上任意一点的空间坐标。所以摄影测量中必须解决定位问题。GNSS定位技术能够高精度快速测量地面像控点、自动测定摄影机或传感器的空间位置和姿态。因此，使其在摄影测量领域中有广泛的应用前景。GNSS定位技术在摄影测量中具体用于以下几个方面：

(1)测定航片上地面控制点；

(2)用于航摄飞机实时导航；

(3)GNSS辅助空中三角测量；

(4)直接测定摄影机或传感器的空间位置和姿态。

1. GNSS航测外业像控点测量

对一个测区而言，首先需要利用国家基础控制点建立像控点控制网，按1∶10 000航空摄影测量外业规范要求，即每4幅1∶10 000地形图中应有一个基础控制点。GNSS航外像片控制点联测一般可按E级网的技术要求施测。在布设GNSS网时应按像片控制点要求，在每对像片上选定4～6个公共外部控制点，目前采用先进的GNSS网络RTK测量像片控制点技术，先通过正射影像图到达实地，然后再通过100～300倍放大图，现场准确找出点位置，网络RTK直接测量像片控制点三维坐标。

2. GNSS辅助空中三角测量

随着GNSS差分技术发展，出现了GNSS辅助空中三角测量，即利用载波相位差分GNSS

定位方法,以GNSS卫星定位网为平台,通过地面控制点(基准站)静态测量与GNSS联测以获取航摄仪曝光时刻摄影中心的空间坐标。将它作为附加非摄影测量观测值与摄影测量观测值一起进行区域网联合平差,可以在只需少量周边或四角控制点的情况下,完成各种精度要求的空中三角测量、加密测图或其他目的需要的点位坐标,可以大量减少像控点测量工作量,大大提高作业效率,节约生产成本。这是GNSS在摄影测量中取得的又一具有划时代意义的成就。

3. 定位定姿系统辅助空中三角测量

集成GNSS定位技术和惯性导航系统(inertial navigation system,INS)于一体的定位定姿系统(position and orientation system,POS)被用于获取运动物体的空间位置和姿态信息。惯性导航系统是一种不依赖于外部信息的自主式导航系统,主要用于测量载体的位置、速度、航向以及姿态,具有数据更新率高、短期精度和稳定性好等优点。但在单独使用时定位误差会随时间积累,并且每次使用之前初始对准时间较长,这对任务时间短且又要求有快速反应能力的航空摄影来说无疑是致命的弱点。而定位定姿系统将GNSS长期、低动态、高精度的特性与惯性导航系统的短期、高动态、高精度的性能有机地结合起来,不但解决了GNSS动态应用采样频率低的问题,而且提高了惯性导航系统的精度。因此,将定位定姿系统应用于辅助空中三角测量前景广阔。这种全新的作业模式使得摄影测量摆脱了对大量地面控制点的依赖性,提高作业效率的同时,也带来了很大的经济效益。

将GNSS和惯性导航系统组合成为的定位定姿系统引入航空摄影测量中,需要把航空摄影传感器与机载定位定姿系统集成,地面架设基站,布设检校场。于是惯性测量装置差分GPS(IMU/DGPS)辅助航空摄影技术首先得到应用发展。该技术可以高精度获取航摄仪曝光时刻的外方位元素,提高摄影测量产品精度和可靠性等质量指标。定位定姿系统辅助空中三角测量将航空摄影测量推到了一个新的高度,并已日渐成为主流。

现如今,人们依然在不断探索减少地面控制点的方法,追求更高自动化程度的目标:定位定姿系统数据的直接定向(direct geo-referencing,DG),最终将实现航空摄影测量无空中三角测量的革命性跨越。

1.3.7 在地形测量与不动产测量中的应用

采用RTK技术进行测图时,仅需一人将仪器设置在要测的碎部点上停留1～2 s,并同时通过电子手簿操作输入特征编码。在点位精度合乎要求的情况下,把一个区域内的地形地物点位测定后,回到室内或在野外由专业测图软件可以输出所要求的地形图。用RTK技术测定点位不要求点间通视,仅需一人操作便可完成测图工作,大大提高了测图的工作效率。

不动产测量中应用RTK技术测定每一宗土地的权属界址点以及测绘地籍与不动产图,能实时测定有关界址点及一些地物点的位置,并能达到要求的厘米级精度。将GNSS获得的数据处理后直接录入地理信息系统,可及时、精确地获得地籍和不动产图。但在影响GNSS卫星信号接收的遮蔽地带,应使用全站仪等解析细部测量技术。

1.3.8 其他应用

1. 在农业、渔业和林业中的应用

GNSS技术在农业中已得到广泛应用,尤其在精细农业中。例如,GNSS自动插秧机可以按规定方向和间距完成插秧工作;利用飞机进行播种、施肥、除草、灭虫时,准确制导可大大节省费用,减少重叠带,避免空白带。此外,使用 GNSS 技术夜间作业能力优势尤其明显,因为夜间蒸发小,且农作物和杂草的气孔是张开的,更容易吸收肥料和除草剂等喷撒物,提高施肥和除草的效果。近年来,GNSS 技术配合无人机进行施肥、除草时,总费用可节省 60%左右。

在海洋渔业领域,利用船载 GNSS 接收机进行导航定位,以提高作业效率。此外,美国 Orbimage 公司还推出了金枪鱼跟踪器浮标。该浮标包括 GPS 接收机、海水温度传感器和卫星网络传输通信装置。工作人员则可通过准确确定浮标位置,从而节省燃油,提高效率。

GNSS 技术在测定森林面积、测定森林火灾地区的位置和边界线、测定病虫害区域的位置和边界线等方面均有独特而重要的作用。

2. 在大气研究中的应用

利用 GNSS 技术可以监测大气电离层变化。无线电信号在电离层会产生弥散效应,但利用双频的伪距观测值或载波相位观测值,便可准确测定观测时刻信号传播路径上的电离层延迟量(或总电子含量值),然后利用投影函数求出穿刺点(信号传播路径与中心电离层的交点)天顶方向的电离层延迟(或天顶方向的总电子含量值)。

GNSS 技术在研究大气对流层方面已经得到了广泛的应用,其中,对 GNSS 气象学的贡献最为突出。GNSS 气象学分为地基 GNSS 气象学和空基 GNSS 气象学。在地基 GNSS 气象学中,是依据若干布设在地面上的 GNSS 观测站上的观测值,通过平差计算来估计出各测站天顶方向上总对流层延迟量。总对流层延迟又由流体静力学延迟和湿延迟两部分组成,其中流体静力学延迟的变化较为规律,可以建立较为准确的模型,根据地面测站上的气象元素(温度、大气压)准确求出。空基 GNSS 则是利用低轨卫星上的无线电掩星事件来确定气温或水汽含量的,一般而言,进行空基 GNSS 气象学测量的低轨卫星需要配备高性能的 GNSS 接收机。

3. 在资源调查、环境监测和野外调查中的应用

在石油勘探、地质调查、水土流失、确定沙漠化区域、沙尘暴监测等工作中,通过作业人员携带的 GNSS 接收机,可以实现快速导航定位,提高野外作业效率。而采用常规方法时,由于野外条件多变且因地而异,给野外作业带来诸多不便。特别是在环境监测领域,配合其他传感器,GNSS 技术具有广阔的应用空间,需要指出,GNSS 海洋环境监测浮标在全球范围内得到了广泛的应用。

4. 在移动通信中的应用

当遇到匪警、交通事故、意外伤害等突发事件,通过电话向有关部门报告和求助时,在很多场合下,当事人很难准确表述事件发生的位置。这给救助工作带来许多不便,可能会延误最佳的救助时间。如果在移动电话中配备 GNSS 接收芯片,在报警过程中移动电话可以自动地将准确的定位结果同时播发给相关部门,就能较好地解决上述问题。采用移动通信辅助 GNSS 技术(例如 AGPS),用户即使在室内,也可确定自己的位置,使上述技术方法更为有效、方便和实用。

5. 在其他科学中的应用

随着科学技术的进步,GNSS 硬件将越来越小,当前已经可以做到一颗纽扣大小。将微型 GNSS 安置到动物身上,可实现对动物活动状态的跟踪,用于研究动物的生活规律,如鸟类迁徙等,为生物学家研究各种陆地生物的生活习性提供了一种有效的手段。

此外,GNSS 技术在旅游、考古、防灾减灾、智能交通等领域也有大量的应用,它将成为人类生产、科研、生活密不可分的一部分。

习题与思考题

1. 简述GPS的基本情况及特点。
2. 简述GLONASS的基本情况及特点。
3. 简述Galileo计划的基本情况及特点。
4. 简述北斗卫星导航系统的基本情况和特点。
5. 为什么说GNSS的应用是测绘发展史上的一场革命?
6. GNSS测量技术相对于常规测量技术有什么特点?
7. GNSS定位技术在我国的应用情况如何?
8. 请结合你身边的生活和科技应用,描述GNSS定位技术的应用前景。
9. 简述GNSS的组成,并说明各部分的作用。

第 2 章　坐标系统和时间系统

卫星定位就是确定点位的空间位置和运动状态，是相对一定的参考坐标系而言的，而坐标系统是由坐标原点的位置、坐标轴的指向和尺度所决定的。卫星定位常采用空间直角坐标系及其相应的大地坐标系，根据坐标轴指向的不同，又分为天球坐标系和地球坐标系。天球坐标系是一种惯性坐标系，其坐标原点及各坐标轴指向在空间保持不变，即与地球自转无关，用于描述卫星运行位置和状态。地球坐标系则是与地球相关联的坐标系，用于描述地面观测站的空间位置。

在卫星定位中，卫星是处于高速运动的状态，对观测者而言，卫星的方位、距离、高度和运行速度都在不断地变化。因此，在由跟踪站对卫星进行定轨时，提供卫星位置的同时，必须给出对应的瞬间时刻。用户接收机要测出到卫星之间的距离进行准确的定位，也必须精确测定卫星至接收机之间的信号传播时间。所以，任何一个观测量都必须对应地给定获取该观测量的时刻。因此，在卫星定位中，为了保证观测量的精度，对观测时刻要有较高的精度要求，建立精密的时间系统有着十分重要的意义。

本章主要介绍天球坐标系与地球坐标系、不同坐标系统之间的转换模型以及相关的时间系统。

2.1　天球坐标系

2.1.1　天球与天球坐标系的定义

天球坐标系是用以描述自然天体和人造地球卫星在空间的位置或方向的一种坐标系，在卫星定位中使用较多的是地心天球坐标系。因此天球是指以地球质心 M 为中心，半径为任意长度的一个假想球体，如图 2-1 所示。在天文学或卫星轨道确定理论中，通常把天体投影到天球的球面上，并利用球面坐标系来表达或研究天体的位置以及天体之间的相互关系。

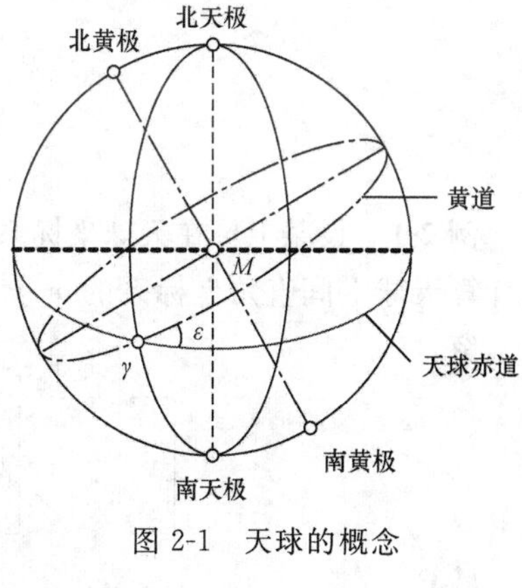

图 2-1　天球的概念

天球坐标系涉及的一些参考点、线、面和圈如下：

(1)天轴与天极——地球自转轴的延长线称为天轴，天轴与天球的两个交点称为天极，即北天极和南天极。

(2)天球子午面与天球子午圈——包含天轴的平面称为天球子午面，天球子午面与天球相交的大圆称为天球子午圈。

(3)天球赤道面与天球赤道——通过地球质心且与天轴垂直的平面称为天球赤道面，天球赤道面与天球的交线称为天球赤道。

(4)时圈——通过天轴的平面与天球相交的半个大圆称为时圈。

(5)黄道面与黄道——地球绕太阳公转的轨道面与天球相交的平面称为黄道面，相交的大圆称为黄道。黄道面与赤道面的夹角称为黄赤交角 ε,约为 23.5°。

(6)黄极——通过天球中心且垂直于黄道面的直线与天球的交点称为黄极,其中靠近北天极的交点称为北黄极,靠近南天极的交点称为南黄极。

(7)春分点——黄道与天球赤道有两个交点,其中太阳的视位置由南向北通过赤道的交点 γ 称为春分点。

在天文学和卫星大地测量学中,春分点和天球赤道面是建立坐标系的重要基准点和基准面。

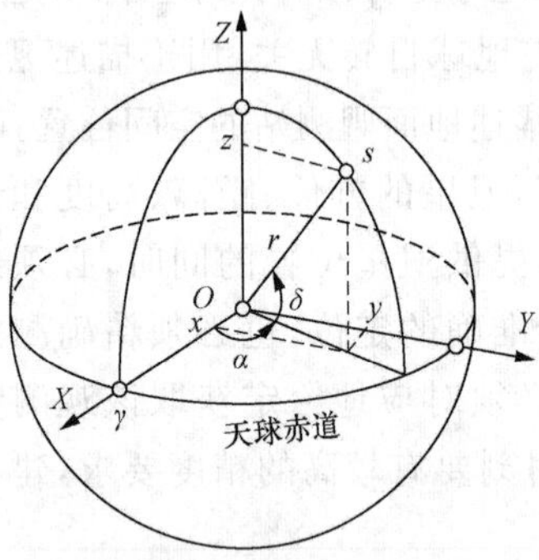

图 2-2 天球空间直角坐标系与天球球面坐标系

天球坐标系包括天球空间直角坐标系和天球球面坐标系。在天球空间直角坐标系中,任意空间点 s 的坐标为 (x,y,z)。天球空间直角坐标系的定义是:以地球质心为坐标原点 O,其 Z 轴指向北天极,X 轴指向春分点,Y 轴垂直于 XOZ 平面并构成右手坐标系,如图 2-2 所示。在天球球面坐标系中,任意空间点 s 的坐标为(α,δ,r)。天球球面坐标系的定义是:以地球质心为天球中心 O,赤经 α 为含天轴和春分点的天球子午面与过空间点 s 的天球子午面之间的夹角(自 XOZ 平面起算右旋为正);赤纬 δ 为原点 O 至空间点 s 的连线与天球赤道面之间的夹角;向径 r 为原点 O 至空间点 s 的距离。

对同一空间点,天球空间直角坐标系与其等效的天球球面坐标系参数间有如下转换关系

$$\begin{bmatrix} x \\ y \\ z \end{bmatrix} = r \begin{bmatrix} \cos\delta \cdot \cos\alpha \\ \cos\delta \cdot \sin\alpha \\ \sin\delta \end{bmatrix} \tag{2-1}$$

或

$$\left.\begin{aligned} r &= \sqrt{x^2+y^2+z^2} \\ \alpha &= \arctan\frac{y}{x} \\ \delta &= \arctan\frac{z}{\sqrt{x^2+y^2}} \end{aligned}\right\} \tag{2-2}$$

例 2-1 设某卫星在天球坐标系中赤经 $\alpha=117°$、赤纬 $\delta=35°$、向径 $r=22\,000\,000.000$ m,试计算天球空间直角坐标系的 x、y、z,并验算反求赤经 α、赤纬 δ 和向径 r。

解:

$$\begin{bmatrix} x \\ y \\ z \end{bmatrix} = r \begin{bmatrix} \cos\delta \cdot \cos\alpha \\ \cos\delta \cdot \sin\alpha \\ \sin\delta \end{bmatrix} = \begin{bmatrix} -8\,181\,519.411 \\ 16\,057\,135.947 \\ 12\,618\,681.600 \end{bmatrix}$$

验算

$$r = \sqrt{x^2+y^2+z^2} = 22\,000\,000.000 \text{ m}$$

$$\alpha = \arctan\frac{y}{x} + 180° = 117°$$

$$\delta = \arctan \frac{z}{\sqrt{x^2 + y^2}} = 35°$$

2.1.2　岁差与章动

由于地球的形体是接近于一个赤道隆起的椭球体，在日月引力和其他天体引力对地球隆起部分的作用下，地球自转轴方向不断地变化，这使得春分点在黄道上产生缓慢的西移现象，这种现象称为岁差。在岁差的影响下，地球自转轴在空间绕北黄极产生缓慢的旋转(从北天极上方观察为顺时针方向)，因而使北天极以同样的方式在天球上绕北黄极产生旋转。

地球自转轴在空间的方向变化，主要是日月引力共同作用的结果，其中又以月球的引力影响为最大。由于太阳距地球较远，所以其引力的影响仅为月球影响的 0.46 倍。若月球的引力及其运行轨道都固定不变，同时忽略其他行星引力的微小影响，那么日月引力的影响，将仅使北天极绕北黄极以顺时针方向缓慢旋转，构成如图 2-3 所示的一个圆锥面。这时，天球北天极的轨迹近似地构成一个以北黄极 Π'_n 为中心，以黄赤交角 ε 为半径的小圆。在这个小圆上，北天极每年西移约 50.37″，周期大约为 25 800 年。

一般地，上述有规律运动的北天极称为瞬时平北天极(简称平北天极)，与之相应的天球赤道和春分点称为瞬时天球平赤道和瞬时平春分点。但是，在太阳和其他行星引力的影响下，月球的运行轨道以及月地之间的距离都是不断变化的，所以，北天极在天球上绕北黄极旋转的轨迹实际上要复杂得多。若称观测时的北天极为瞬时北天极或真北天极，而与之相应的天球赤道和春分点称为瞬时天球赤道和瞬时春分点，或真天球赤道和真春分点，则在日月引力等因素的影响下，瞬时北天极 P_n 将绕瞬时平北天极 P'_n 产生旋转，大致成椭圆轨迹，其长半径约为 9.2″，周期约为 18.6 年。这种现象称为章动。

为了描述北天极在天球上的运动，通常把这种复杂的运动分解为两种有规律的运动：首先，平北天极绕北黄极运动，即岁差现象；其次，瞬时北天极绕平北天极顺时针转动，即章动现象。在岁差和章动的共同影响下，瞬时北天极绕北黄极旋转的轨迹如图 2-4 所示。

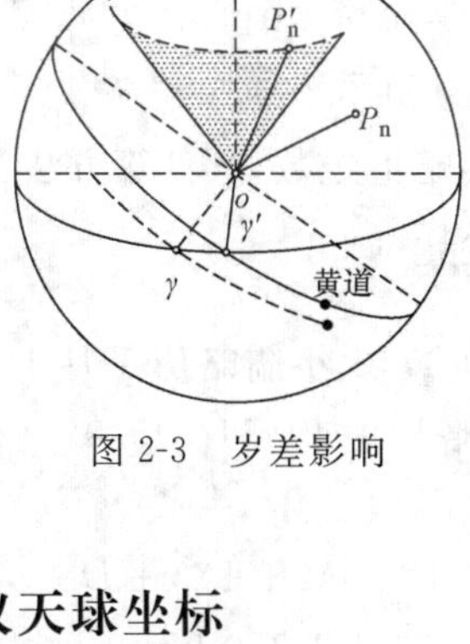

图 2-3　岁差影响

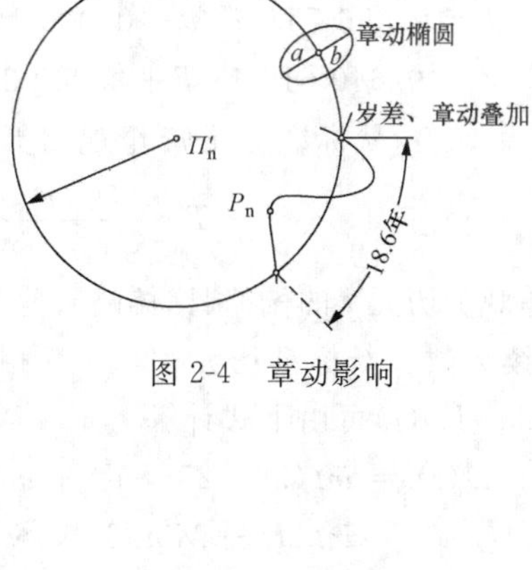

图 2-4　章动影响

2.1.3　协议天球坐标

1. 瞬时天球坐标系

我们把观测历元(瞬时)的实际北天极称为瞬时北天极(或真北天极)，与之对应的天球赤道和春分点称为瞬时天球赤道和瞬时春分点(或称为真天球赤道和真春分点)。瞬时地心(赤道)天球坐标系的定义为:原点为地球质心 O;Z 轴指向瞬时(真)北天极;X 轴指向瞬时(真)春分点;Y 轴垂直于 X 轴与 Z 轴构成的平面,构成右手坐标系。

2. 瞬时平天球坐标系

在天球上,不考虑章动影响的北天极,通常称为瞬时平北天极,与之对应的天球赤道和春分点称为瞬时天球平赤道和瞬时平春分点。瞬时平天球坐标系定义为:原点为地球质心 O;Z 轴指向瞬时平北天极;X 轴指向瞬时平春分点;Y 轴垂直于 X 轴与 Z 轴构成的平面,构成右手坐标系。

3. 协议天球坐标系

在岁差和章动的共同影响下,瞬时天球坐标系坐标轴的空间指向在不断变化。在这种非惯性坐标系中,不能直接根据牛顿力学定律来研究卫星的运动规律。为了建立一个与惯性坐标系相接近的坐标系,选择某一时刻作为标准历元,并将此刻地球的瞬时自转轴(指向北极)和地心至瞬时春分点的方向,经该瞬时的章动改正后,分别作为 Z 轴和 X 轴的指向。由此所构成的空间固定坐标系,称为所取标准历元 t_0 时刻的平天球坐标系,或协议天球坐标系,也称协议惯性坐标系(conventional inertial system,CIS)。卫星的星历通常都是在该系统中表示的。国际上约定,自 1984 年 1 月 1 日后启用的协议天球坐标系,其坐标轴的指向是以 2000 年 1 月 15 日太阳质心力学时(TDB)为标准历元(标以 J2000.0)的赤道和春分点定义的。

4. 坐标转换

为了将协议天球坐标系的卫星坐标转换到观测历元 t 的瞬时天球坐标,通常可分为两步:即首先将协议天球坐标系中的坐标换算到瞬时平天球坐标系统,然后将瞬时平天球坐标系的坐标转换到瞬时天球坐标系统。

1)协议天球坐标系至瞬时平天球坐标系的转换(岁差旋转)

协议天球坐标系(CIS)与瞬时平天球坐标系(TMS)的差别在于由岁差引起的坐标轴指向不同。协议天球坐标系至瞬时平天球坐标系的转换由三次坐标旋转完成,首先以 Z 轴为旋转轴顺时针旋转 ζ 角,再以 Y 轴为旋转轴逆时针旋转 θ 角,最后以 Z 轴为旋转轴顺时针旋转 Z 角。与岁差有关的三个角 ζ、θ、Z 的表达式分别为

$$\left.\begin{aligned}\zeta &= 0.640\,616\,1^\circ\ T + 0.000\,083\,9^\circ\ T^2 + 0.000\,005\,0^\circ\ T^3 \\ \theta &= 0.556\,753\,0^\circ\ T - 0.000\,118\,5^\circ\ T^2 - 0.000\,011\,6^\circ\ T^3 \\ Z &= 0.640\,616\,1^\circ\ T + 0.000\,304\,1^\circ\ T^2 + 0.000\,005\,1^\circ\ T^3\end{aligned}\right\} \tag{2-3}$$

式中,$T = t - t_0$,表示从标准历元 t_0 至观测历元 t 的儒略世纪数,其计算方法为

$$T = \frac{JD(t) - 2\,451\,545}{36\,525} \tag{2-4}$$

式中,$JD(t)$ 是观测历元 t 的儒略日,儒略日是从公元前 4713 年儒略历 1 月 1 日格林尼治平正午起算的连续天数。新标准历元 J2000.0 相应的儒略日为 2 451 545.0,一个儒略世纪为 36 525个儒略日。$JD(t)$可由下式计算

$$\begin{aligned}JD(t) = {} & int(365.25 \times Y) + int[30.600\,1 \times (M+1)] + D + \\ & int(H + Min/60 + Sec/3\,600)/24 + 1\,720\,981.5\end{aligned} \tag{2-5}$$

式中,int 为取整函数,Y 为年,M 为月,D 为日,H 为时,Min 为分,Sec 为秒。在计算中,如果 $M=1$ 或 $M=2$,则 $Y=Y-1$,$M=M+12$。

协议天球坐标系至瞬时平天球坐标系的转换关系为

$$\begin{bmatrix} x \\ y \\ z \end{bmatrix}_{TMS} = \boldsymbol{R}_z(-Z)\boldsymbol{R}_y(\theta)\boldsymbol{R}_z(-\zeta)\begin{bmatrix} x \\ y \\ z \end{bmatrix}_{CIS} = \boldsymbol{R}_{zyz}\begin{bmatrix} x \\ y \\ z \end{bmatrix}_{CIS} \tag{2-6}$$

式中

$$\boldsymbol{R}_{zyz} = \boldsymbol{R}_z(-Z)\boldsymbol{R}_y(\theta)\boldsymbol{R}_z(-\zeta),\ \boldsymbol{R}_z(-Z) = \begin{bmatrix} \cos Z & -\sin Z & 0 \\ \sin Z & \cos Z & 0 \\ 0 & 0 & 1 \end{bmatrix}$$

$$\boldsymbol{R}_y(\theta) = \begin{bmatrix} \cos\theta & 0 & -\sin\theta \\ 0 & 1 & 0 \\ \sin\theta & 0 & \cos\theta \end{bmatrix},\ \boldsymbol{R}_z(-\zeta) = \begin{bmatrix} \cos\zeta & -\sin\zeta & 0 \\ \sin\zeta & \cos\zeta & 0 \\ 0 & 0 & 1 \end{bmatrix}$$

例 2-2　计算 2019 年 2 月 9 日 15 时 34 分 24.564 秒和 2019 年 3 月 1 日 10 时 21 分 32.756 秒的儒略世纪数 T 的值，并计算协议天球坐标系转换至瞬时平天球坐标系的旋转矩阵。

解：

(1)由于 $M=2$，所以 $Y=Y-1=2\,019-1=2\,018$，$M=M+12=2+12=14$，将数字代入式(2-5)计算 $JD(t)$

$$\begin{aligned} JD(t) &= int(365.25 \times 2\,018) + int[30.600\,1 \times (14+1)] + 9 + \\ &\quad (15 + 34/60 + 24.564/3\,600)/24 + 1\,720\,981.5 \\ &= int(737\,074.5) + int(459.001\,5) + 9 + 0.648\,895\,42 + 1\,720\,981.5 \\ &= 737\,074 + 459 + 9 + 0.648\,895\,42 + 1\,720\,981.5 = 2\,458\,524.148\,895\,42 \end{aligned}$$

将 $JD(t)$ 代入式(2-4)计算儒略世纪数 T

$$\begin{aligned} T &= \frac{JD(t) - 2451\,545}{36\,525} = \frac{2\,458\,524.148\,895\,42 - 2\,451\,545}{36\,525} \\ &= \frac{6\,979.148\,895\,42}{36\,525} = 0.191\,078\,682\,968\,28 \end{aligned}$$

将儒略世纪数 T 代入式(2-3)，计算得

$$\xi = 0.122\,438\,748\,340\,6°,\ \Theta = 0.106\,387\,875\,61\,2°,\ Z = 0.122\,419\,219\,27\,1°$$

由此得旋转矩阵

$$\begin{aligned} \boldsymbol{R}_{zyz} &= \boldsymbol{R}_z(-Z)\,\boldsymbol{R}_y(\theta)\,\boldsymbol{R}_z(-\zeta) \\ &= \begin{bmatrix} 0.999\,989\,144\,401 & -0.000\,427\,356\,104 & -0.001\,856\,813\,408 \\ 0.004\,273\,561\,043 & 0.999\,990\,868\,288 & -0.000\,003\,967\,308 \\ 0.001\,856\,813\,407 & -0.000\,003\,967\,941 & 0.999\,998\,276\,112 \end{bmatrix} \end{aligned}$$

(2)$Y=2\,019$，$M=3$，$H=10$，$D=1$，$Min=21$，$Sec=32.765$，将数字代入式(2-5)计算 $JD(t)$

$$\begin{aligned} JD(t) &= int(365.25 \times 2\,019) + int[30.600\,1 \times (3+1)] + 1 + \\ &\quad (10 + 21/60 + 32.765/3\,600)/24 + 1\,720\,981.5 \\ &= int(737\,439.75) + int(122.400\,4) + 1 + 0.431\,629\,22 + 1\,720\,981.5 \\ &= 737\,439 + 122 + 1 + 0.431\,629\,22 + 1\,720\,981.5 \\ &= 2\,458\,543.931\,629\,22 \end{aligned}$$

将 $JD(t)$ 代入式(2-4)计算儒略世纪数 T

$$T=\frac{JD(t)-245\ 154\ 5}{36\ 525}=\frac{2\ 458\ 543.931\ 629\ 22-2\ 451\ 545}{36\ 525}$$

$$=\frac{699\ 8.931\ 629\ 22}{36\ 525}=0.191\ 620\ 304\ 701\ 566$$

将儒略世纪数 T 代入式(2-3),计算得

$$\xi=0.122\ 785\ 894\ 147^{\circ},\Theta=0.106\ 689\ 449\ 010^{\circ},Z=0.122\ 766\ 254\ 210^{\circ}$$

由此得旋转矩阵

$$\boldsymbol{R}_{zyz}=\boldsymbol{R}_z(-Z)\boldsymbol{R}_y(\theta)\boldsymbol{R}_z(-\zeta)$$

$$=\begin{bmatrix}0.999\ 989\ 082\ 763 & -0.004\ 285\ 676\ 640 & -0.001\ 862\ 076\ 812\\0.004\ 285\ 676\ 640 & 0.999\ 990\ 816\ 438 & -0.000\ 003\ 989\ 832\\0.001\ 862\ 076\ 810 & -0.000\ 009\ 904\ 705 & 0.999\ 998\ 266\ 326\end{bmatrix}$$

2)瞬时平天球坐标系至瞬时天球坐标系的转换(章动旋转)

瞬时平天球坐标系经章动旋转后可转换为瞬时天球坐标系,则瞬时平天球坐标系(TMS)至瞬时天球坐标系(TS)的转换关系为

$$\begin{bmatrix}x\\y\\z\end{bmatrix}_{\text{TS}}=\boldsymbol{R}_x(-\varepsilon-\Delta\varepsilon)\boldsymbol{R}_z(-\Delta\varphi)\boldsymbol{R}_x(\varepsilon)\begin{bmatrix}x\\y\\z\end{bmatrix}_{\text{TMS}}=\boldsymbol{R}_{xzx}\begin{bmatrix}x\\y\\z\end{bmatrix}_{\text{TMS}} \tag{2-7}$$

式中

$$\boldsymbol{R}_{xzx}=\boldsymbol{R}_x(-\varepsilon-\Delta\varepsilon)\boldsymbol{R}_z(-\Delta\varphi)\boldsymbol{R}_x(\varepsilon),\ \boldsymbol{R}_z(-\Delta\varphi)=\begin{bmatrix}\cos\Delta\varphi & -\sin\Delta\varphi & 0\\\sin\Delta\varphi & \cos\Delta\varphi & 0\\0 & 0 & 1\end{bmatrix}$$

$$\boldsymbol{R}_x(-\varepsilon-\Delta\varepsilon)=\begin{bmatrix}1 & 0 & 0\\0 & \cos(\varepsilon+\Delta\varepsilon) & -\sin(\varepsilon+\Delta\varepsilon)\\0 & \sin(\varepsilon+\Delta\varepsilon) & \cos(\varepsilon+\Delta\varepsilon)\end{bmatrix},\ \boldsymbol{R}_x(\varepsilon)=\begin{bmatrix}1 & 0 & 0\\0 & \cos\varepsilon & \sin\varepsilon\\0 & -\sin\varepsilon & \cos\varepsilon\end{bmatrix}$$

式中,ε、$\Delta\varepsilon$、$\Delta\varphi$ 分别为黄赤交角、交角章动及黄经章动。

在地球自转轴章动的影响下,黄道与赤道的交角通常表示为

$$\varepsilon=23^{\circ}26'21.448''-46.815''\,T-0.000\ 59''\,T^2+0.001\ 813''\,T^3 \tag{2-8}$$

对于 $\Delta\varepsilon$ 和 $\Delta\varphi$,根据章动理论,其常用表达式是含有多达 106 项的复杂级数展开式。在天文年历中载有这些展开式的系数值,根据 T 值便可精确计算 $\Delta\varepsilon$ 和 $\Delta\varphi$ 的值,即

$$\left.\begin{aligned}\Delta\varphi&=\sum_{i=1}^{106}\Big[(A_i+A'_it)\sin\Big(\sum_{j=1}^{5}K_{ji}\alpha_j(t)\Big)\Big]\\\Delta\varepsilon&=\sum_{i=1}^{106}\Big[(B_i+B'_it)\cos\Big(\sum_{j=1}^{5}K_{ji}\alpha_j(t)\Big)\Big]\end{aligned}\right\} \tag{2-9}$$

式中,A_i、A'_i、B_i、B'_i、K_{ij} 为 106 阶章动序列对应的系数值,可在天文年历表中查找出来,$\alpha_j(t)$ 的具体物理意义和计算公式为:

$\alpha_1(t)$ 为月亮平近点角

$$\alpha_1(t)=l=134^{\circ}57'46.733''+477\ 198^{\circ}52'02.633''t+31.310''t^2+0.064''t^3$$

$\alpha_2(t)$ 为太阳平近点角

$$\alpha_2(t)=l'=357^{\circ}31'39.804''+35\ 999^{\circ}03'01.224''t-0.577''t^2-0.012''t^3$$

$\alpha_3(t)$ 为月球平升交角距

$$\alpha_3(t) = F = 93°16'18.877'' + 483\ 202°01'03.137''t - 13.257''t^2 + 0.011''t^3$$

$\alpha_4(t)$ 为日月间平经度差

$$\alpha_4(t) = D = 297°51'01.307'' + 445\ 267°06'41.328''t - 6.891''t^2 + 0.019''t^3$$

$\alpha_5(t)$ 为月球轨道升交点平经度

$$\alpha_5(t) = \Omega = 125°02'40.280'' - 1\ 933°08'10.539''t + 7.455''t^2 + 0.008''t^3$$

由式(2-6)和式(2-7)便可得出协议天球坐标系至瞬时天球坐标系的坐标转换公式为

$$\begin{bmatrix} x \\ y \\ z \end{bmatrix}_{\mathrm{TS}} = \boldsymbol{R}_{xzx}\boldsymbol{R}_{zyz} \begin{bmatrix} x \\ y \\ z \end{bmatrix}_{\mathrm{CIS}} \tag{2-10}$$

2.2　地球坐标系

若用天球坐标系描述地球上任一固定点的位置，由于天球坐标系与地球自转无关，该点在天球坐标系中的坐标将随地球的自转而不断变化，这显然在实际应用中不可行。因此，为了描述地面观测站的位置，有必要建立一个与地球体相固联的坐标系，该坐标系随着地球一起自转，即地球坐标系，也被称为地固坐标系。该坐标系也有两种表达形式，即空间直角坐标系和大地坐标系。根据坐标原点位置的不同，地球坐标系可分为参心坐标系和地心坐标系，在卫星定位中直接求得的一般均为地心坐标。

2.2.1　空间直角坐标系与大地坐标系

在空间直角坐标系中，任意地面点 P 的坐标为(x,y,z)。该坐标系的定义是：以地球质心为坐标原点 O，其 Z 轴指向地球北极，X 轴指向格林尼治平子午面与地球赤道的交点 E，Y 轴垂直于 XOZ 平面并构成右手坐标系，如图 2-5 所示。

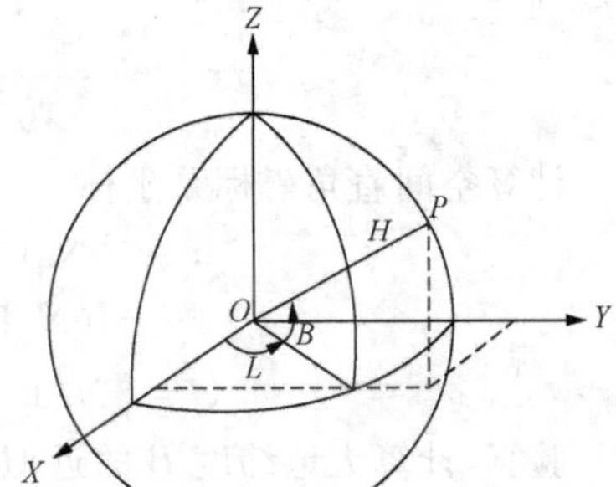

图 2-5　空间直角坐标系与大地坐标系

在大地坐标系中，任意地面点 P 的坐标为 (B,L,H)。该坐标系的定义是：地球椭球的中心与地球质心重合，椭球短半轴与地球自转轴重合，大地纬度 B 为过地面点的椭球法线与椭球赤道面的夹角，大地经度 L 为过地面点的椭球子午面与格林尼治平子午面之间的夹角，大地高 H 为地面点沿椭球法线至椭球面的距离。

2.2.2　空间直角坐标系与大地坐标系的换算

在数据处理中，经常会遇到大地坐标与空间直角坐标的转换，这种转换是同一系统中两种不同描述方法之间的，空间中某一点 P 在两个坐标系中的坐标是完全等价的。大地坐标系至空间直角坐标系的转换公式为

$$\left.\begin{aligned} x &= (N+H)\cos B\cos L \\ y &= (N+H)\cos B\sin L \\ z &= [N(1-e^2)+H]\sin B \end{aligned}\right\} \tag{2-11}$$

式中,N 为椭球的卯酉圈曲率半径,e 为椭球的第一偏心率。若以 a、b 分别表示所选椭球的长半轴和短半轴,椭球偏率 $f=(a-b)/a$,则有

$$\left.\begin{aligned} e^2 &= 2f - f^2 \\ N &= \frac{a}{\sqrt{1-e^2\sin^2 B}} \end{aligned}\right\} \tag{2-12}$$

相应地,空间直角坐标系转换至大地坐标系的公式为

$$\left.\begin{aligned} B &= \arctan\frac{z+Ne^2\sin B}{\sqrt{x^2+y^2}} \\ L &= \arctan\frac{y}{x} \\ H &= \frac{z}{\sin B} - N(1-e^2) \end{aligned}\right\} \tag{2-13}$$

设 $B_0 = \arctan\left(\frac{z}{\sqrt{x^2+y^2}}\right)$,然后用迭代算法计算大地纬度 B 的值。

例 2-3 已知2000国家大地坐标系的椭球长半轴 $a=6378137$ m,扁率 $f=1/298.257222101$,三维坐标 $B=33°55'55.7806''$,$L=116°38'50.8321''$,$H=26.109$ m,试求空间直角坐标 x、y、z。

解:

计算第一偏心率的平方

$$e^2 = 2f - f^2 = 6.69438002290079\times 10^{-3}$$

计算卯酉圈曲率半径

$$N = \frac{a}{\sqrt{1-e^2\sin^2 B}} = 6384799.711 \text{ m}$$

计算空间直角坐标系坐标

$$x = (N+H)\cos B\cos L = -2375918.915 \text{ m}$$
$$y = (N+H)\cos B\sin L = 4734801.711 \text{ m}$$
$$z = [N(1-e^2)+H]\sin B = 3540220.314 \text{ m}$$

验算,计算大地纬度 B 的近似值

$$B_0 = \arctan\left(\frac{z}{\sqrt{x^2+y^2}}\right) = \arctan(0.668283328042381)$$
$$= 0.589120995697315(\text{单位为弧度})$$

迭代求 B 的各次迭代值

$$B_1 = 33°55'52.8242'', B_2 = 33°55'55.7670'', B_3 = 33°55'52.7805''$$
$$B_4 = 33°55'52.7806'', B_5 = 33°55'52.7806''$$

$$L = \arctan\left(\frac{y}{x}\right) + 180 = 116°38'50.8321''$$

$$H = \frac{z}{\sin B} - N(1-e^2) = 26.109 \text{ m}$$

2.2.3 极移

地球自转轴不仅因日、月引力的作用而发生空间位置的变化,且因地球内部质量不均

匀的影响而在地球体内部运动。前者导致岁差和章动，后者导致极移。地球自转轴相对地球体的位置并不是固定的，地极点在地球表面上的位置随时间发生变化。这种现象称为地极移动，简称极移。观测瞬间地球自转轴所处的位置称为瞬间地球自转轴，而相应的极点称为瞬时极。

地极在地球表面上的运动主要包含两种周期性变化：一种是周期约为 1 年，振幅约为 0.1″的变化；另一种是周期约为 432 天，振幅约为 0.2″的变化。为了描述极移的规律，通常选取一平面直角坐标系来表达地极的瞬时位置。为此，假设该平面通过地极的某一平均位置 $\bar{P}_n$（称为平极），并与地球表面相切。在此平面上取 $\bar{P}_n$ 为原点，X_P 轴指向格林尼治平均天文台，Y_P 轴指向格林尼治零子午面以西 90°的子午线方向。于是，任一历元 t 的瞬时极 P_n 的位置可表示为（x_P，y_P），如图 2-6 所示。

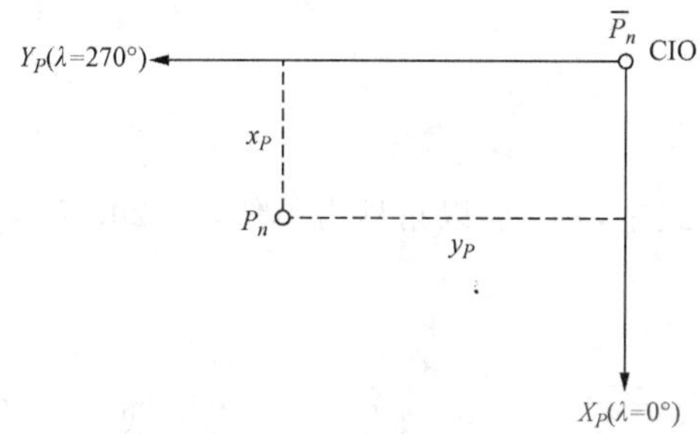

图 2-6　地极坐标系

地极在地极平面坐标系中的瞬时坐标为（x_P，y_P），由国际地球自转服务局（International Earth Rotation Service，IERS）通过 VLBI、SLR、GPS 和 DORIS 等空间大地测量方法来精确测定并定期出版公报提供给用户。

2.2.4　瞬时地球坐标和协议地球坐标

以瞬时极为基准点的地球坐标系称为瞬时地球坐标系。由于瞬时极的极移会造成坐标轴的指向发生变化，所以，采用瞬时地球坐标系在实际工作中遇到了许多困难。因此，1967 年，国际天文学联合会和国际大地测量协会建议，采用国际上 5 个纬度服务站（表 2-1）依据 1900 年至 1905 年的平均纬度所确定的平均地极位置作为平极。该平极是相应于上述期间地球自转轴的平均位置，通常称为国际协议原点（conventional international origin，CIO）。与之相应的地球赤道面称为平赤道面或协议赤道面。在实际工作中，至今仍普遍采用国际协议原点作为协议地极（conventional terrestrial pole，CTP）。以协议地极为基准点的地球坐标系称为协议地球坐标系（conventional terrestrial system，CTS）。

表 2-1　国际纬度站分布

站址	纬度	经度
卡洛福泰（Carloforte）（意大利）	39°08′09″	8°18′44″
盖瑟斯堡（Gaithersburg）（美国）	39°08′13″	−77°11′57″
基塔布（Kitab）（乌兹别克斯坦）	39°08′02″	66°52′51″
水泽（Mizusawa）（日本）	39°08′04″	141°07′51″
尤凯亚（Ukiah）（美国）	39°08′12″	−123°12′35″

极移现象主要引起瞬时地球坐标系相对协议地球坐标系的旋转，如图 2-7 所示。若以 $(x,y,z)_{\mathrm{CTS}}$ 和 $(x,y,z)_{\mathrm{T}}$ 分别表示协议地球坐标系和观测历元 t 的瞬时地球坐标系，则有下列转换公式

$$\begin{bmatrix} x \\ y \\ z \end{bmatrix}_{\mathrm{CTS}} = \boldsymbol{R}_y(-x_P)\boldsymbol{R}_x(-y_P)\begin{bmatrix} x \\ y \\ z \end{bmatrix}_{\mathrm{T}} = \boldsymbol{M}\begin{bmatrix} x \\ y \\ z \end{bmatrix}_{\mathrm{T}} \tag{2-14}$$

由于地极坐标为微小量，若取至一次微小量，则有

$$\boldsymbol{M} = \begin{bmatrix} 1 & 0 & \dfrac{x_P}{\rho} \\ 0 & 1 & -\dfrac{y_P}{\rho} \\ -\dfrac{x_P}{\rho} & \dfrac{y_P}{\rho} & 1 \end{bmatrix} \tag{2-15}$$

式中，x_P、y_P 以角秒为单位，$\rho=206\ 265$ 为 1 弧度对应的角秒数。

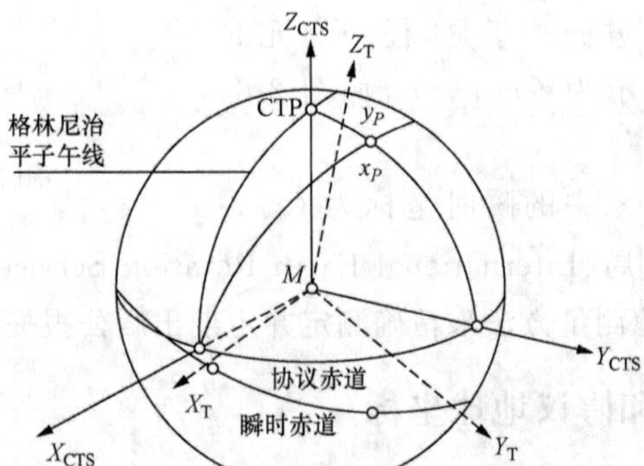

图 2-7 瞬时地球坐标系与协议地球坐标系

2.3 坐标系统

2.3.1 WGS-84 坐标系

在 GPS 定位中，根据卫星星历计算所得的卫星位置和速度都直接表达在相应的空间坐标系中。GPS 所用的坐标系统称为世界大地坐标系统(world geodetic system，WGS)。经过多次的修改和完善，其 1984 年版的世界大地坐标系(WGS-84)已经是一个相当精确的协议地心地固坐标系。在 GPS 卫星所播发的导航电文中，有关位置和速度的信息就是基于 WGS-84 坐标系。

WGS-84 坐标系的定义如下：原点为地球质心 M，Z 轴指向国际时间局给出的 BIH 1984.0 定义的协议地极，X 轴指向 BIH 1984.0 定义的零子午面与协议地极相应的赤道的交点，Y 轴垂直于 XMZ 平面，且与 Z、X 轴构成右手坐标系。

WGS-84 坐标系采用的地球椭球称为 WGS-84 椭球，其参数为国际大地测量和地球物理联合会(IUGG)第十七届大会的推荐值，4 个基本参数如下：

(1)长半轴 $a=6\ 378\ 137$ m；

(2)地球(含大气层)地心引力常数 $GM=3.986\ 005\times10^{14}\ \mathrm{m^3/s^2}$；

(3)地球重力场正常二阶带谐系数 $C_{2,0}=-484.166\ 85\times10^{-6}$；

(4)地球自转角速度 $\omega = 7.292\,115\,146\,7 \times 10^{-5}$ rad/s。

由此可计算出 WGS-84 椭球的其他椭球常数，扁率 $f = 1/298.257\,223\,563$，第一偏心率 $e = 8.181\,919\,084\,262\,2 \times 10^{-2}$。

经过多次的修正后，现今的 WGS-84 与国际地球参考框架之间的差异非常细微，在 10 cm 之内。因此，对导航等绝大多数非精密定位应用，通常认为 WGS-84 与国际地球参考框架是相互一致的。

2.3.2　CGCS2000 坐标系

北斗卫星导航系统采用 2000 国家大地坐标系(China Geodetic Coordinate System 2000，CGCS2000)。CGCS2000 坐标系的定义为：原点位于地球质心，Z 轴指向 IERS 定义的参考极方向，X 轴为 IERS 定义的参考子午面(IRM)与通过原点且同 Z 轴正交的赤道面的交线，Y 轴与 Z 轴、X 轴构成右手直角坐标系。CGCS2000 已于 2008 年 6 月 18 日发布，2008 年 7 月 1 日开始实施。

CGCS2000 原点也用作 CGCS2000 椭球的几何中心，Z 轴用作该旋转椭球的旋转轴。CGCS2000 参考椭球定义的基本常数为：

(1)长半轴 $a = 637\,813\,7$ m；

(2)地球(含大气层)地心引力常数 $GM = 3.986\,004\,418 \times 10^{14}\ \mathrm{m^3/s^2}$；

(3)椭球扁率 $f = 1/298.257\,222\,101$；

(4)地球自转角速度 $\omega = 7.292\,115 \times 10^{-5}$ rad/s。

CGCS2000 由以下三个层次的站网坐标和速度具体实现：

(1)第一层次为连续运行参考站。由它们构成 CGCS2000 的基本骨架，其坐标精度为毫米级，年变速度精度为 1 mm/a。

(2)第二层次为大地控制网。包括中国全部领土和领海内的高精度 GNSS 网点。其三维地心坐标精度为厘米级，年变速度精度为 2～3 mm/a。

(3)第三层次为天文大地网。包括经空间网与地面网联合平差的约 5 万个天文大地点，其大地经纬度误差不超过 0.3 m，大地高误差不超过 0.5 m。

2.3.3　PZ-90 坐标系

1993 年以前 GLONASS 卫星导航系统采用苏联的 1985 年地心坐标系(SGS-85)，1993 年后改为 PZ-90 坐标系(目前具体的编号是 PZ-90.02)。与 GPS 的 WGS-84 坐标系一样，PZ-90 也属于地心地固坐标系。GLONASS 星历参数(即卫星在参考时刻的位置、速度和加速度)均表达在 PZ-90 坐标系中。

PZ-90 坐标系的定义如下：坐标原点位于地球质心，Z 轴指向 IERS 推荐的协议地极原点，X 轴指向地球赤道与国际时间局定义的零子午线交点，Y 轴的建立使得此 XYZ 直角坐标系满足右手坐标系。

PZ-90 坐标系所用的参考椭球 PZ-90.02 定义的基本常数为：

(1)长半轴 $a = 6\,378\,136$ m；

(2)地球(含大气层)地心引力常数 $GM = 398\,600.441\,8 \times 10^{9}\ \mathrm{m^3/s^2}$；

(3)椭球扁率 $f = 1/298.257\,84$；

(4)地球自转角速度 $\omega = 7.292\ 115 \times 10^{-5}$ rad/s;

(5)地球重力场正常二阶带谐系数 $C_{2.0} = -484\ 165 \times 10^{-9}$ 。

值得注意的是,GLONASS的地球参考框架在2007年9月得到更新,更新后的PZ-90.02与国际地球参考框架基本一致,这两者之间已被建议不必做任何坐标变换。

2.3.4 ITRF坐标框架

1. 国际地球参照系

国际地球参照系(international terrestrial reference system,ITRS)是由国际地球自转服务局所定义的一个协议地球参照系,其定义满足如下条件:

(1)原点位于地球质心,为包括海洋和大气在内的整个地球的质心;

(2)长度尺度为国际单位制的米,该尺度与局部地心框架的地心坐标时(geocentric coordinate time,TCG)一致,符合国际天文联合会(IAU)和IUGG(1991)决议,通过适当的相对论模型获得;

(3)初始定向为国际时间局所给出的BIH1984.0定向;

(4)定向的时变通过一个关于全球水平构造运动的非净旋转条件来确定。

2. 国际地球参考框架

国际地球参考框架(international terrestrial reference frame,ITRF)是ITRS的实现,由一组具有ITRS下坐标和速度估值的国际地球自转服务局观测站组成,并由国际地球自转服务局的地球参考框架部负责建立和维护。

关于ITRF的历史,可以追溯到1984年。当时,国际时间局利用由甚长基线干涉测量(VLBI)、激光测月(LLR)、卫星激光测距(SLR)和子午卫星导航系统(TRANSIT)观测值,确定出了一系列点的坐标,从而第一次建立了一个综合的地球参考框架。该参考框架被称为BTS84(BIH terrestrial system 1984)。此后不久,国际时间局成为国际"地球自转监测及多种技术的相互比较"项目的协调中心。在其主持下,又相继连续完成了3个BTS的实现,其中最后一个是BTS87。1988年,IUGG和IAU联合创建了国际地球自转服务局,从此,建立和维持地球参考框架的工作就交由国际地球自转服务局来承担。国际地球自转服务局定期求取ITRF的年度解,这些解通过国际地球自转服务局年报和技术备忘录公布。从1988年至2013年,国际地球自转服务局已经公布了12个版本的ITRF,分别为ITRF88、ITRF89、ITRF90、ITRF91、ITRF92、ITRF93、ITRF94、ITRF96、ITRF97、ITRF2000、ITRF2005、ITRF2008。ITRF后面的数字表示形成该框架时所用数据的最后年份,例如,ITRF97表示在1999年建立该参考框架时,用于确定测站坐标和速度所采用的国际地球自转服务局数据一直到1997年底。每个新版本都接替其前一个版本,目前正在使用的为ITRF2014。

最初,组成ITRF的站坐标和速度是利用由诸如VLBI、LLR和SLR等空间大地测量技术所采集的观测数据计算的。后来,国际地球自转服务局又对所采用的空间大地测量技术进行了扩充。在1991年包含了GPS,在1994年又包含了卫星集成的多里斯系统(DORIS)。现在用于提供建立和维持ITRF所需观测数据的系统有SLR、LLR、VLBI、GPS、DORIS、光学天体测量、普拉烈系统(PRARE)、检潮仪、气象传感器。在ITRF建立过程中,地面观测站的数量在不断增加,建立ITRF88使用了约100个观测站,建立ITRF2008则用到了580个观测站。

表 2-2 列出了从 ITRF2008 到其他早期 ITRF 的转换参数及其速率，这些参数是平差后的值，与加权的方法以及这些框架间公共点的数量和分布等因素有关，因而当采用两个 ITRF 间不同公共点组来估计转换参数时，不一定会得到与表 2-2 完全一致的值。

表 2-2　ITRF2008 至以往 ITRF 的转换参数

转换参数	T_1/cm	T_2/cm	T_3/cm	$D/10^{-9}$	$R_1/0.001''$	$R_2/0.001''$	$R_3/0.001''$	历元
ITRF2005	−2.0	−0.9	−4.7	0.94	0.00	0.00	0.00	2000.0
速率	0.3	0.0	0.0	0.00	0.00	0.00	0.00	
ITRF2000	−1.9	−1.7	−10.5	1.34	0.00	0.00	0.00	2000.0
速率	0.1	0.1	−1.8	0.08	0.00	0.00	0.00	
ITRF97	4.8	2.6	−33.2	2.92	0.00	0.00	0.06	2000.0
速率	0.1	−0.5	−3.2	0.09	0.00	0.00	0.02	
ITRF96	4.8	2.6	−33.2	2.92	0.00	0.00	0.06	2000.0
速率	0.1	−0.5	−3.2	0.09	0.00	0.00	0.02	
ITRF94	4.8	2.6	−33.2	2.92	0.00	0.00	0.06	2000.0
速率	0.1	−0.5	−3.2	0.09	0.00	0.00	0.02	
ITRF93	−24.0	2.4	−38.6	3.41	−1.71	−1.48	−0.30	2000.0
速率	−2.8	−0.1	−2.4	0.09	−0.11	−0.19	0.07	
ITRF92	12.8	4.6	−41.2	2.21	0.00	0.00	0.06	2000.0
速率	0.1	−0.5	−3.2	0.09	0.00	0.00	0.02	
ITRF91	24.8	18.6	−47.2	3.61	0.00	0.00	0.06	2000.0
速率	0.1	−0.5	−3.2	0.09	0.00	0.00	0.02	
ITRF90	22.8	14.6	−63.2	3.91	0.00	0.00	0.06	2000.0
速率	0.1	−0.5	−3.2	0.09	0.00	0.00	0.02	
ITRF89	27.8	38.6	−101.2	7.31	0.00	0.00	0.06	2000.0
速率	0.1	−0.5	−3.2	0.09	0.00	0.00	0.02	
ITRF88	22.8	2.6	−125.2	10.41	0.10	0.00	0.06	2000.0
速率	0.1	−0.5	−3.2	0.09	0.00	0.00	0.02	

目前几乎所有的 IGS 精密星历都是在 ITRF 框架下提供的，所以在应用精密星历进行卫星导航数据处理时，应当注意所提供的精密星历的参考框架问题。

2.4　坐标系统转换

2.4.1　天球坐标与地球坐标的转换

根据瞬时天球坐标系和瞬时地球坐标系的定义可知，两坐标系存在如下联系与区别：

(1)两坐标系的原点均位于地球的质心,故其原点位置相同;

(2)两坐标系的 Z 轴指向相同;

(3)两坐标系的 X 轴的指向不同,其间夹角为春分点的格林尼治恒星时(Greenwich apparent sidereal time,GAST)。

若以 GAST 表示春分点的格林尼治恒星时,则两坐标系之间的转换关系可表示为

$$\begin{bmatrix} x \\ y \\ z \end{bmatrix}_{\mathrm{T}} = \begin{bmatrix} \cos(GAST) & \sin(GAST) & 0 \\ -\sin(GAST) & \cos(GAST) & 0 \\ 0 & 0 & 1 \end{bmatrix} \begin{bmatrix} x \\ y \\ z \end{bmatrix}_{\mathrm{TS}} = \boldsymbol{R}_z(GAST) \begin{bmatrix} x \\ y \\ z \end{bmatrix}_{\mathrm{TS}} \tag{2-16}$$

结合式(2-14)有

$$\begin{bmatrix} x \\ y \\ z \end{bmatrix}_{\mathrm{CTS}} = \boldsymbol{MR}_z(GAST) \begin{bmatrix} x \\ y \\ z \end{bmatrix}_{\mathrm{TS}} \tag{2-17}$$

将式(2-10)代入即可得到协议天球坐标系与协议地球坐标系的转换公式

$$\begin{bmatrix} x \\ y \\ z \end{bmatrix}_{\mathrm{CTS}} = \boldsymbol{MR}_z(GAST)\boldsymbol{R}_{xzx}\boldsymbol{R}_{zyz} \begin{bmatrix} x \\ y \\ z \end{bmatrix}_{\mathrm{CIS}} = \boldsymbol{R}_{yxz}\boldsymbol{R}_{xzx}\boldsymbol{R}_{zyz} \begin{bmatrix} x \\ y \\ z \end{bmatrix}_{\mathrm{CIS}} \tag{2-18}$$

式中,$\boldsymbol{R}_{yxz} = \boldsymbol{R}_y(-x_P)\boldsymbol{R}_x(-y_P)\boldsymbol{R}_z(GAST)$。

综上所述,由于卫星和地面点分别属于不同的坐标系,要实现 GNSS 卫星定位的目的,不仅要进行关于岁差、章动、极移的坐标转换,而且要进行协议天球坐标系至协议地球坐标系的转换。其转换流程如图 2-8 所示。

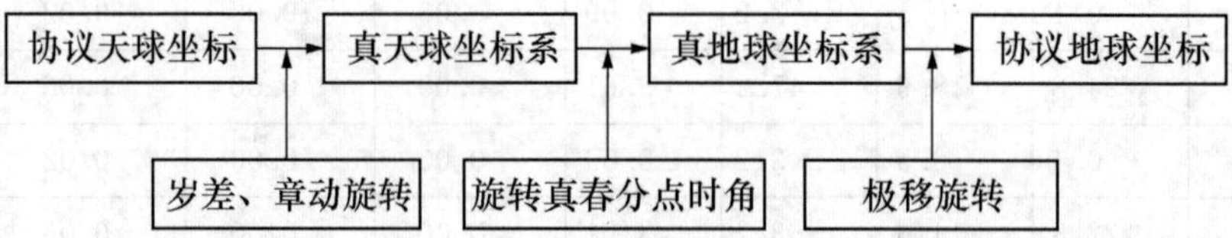

图 2-8 协议天球坐标系至协议地球坐标系转换流程

2.4.2 不同空间直角坐标间的转换

在常规大地测量中,为了处理观测成果及计算地面控制网的坐标,通常先定义一个参考椭球,即选取一参考椭球面作为基本参考面,选一参考点作为大地测量的起算点(称为大地原点),并利用大地原点的天文观测量确定参考椭球在地球内部的位置和方位。这样确定的参考椭球位置,其中心一般不会与地球质心相重合。这种原点位于地球质心附近的坐标系,称为地球参心坐标系,或简称参心坐标系。

如图 2-9 所示,若以下标 R 表示与参心坐标系有关的量,则参心空间直角坐标系的定义为:以接近于地球质心的参考椭球的中心为原点 O_{R} ,Z_{R} 轴平行于参考椭圆的旋转轴,X_{R} 轴指向起始大地子午面与参考椭圆赤道的交点,Y_{R} 轴垂直于 $X_{\mathrm{R}}O_{\mathrm{R}}Z_{\mathrm{R}}$ 平面,构成右手坐标系。地面上任一点的坐标,可表示为 $(x,y,z)_{\mathrm{R}}$,也可用参心大地坐标系的坐标 $(B,L,H)_{\mathrm{R}}$ 表示,两套坐标可采用式(2-11)或式(2-13)进行相互转换。

虽然参心坐标系与协议坐标系(或称协议地心坐标系)都是与地球体相固联的地球坐标

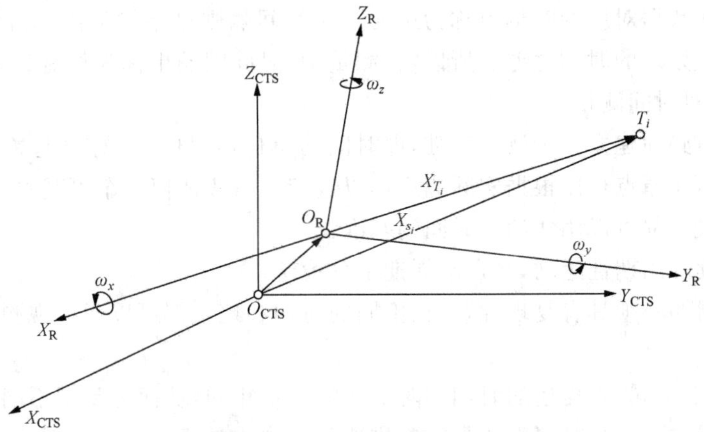

图 2-9　参心坐标系与协议地心坐标系

系，但是，它们的原点位置与坐标轴的指向一般都不同。其转换关系为

$$\begin{bmatrix} x \\ y \\ z \end{bmatrix}_{CTS} = \begin{bmatrix} x_{O_R} - x_{O_{CTS}} \\ y_{O_R} - y_{O_{CTS}} \\ z_{O_R} - z_{O_{CTS}} \end{bmatrix} + (1+m)\boldsymbol{R}(\boldsymbol{\omega}) \begin{bmatrix} x \\ y \\ z \end{bmatrix}_R = \begin{bmatrix} \Delta x_0 \\ \Delta y_0 \\ \Delta z_0 \end{bmatrix} + (1+m)\boldsymbol{R}(\boldsymbol{\omega}) \begin{bmatrix} x \\ y \\ z \end{bmatrix}_R \tag{2-19}$$

式中，$[\Delta x_0 \quad \Delta y_0 \quad \Delta z_0]^T$ 为其间的定位参数向量，m 为两坐标系之间尺度差异的尺度因子，$\boldsymbol{R}(\boldsymbol{\omega}) = \boldsymbol{R}_3(\omega_z)\boldsymbol{R}_2(\omega_y)\boldsymbol{R}_1(\omega_x)$，为旋转矩阵，$\boldsymbol{\omega} = [\omega_x \quad \omega_y \quad \omega_z]^T$，为其间的定向参数向量。式(2-19)在实际工作中被普遍采用，通常称为布尔莎(Bursa)模型。顾及两坐标系坐标轴定向差都是微小量，有

$$\boldsymbol{R}(\boldsymbol{\omega}) = \begin{bmatrix} 1 & \omega_z & -\omega_y \\ -\omega_z & 1 & \omega_x \\ \omega_y & -\omega_x & 1 \end{bmatrix}$$

则式(2-19)可化简成

$$\begin{bmatrix} x \\ y \\ z \end{bmatrix}_{CTS} = \begin{bmatrix} \Delta x_0 \\ \Delta y_0 \\ \Delta z_0 \end{bmatrix} + \begin{bmatrix} x \\ y \\ z \end{bmatrix}_R + \boldsymbol{K} \begin{bmatrix} \omega_x \\ \omega_y \\ \omega_z \\ m \end{bmatrix} \tag{2-20}$$

式中

$$\boldsymbol{K} = \begin{bmatrix} 0 & -z & y & x \\ z & 0 & -x & y \\ -y & x & 0 & z \end{bmatrix}$$

2.5　时间系统

2.5.1　时间系统的基本概念

时间包含两个概念：时刻和时间间隔。所谓时刻，即发生某一现象的时间。在天文学和卫

星定位中,与所获数据对应的时刻也称为历元。时间间隔则是指发生某一现象所经历的时间过程,是这一过程始末的时刻之差。所以,在测量中,时间间隔也称为相对时间测量,而时刻测量相应地称为绝对时间测量。

要测量时间,必须建立一个测量基准,即时间的单位(尺度)和原点(起始历元)。其中,时间的尺度是关键,而原点可以根据实际应用加以选定。一般任何一个可观察的周期运动现象,只要符合以下要求,都可以用作确定时间的基准:

(1)能做连续的周期性运动,且运动周期十分稳定;

(2)运动的周期必须具有复现性,即在不同的时期和地点都可以通过观测和实验复现这种周期性运动。

时间测量基准不同,则描述的时刻和时间间隔都不相同,从而得到了不同的时间系统。在天文学和空间科学技术中,时间系统是精确描述天体和人造卫星运行位置及其相互关系的重要基准,因而也是人类利用卫星进行定位的重要基准。

在 GNSS 卫星定位中,时间系统的重要意义主要表现为:

(1)GNSS 卫星作为一个高空观测目标,其位置是不断变化的。因此,在给出卫星运行位置的同时,必须给出相应的瞬间时刻。例如,当要求 GNSS 卫星的位置误差小于 1 cm 时,则相应的时刻误差应小于 2.6×10^{-6} s。

(2)GNSS 定位是通过接收和处理 GNSS 卫星发射的无线电信号来确定用户接收机(即观测站)至卫星间的距离(或距离差),进而确定观测站的位置的。因此,准确地测定观测站至卫星的距离,必须精密地测定信号的传播时间。若要求其距离误差小于 1 cm,则信号传播时间的测定误差应小于 3×10^{-11} s。

(3)由于地球的自转,地球上的点在天球坐标系中的位置是不断变化的。若要求赤道上一点的位置误差不超过 1 cm,则时间的测定误差应小于 2×10^{-5} s。

2.5.2 地球的运动

地球的运动包括两种基本形式:地球自转和公转。地球自转指地球绕其自转轴的旋转运动,自转方向是自西向东,从北天极上空来看,地球呈逆时针方向旋转。地球公转指地球按照一定的轨道绕太阳运动,公转方向也是自西向东。地球的自转和公转都是连续的周期性运动,基本具备了时间基准的三个要素,但地球自转相对公转而言更加符合时间基准的条件。

在自然界发生的许多重复的现象中,地球自转是最早用来作为计量时间的基准。早期由于受观测精度和计时工具的限制,人们认为这种自转是均匀的,所以被选作为时间基准。以地球自转作为时间基准的时间系统称为世界时系统。

2.5.3 常用时间系统

1. 恒星时

恒星时(sidereal time,ST)是以春分点为参考点的周日视运动所定义的时间。由于地球的自转,春分点连续两次经过本地子午圈的时间间隔为 1 恒星日,等于 24 个恒星时。因为恒星时以春分点通过本地子午圈时刻为起算原点,所以恒星时在数值上等于春分点相对于本地子午圈的时角。恒星时具有地方性,同一瞬间对应的不同测站的恒星时各不相同,所以恒星时也称为地方恒星时。

恒星时是以地球自转为基础，并与地球自转角度相对应的时间系统。由于岁差、章动的影响，地球自转轴在空间的指向是变化的，北天极、春分点在天球上的位置并不固定，所以对于同一历元，相应地有真北天极和平北天极，对应也有真春分点和平春分点之分，相应的恒星时也有真恒星时与平恒星时之分。

2. 平太阳时

地球围绕太阳公转的轨道为一椭圆，根据天体运动的开普勒定律可知，太阳的视运动速度是不均匀的。若以真太阳作为观察地球自转运动的参考点，则将不符合建立时间系统的基本要求。所以，假设一个平太阳以真太阳周年运动的平均速度在天球赤道上做周年视运动，其周期与真太阳一致，则以此平太阳为参考点，由平太阳的周日视运动所定义的时间系统为平太阳时(mean solar time, MST)系统。平太阳连续两次经过本地子午圈的时间间隔为 1 个平太阳日，等于 24 个平太阳时。与恒星时一样，平太阳时也具有地方性，故常称为地方平太阳时或地方时。

3. 世界时

国际天文学联合会于 1928 年决定，将由格林尼治平子夜起算的平太阳时称为世界时(universal time, UT)，这就是通常所说的格林尼治时间。世界时与平太阳时的尺度基准相同，其差别仅在于起算点不同。若以 GAMT 代表平太阳相对格林尼治子午圈的时角，则世界时与平太阳时之间的关系为

$$UT = GAMT + 12\ \mathrm{h} \tag{2-21}$$

世界时系统是以地球自转为基础的。由于极移、不均匀的地球自转速度和其他季节性变化等因素，世界时不是一个严格均匀变化的时间系统。为了弥补这一缺陷，自 1956 年开始，便在世界时中引入了极移改正和地球自转速度的季节性改正。由此得到的世界时分别用 $UT1$ 和 $UT2$ 表示，而未经改正的世界时用 $UT0$ 表示。它们之间的关系为

$$\left.\begin{aligned} UT1 &= UT0 + \Delta\lambda \\ UT2 &= UT1 + \Delta TS \end{aligned}\right\} \tag{2-22}$$

式中，$\Delta\lambda$ 为极移改正，ΔTS 为地球自转速度季节性变化的改正。其计算公式为

$$\left.\begin{aligned} \Delta\lambda &= \frac{1}{15}(x_P\sin\lambda - y_P\cos\lambda)\tan\varphi \\ \Delta TS &= 0.022\sin2\pi t - 0.012\cos2\pi t - 0.006\sin4\pi t + 0.007\cos4\pi t \end{aligned}\right\} \tag{2-23}$$

式中，λ、φ 为天文经度和纬度，t 是贝塞尔年岁首回归年的小数部分。

4. 地方时

恒星时和平太阳时都是用天球上某些真实的或假想的参考点的时角来计量的，它们与观测者的子午线有关。地球上位于不同经度的观测者，在同一瞬间测得的参考点的时角是不同的。因此，每个观测者都有自己的与他人不同的时间，称为地方时(local time, LT)，它是观测者所在的子午线的时间。

在同一瞬间，位于不同经度的观测者测得的地方平太阳时是不同的，因此需要一个统一的标准来克服同一时刻各地地方时彼此不同带来的不方便。现行做法是将全球划分为若干个时区：从西经 7.5°到东经 7.5°(经度间隔为 15°)为零时区，从零时区的边界分别向东和向西，每隔经度 15°划一个时区，东、西各划出 12 个时区；东十二时区与西十二时区相重合，全球共划分成 24 个时区，各时区都以中央经线的地方平时为本区的区时，相邻两时区的区时相差 1 小时。目前，全世界多数国家都采用以时区为单位的标准时，并与格林尼治时间保持相差整小时数。

中国横跨东五、东六、东七、东八和东九5个时区,新中国成立以后,全国采用首都北京所在的东八时区的区时,因此北京时间比格林尼治时间(世界时)早8个小时。

5. **原子时**

随着科学技术的发展和应用,对时间准确度和稳定度的要求越来越高,以地球自转为基础的世界时系统已难以满足要求。为此,自20世纪50年代起便建立了以物质内部原子运动的特征为基础的原子时(atomic time,AT)系统。

当原子中的电子从某一能级跃迁至另一能级时,所辐射和吸收的电磁波频率具有很高的稳定性和复现性,所以是一个很好的时间基准,由此而建立的原子时成为当代最理想的时间系统。

原子时秒长的定义为:位于海平面上的 Cs^{133} 原子基态有两个超精细能级,在零磁场中跃迁辐射振荡9 192 631 770周所持续的时间为原子时的1 s。该原子时秒作为国际单位制(SI)秒的时间单位。

原子时的起点规定为1958年1月1日0时,此时原子时与世界时对齐。由于技术上的原因,事后发现这一瞬间原子时与世界时并未精确对准,两者存在0.003 9 s的差异,即

$$(AT-UT)_{1958.0}=-0.003\,9\ \text{s} \tag{2-24}$$

原子时出现后,得到了迅速的发展和广泛的应用,许多国家都建立了各自的地方原子时系统,但不同的地方原子时之间存在着差异。为此,国际上大约有100座原子钟,通过相互对比,并经数据处理,推算出统一的原子时系统,称为国际原子时(international atomic time,TAI)。

6. **协调世界时**

在大地天文测量、天文导航和空间飞行器的跟踪定位等应用部门,当前仍需要以地球自转为基础的世界时。但是,由于地球自转速度有长期变慢的趋势,近20年来,世界时每年比原子时约慢1 s,两者之差逐年积累。为了避免播发的原子时与世界时之间产生过大的偏差,自1972年便开始采用了一种以原子时秒长为基础,在时刻上尽量接近于世界时的折中时间系统。该时间系统称为协调世界时(coordinate universal time,UTC),简称协调时。

协调世界时严格地以精确的国际原子时秒长为基础,采用闰秒(或跳秒)的办法使协调时与世界时的时刻相接近,当协调时与世界时的时刻差超过±0.9 s时,便在协调时中引入1闰秒(正或负),闰秒一般在12月31日或6月30日末加入。闰秒的具体时间由国际计量局提前2个月通知各国的时间服务机构。

协调世界时与国际原子时之间的关系可定义为

$$TAI=UTC+1\ \text{s}\times n \tag{2-25}$$

式中,n 为调整参数,其值由国际地球自转服务局发布。

时间服务部门在播发UTC时号的同时,给出UT1与UT2的差值。这样用户便可容易地由UTC得到精度较高的UT1时刻。

目前,几乎所有国家均以UTC为基准进行时号的播发。时号播发的同步精度约为0.2 ms。考虑到电离层折射的影响,在一个台站上接收世界各国时号的误差将不会超过1 ms。

2.5.4 GNSS时间系统及其转换

为了精密导航和测量的需要,GNSS都建立了专用的时间系统。

1. GPS 时

GPS 时(GPST),由 GPS 主控站的原子钟控制。GPST 属原子时系统,其秒长与原子时相同,但与国际原子时具有不同的原点,所以,GPST 与 TAI 在任一瞬间均有一偏差常量,其关系为

$$TAI - GPST = 19\ \text{s} \tag{2-26}$$

GPST 与 UTC 在 1980 年 1 月 6 日 0 时的时刻一致。由于 GPS 时间系统没有闰秒,所以随着时间的积累,两者之间逐渐出现为整秒差异,两者关系为

$$GPST = UTC - 19\ \text{s} + 1\ \text{s} \times n \tag{2-27}$$

式中,n 为闰秒整数,其值由国际地球自转服务局发布,单位为 s。

2. GLONASS 时

GLONASS 时(GLOT)是以莫斯科本地协调时(UTCsu)定义,其值不仅与 UTC 存在3 小时时差,同时为了保证 GLOT 与 GLONASS 系统定义的地球椭球运动一致,而且两时间系统还存在差异 τ_c,因此 GLOT 与 UTC 的时间关系为

$$UTC = GLOT - 3\ \text{h} + \tau_c \tag{2-28}$$

式中,τ_c 由 GLONASS 系统广播星历定期发布,其取值一般小于 1 ms。由上述关系即可得到 GPS 与 GLONASS 两时间系统的转换公式为

$$GPST = GLOT - 3\ \text{h} - 19\ \text{s} + 1\ \text{s} \times n + \tau_c \tag{2-29}$$

3. 北斗时

北斗卫星导航系统的时间基准为北斗时(BDT)。北斗时采用国际制单位秒为基本单位,连续累计,不闰秒,起始历元为 2006 年 1 月 1 日 UTC 0 时,采用周和周内秒计数。北斗时通过我国国家授时中心给出的时间与协调世界时建立联系,使北斗时与协调世界时的偏差保持在 100 ns 以内(模 1 s)。北斗时与协调世界时之间的闰秒信息在导航电文中播报,此外导航电文中还提供了北斗时间与 GPS 时、Galileo 时和 GLONASS 时的同步参数。

以北斗时与 GPS 时的同步参数为例,北斗导航电文中提供了 A_{0GPS} 和 A_{1GPS} 两个同步参数:A_{0GPS} 表示北斗时相对于 GPS 时的钟差;A_{1GPS} 表示北斗时相对于 GPS 时的钟速,北斗时与 GPS 时之间的换算公式为

$$t_{GPS} = t_E - \Delta t_{GPS} \tag{2-30}$$

式中,$\Delta t_{GPS} = A_{0GPS} + A_{1GPS} \times t_E$,$t_E$ 为用户计算的北斗时。

2.5.5　时间系统的建立与维持

精确的时间同步对于涉及国家经济社会安全的诸多关键基础设施至关重要,卫星导航定位系统、通信系统、电力系统、金融系统的有效运行都依赖于高精度时间同步。

授时系统是确定和发播精确时刻的工作系统。目前世界各国都采用原子钟来产生和保持的标准时间就是时间基准,然后,通过各种手段和媒介将时间信号送达用户,这些手段包括短波、长波、电话网、互联网、卫星等。这一整个工序称为授时系统。

现代国际时间的计量标准是国际原子时。它的基本单位是秒。为了创建一个统一的原子时系统,国际上对位于 50 多个国家共计约 200 座原子钟产生的原子时采取加权平均,进而形成了国际原子时。它是一个高精度、均匀的时间系统。世界上很多国家都有授时中心,以维持当地的 UTC 时间,例如美国海军天文台借助铯原子钟和氢原子钟维持着它在当地华盛顿的

UTC时间。我国标准时间的产生、保持和发播任务由国家授时中心(National Time Service Center,NTSC)承担。中国现代时间基准是国家授时中心建立并保持的原子时标准,民用时间基准也是由该中心建立并保持的协调世界时。人们通常所说的北京时间,就是协调世界时UTC(NTSC)。国家授时中心利用一组原子钟(19台铯原子钟和4台氢原子钟),通过测量比对和算法设计,建立并保持着高精度中国原子时标准AT(NTSC)和协调世界时标准UTC(NTSC),并通过卫星与世界上主要时间实验室保持定期时间对比。

目前我国标准时间的传送方法主要有短波授时、长波授时、低频时码授时、卫星授时、电视授时、网络授时、电话授时。

习题与思考题

1. GNSS定位中为何要引入天球坐标系?
2. 在岁差和章动的共同影响下,天球坐标系产生何种变化?
3. 简述天球坐标系与地球坐标系的联系与区别。
4. 岁差、章动的影响与极移的影响有什么区别?
5. 布尔莎模型公式简化的前提条件是什么?
6. 时间基准的要求有哪些?
7. 简述GPS时间系统与协调世界时之间的区别。
8. 北斗时与GPS时之间如何进行换算?

第3章　卫星运动基础与位置计算

GNSS卫星在空间的已知瞬时位置是确定用户接收机位置和制定观测计划的依据。利用GNSS进行定位时，若要达到10^{-7}的相对定位精度，则要求GNSS卫星的定轨精度达到2 m，因此在实际应用中必须研究GNSS卫星的运动规律，改进GNSS卫星的定轨精度。

GNSS卫星绕地球运行的运动状态取决于它所受到的各种作用力，主要有地球、太阳、月亮对卫星的引力，大气阻力，太阳光压，地球潮汐力等。多种作用力导致卫星在空间运行的轨道极其复杂，难以用简单而精确的数学模型表达。为了研究卫星运动的基本规律，可将卫星受到的作用力分为两类：第一类是地球质心引力，即将地球视作密度均匀的圆球，可等效于质量全部集中在地球质心这一质点的引力，也称为中心力；另一类是摄动力，也称为非中心力，它包括因地球非球形对称的地球引力场摄动力，日、月引力，大气阻力，太阳光压，地球潮汐力等。摄动力与中心引力之比，仅为10^{-3}量级，因此中心力对卫星的运动起决定性作用，而且在中心力单独作用下的卫星轨道又是可以精确计算出来的，其余各种摄动力则仅仅使卫星略微偏离正常轨道。

本章首先介绍卫星无摄运动的基本规律和描述卫星运动的轨道参数，以及利用卫星轨道参数计算卫星位置和速度的算法，其次分析在轨卫星所受到的摄动力及其对卫星运动产生的影响，最后描述卫星星历的类型以及利用卫星星历计算卫星位置的详细流程。

3.1　卫星的无摄运动

3.1.1　二体运动

由于卫星的体积很小，可将其看作为质量集中于其质心的质点。仅考虑中心力作用的卫星轨道称为无摄轨道，同时考虑各种摄动力作用下的卫星轨道称为受摄轨道。虽然受摄轨道更接近于实际轨道，然而，忽略所有摄动力，便于研究卫星相对于地球的运动，在天体力学中，这称之为二体问题。对于二体问题下的卫星运动可得出严密的分析解，它可近似地表述卫星轨道，并可以此为基础再加上摄动力来推求受摄轨道。

3.1.2　开普勒定律

1. 开普勒第一定律

卫星运行的轨道是一个椭圆，而该椭圆的一个焦点与地球的质心重合。

这一定律表明，在中心引力场中，卫星绕地球运行的轨道面是一个通过地球质心的静止平面。轨道椭圆一般称为开普勒椭圆，其形状和大小不变。在椭圆轨道上，卫星离地球质心（简称地心）最远的一点称为远地点，而离地心最近的一点称为近地点，它们在惯性空间的位置也是固定不变的，如图3-1和图3-2所示。

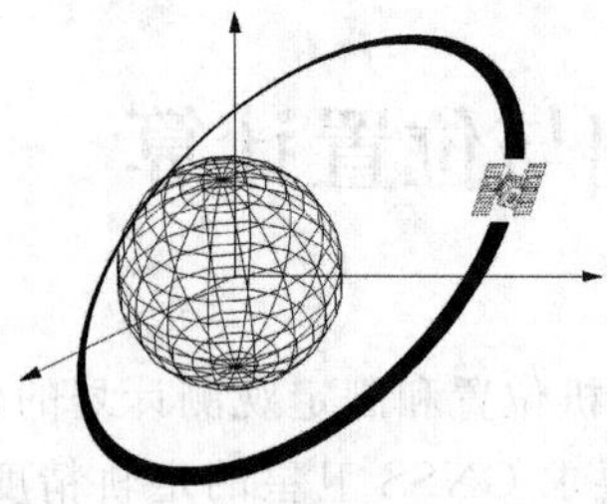

图 3-1 卫星绕地球运行的轨道

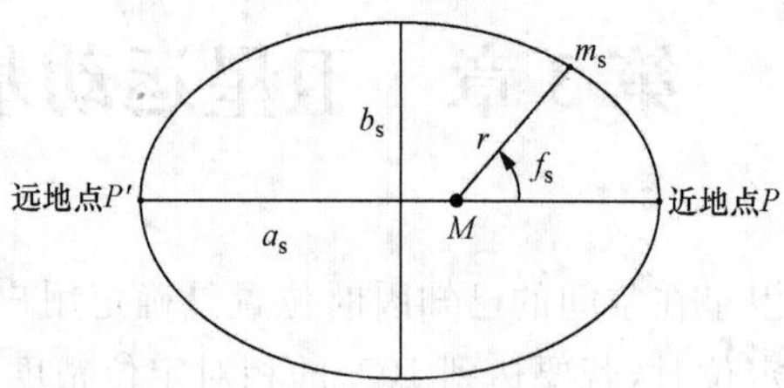

图 3-2 开普勒椭圆

卫星绕地球质心运动的轨道方程为

$$r = \frac{a_s(1 - e_s^2)}{1 + e_s \cos f_s} \tag{3-1}$$

式中,r 为卫星的地心距离,a_s 为开普勒椭圆的长半径,e_s 为开普勒椭圆的偏心率,f_s 为真近点角,它描述了任意时刻,卫星在轨道上相对近地点的位置,是时间的函数,其定义如图 3-2 所示。

开普勒第一定律阐明了卫星运行轨道的基本形态及其与地心的关系。

2. 开普勒第二定律

卫星的地心向径,即地球质心与卫星质心间的距离向量,在相同的时间内所扫过的面积相等,如图 3-3 所示。

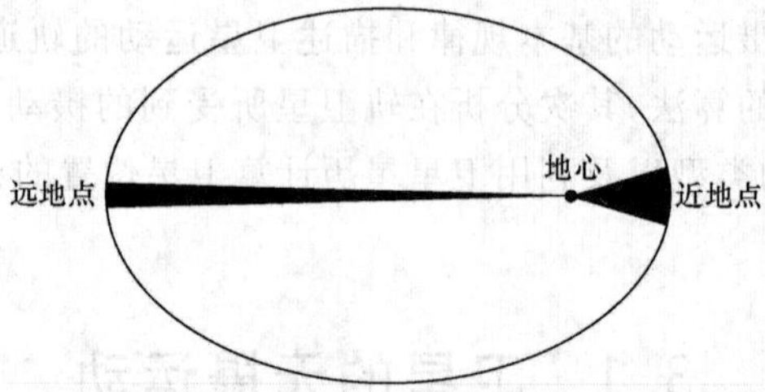

图 3-3 卫星地心向径在相同时间扫过的面积

与任何其他运动物体一样,在轨道上运行的卫星,也具有两种能量,即位能(或势能)和动能。位能仅受地球重力场的影响,其大小和卫星在轨道上所处的位置有关。在近地点时其位能最小,而在远地点时为最大。卫星在任一时刻 t 所具有的位能为 GMm_s/r 。动能是由卫星的运动所引起的,其大小是卫星运动速度的函数。如果取卫星的运动速度为 v_s,则其动能为 $m_s v_s^2/2$ 。根据能量守恒定理,卫星在运动过程中,其位能和动能的总和应保持不变,即

$$\frac{1}{2} m_s v_s^2 + \frac{GMm_s}{r} = 常量 \tag{3-2}$$

因此,卫星运行在近地点时,其动能应为最大,在远地点时应为最小。由此,开普勒第二定律所包含的内容是:卫星在椭圆轨道上的运行速度是不断变化的,在近地点处速度为最大,而在远地点时速度为最小。

3. 开普勒第三定律

卫星运行周期的平方与轨道椭圆长半径的立方之比为一常量,而该常量等于地心引力常数 GM 的倒数。

开普勒第三定律的数学形式为

$$\frac{T_s^2}{a_s^3} = \frac{4\pi^2}{GM} \tag{3-3}$$

式中，T_s 为卫星运动的周期，即卫星绕地球运行一周所需的时间。

若假设卫星运动的平均角速度为 n(单位为 rad/s)，则有

$$n = \frac{2\pi}{T_s} \tag{3-4}$$

于是，开普勒第三定律可写为

$$\frac{T_s^2}{a_s^3} = \frac{n^2 T_s^2}{GM} \tag{3-5}$$

或表示为常用形式

$$n = \sqrt{\frac{GM}{a_s^3}} \tag{3-6}$$

显然，平均角速度仅与轨道椭圆的长半径有关，当轨道椭圆长半径确定后，卫星运行的平均角速度随之确定，且保持不变。

3.1.3 卫星运动的轨道参数

根据开普勒定律可知，卫星运动的轨道是通过地心平面上的一个椭圆，且椭圆的一个焦点与地心重合。通常情况下，用椭圆的长半径 a_s 及其偏心率 e_s(或椭圆的短半径 b_s)来描述椭圆的形状和大小，用真近点角 f_s 描述任意时刻卫星在轨道上的位置。

参数 a_s、e_s 和 f_s 唯一确定了卫星轨道的形状、大小以及卫星在轨道上的瞬时位置，但是卫星轨道平面与地球体的相对关系还无法确定。为确定卫星轨道与地球体之间的相互关系，必须引入轨道倾角 i、升交点的赤经 Ω 和近地点角距 ω_s 来确定开普勒椭圆在天球坐标系中的位置和方向。

卫星的无摄运动可通过一组适宜的参数来描述。这组参数的选择并不是唯一的。开普勒轨道参数(图 3-4)是应用最广泛的一组参数，这组参数的惯用符号及其定义简介如下。

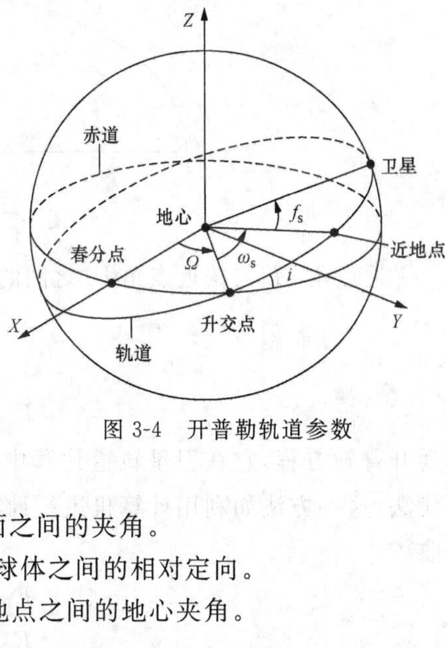

图 3-4　开普勒轨道参数

a_s ——轨道椭圆的长半径。

e_s ——轨道椭圆的偏心率。

以上两个参数，确定了开普勒椭圆的形状和大小。

Ω ——升交点赤经，即在地球赤道平面上，升交点与春分点之间的地心夹角。升交点，即当卫星由南向北运行时，其轨道与地球赤道的一个交点。

i ——轨道面倾角，即卫星轨道平面与地球赤道面之间的夹角。

以上两个参数，唯一地确定了卫星轨道平面与地球体之间的相对定向。

ω_s ——近地点角距，即在轨道平面，升交点与近地点之间的地心夹角。

该参数表达了开普勒椭圆在轨道平面上的定向。

f_s ——卫星的真近点角，即在轨道平面上，卫星与近地点之间的地心角距。

该参数为时间的函数，它确定了卫星在轨道上的瞬时位置。

参数 a_s、e_s、Ω、i、ω_s 和 f_s 所构成的坐标系统通常称为轨道坐标系统。它广泛用于描述卫星的运动。在该系统中，6 个轨道参数一经确定后，便可确定卫星在任一瞬间相对于地球体的空间位置及其速度。

3.1.4 真近点角计算

在描述卫星无摄运动的 6 个开普勒轨道参数中，只有真近点角 f_s 是时间的函数，其余参数均为常数。所以，计算卫星瞬时位置的关键在于计算参数 f_s，并由此确定卫星的空间位置与时间的关系。

为此，需要引进有关计算真近点角的两个辅助参数 E_s 和 M_s。

E_s——偏近点角。如图 3-5 所示，假设过卫星质心 m_s 做平行于椭圆短半轴的直线，该直线与椭圆长半轴的交点则为 m'，m'' 为该直线与以椭圆中心为原点，并以 a_s 为半径的大圆的交点。E_s 就是椭圆平面上近地点 P 至 m'' 点的圆弧所对应的圆心角。

M_s——平近点角。它是一个假设量，若卫星在轨道上运动的平均速度为 n，则平近点角定义为

$$M_s = n(t - t_0) \tag{3-7}$$

式中，t_0 为卫星过近地点的时刻，t 为观测卫星的时刻。由式(3-7)可知，平近点角是卫星平均角速度与时间的线性函数。对于任一确定的卫星而言，其平均速度是一个常数。所以，卫星在任意时刻 t 的平近点角便可由式(3-7)唯一确定。

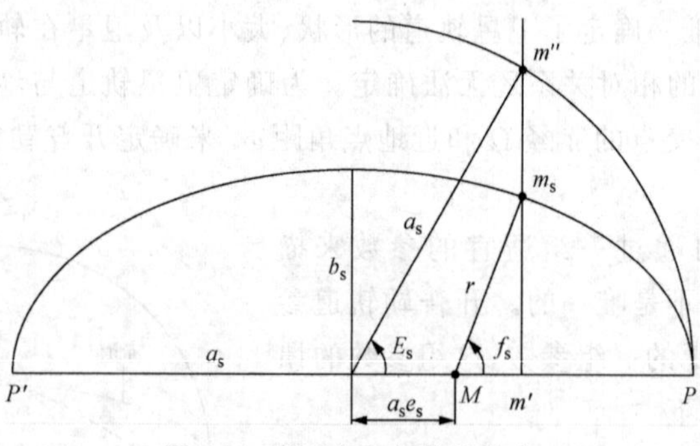

图 3-5 真近点角与偏近点角

平近点角 M_s 与偏近点角 E_s 之间的重要关系为

$$M_s = E_s - e_s \sin E_s \tag{3-8}$$

或

$$E_s = M_s + e_s \sin E_s \tag{3-9}$$

称为开普勒方程，它在卫星轨道计算中具有重要的意义。为了计算偏近点角 E_s，通常采用迭代法，这一方法如利用计算机进行计算尤为适宜。迭代法的初始值可近似取 $E_{s0} = M_s$，依次取

$$\begin{aligned} E_{s1} &= M_s + e_s \sin E_{s0} \\ E_{s2} &= M_s + e_s \sin E_{s1} \\ &\vdots \\ E_{sn} &= M_s + e_s \sin E_{s(n-1)} \end{aligned}$$

直至 $\delta E_s = E_{sn} - E_{s(n-1)}$ 小于某一预定微小量为止(如 10^{-12})。对于 GNSS 卫星而言,由于 e_s 很小,故计算收敛很快。

按图 3-5 容易导出偏近点角与真近点角存在下列关系,即

$$a_s \cos E_s = r\cos f_s + a_s e_s \tag{3-10}$$

于是

$$\cos f_s = \frac{a_s}{r}(\cos E_s - e_s) \tag{3-11}$$

若将该式代入开普勒椭圆方程式(3-1),则可得

$$r = a_s(1 - e_s \cos E_s) \tag{3-12}$$

顾及式(3-11)或式(3-12),可得

$$\left.\begin{aligned} \cos f_s &= \frac{\cos E_s - e_s}{1 - e_s \cos E_s} \\ \sin f_s &= \frac{(1 - e_s^2)^{\frac{1}{2}} \sin E_s}{1 - e_s \cos E_s} \end{aligned}\right\} \tag{3-13}$$

或

$$\tan\left(\frac{f_s}{2}\right) = \left(\frac{1 + e_s}{1 - e_s}\right)^{\frac{1}{2}} \tan\left(\frac{E_s}{2}\right) \tag{3-14}$$

因此,根据卫星的平近点角 M_s,首先按式(3-9)确定相应时刻的偏近点角 E_s,再利用式(3-13)或式(3-14)即可计算出相应的真近点角 f_s。

3.1.5 卫星瞬时位置与速度

1. 卫星的瞬时位置

对于任意观测时刻 t,根据卫星的平均运行速度 n,按式(3-7)、式(3-9)和式(3-14)便可唯一确定相应的真近点角 f_s,随之便可确定卫星在任意观测历元 t 相对于地球的瞬时空间位置。但是,为了使用上的方便,卫星的瞬时位置一般都采用与地球质心相联系的直角坐标系来描述。

1)卫星在轨道直角坐标系中的位置

轨道直角坐标系的原点一般选择为地球质心,坐标轴指向则有以下两种选择方式。

一种定向方式是:ξ_s 轴指向近地点,ζ_s 轴垂直于轨道平面向上,η_s 轴在轨道平面上垂直 ξ_s 轴,构成右手系。于是在该坐标系统中,卫星 m_s 在任意时刻的坐标(ξ_s, η_s, ζ_s)由图 3-6 可得

$$\begin{bmatrix} \xi_s \\ \eta_s \\ \zeta_s \end{bmatrix} = r \begin{bmatrix} \cos f_s \\ \sin f_s \\ 0 \end{bmatrix} \tag{3-15}$$

顾及式(3-12)和式(3-13),则有

$$\begin{bmatrix} \xi_s \\ \eta_s \\ \zeta_s \end{bmatrix} = a_s \begin{bmatrix} \cos E_s - e_s \\ (1 - e_s^2)^{\frac{1}{2}} \sin E_s \\ 0 \end{bmatrix} \tag{3-16}$$

若取另一种定向不同的轨道直角坐标系(x_0, y_0, z_0),其原点与地心 M 相重合,x_0 轴指向升交点,z_0 轴垂直于轨道平面向上,y_0 轴在轨道平面上垂直于 x_0 轴,构成右手系,则此时卫

星的瞬时坐标由图 3-7 可得

$$\begin{bmatrix} x_0 \\ y_0 \\ z_0 \end{bmatrix} = r \begin{bmatrix} \cos u \\ \sin u \\ 0 \end{bmatrix} \tag{3-17}$$

式中,$u = \omega_s + f_s$,称为升交距角。将式(3-12)代入可得

$$\begin{bmatrix} x_0 \\ y_0 \\ z_0 \end{bmatrix} = a_s \begin{bmatrix} (1 - e_s \cos E_s)\cos u \\ (1 - e_s \cos E_s)\sin u \\ 0 \end{bmatrix} \tag{3-18}$$

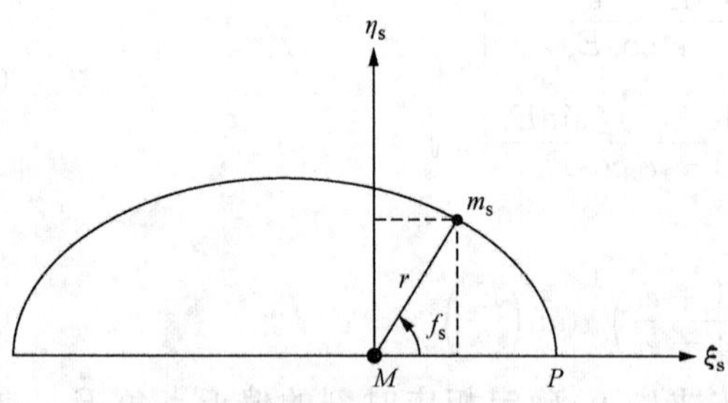

图 3-6 轨道直角坐标系(ξ_s,η_s)

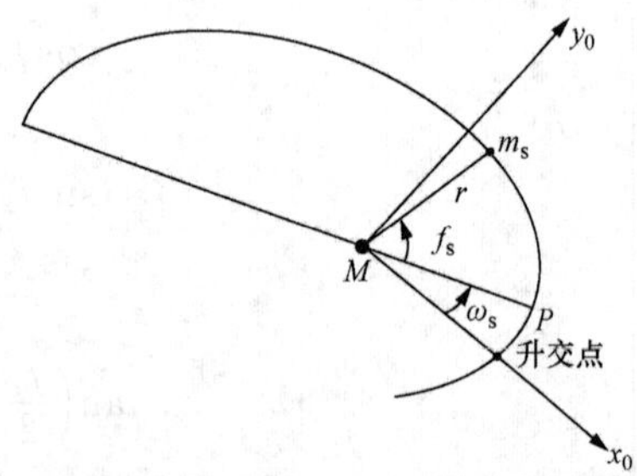

图 3-7 轨道直角坐标系(x_0,y_0)

2)卫星在天球坐标系中的位置

实际上,式(3-15)或式(3-16)只确定了卫星在轨道平面上的位置。

为了在天球坐标系中表示卫星的瞬时位置,需要建立天球空间直角坐标系(x,y,z)与轨道参数之间的数学关系式。根据定义知,天球坐标系(x,y,z)与轨道坐标系(ξ_s,η_s,ζ_s)具有相同的原点,其差别在于坐标系的定向不同。所以,为了使两坐标系的定向一致,需将坐标系(ξ_s,η_s,ζ_s)依次做如下旋转:

(1)绕 ζ_s 轴顺时针旋转角度 ω_s,使 ξ_s 轴的指向由近地点改为升交点;

(2)绕 ξ_s 轴顺时针旋转角度 i,以使 ζ_s 轴与 z 轴相重合;

(3)绕 ζ_s 轴顺时针旋转角度 Ω,使两坐标系的 x 轴和 ξ_s 轴相重合。

这一过程可用旋转矩阵表示为

$$\begin{bmatrix} x \\ y \\ z \end{bmatrix} = \boldsymbol{R}_3(-\Omega)\boldsymbol{R}_1(-i)\boldsymbol{R}_3(-\omega_s) \begin{bmatrix} \xi_s \\ \eta_s \\ \zeta_s \end{bmatrix} \tag{3-19}$$

式中

$$\boldsymbol{R}_3(-\Omega) = \begin{bmatrix} \cos\Omega & -\sin\Omega & 0 \\ \sin\Omega & \cos\Omega & 0 \\ 0 & 0 & 1 \end{bmatrix}$$

$$\boldsymbol{R}_1(-i) = \begin{bmatrix} 1 & 0 & 0 \\ 0 & \cos i & -\sin i \\ 0 & \sin i & \cos i \end{bmatrix}$$

$$\boldsymbol{R}_3(-\omega_s)=\begin{bmatrix}\cos\omega_s & -\sin\omega_s & 0\\ \sin\omega_s & \cos\omega_s & 0\\ 0 & 0 & 1\end{bmatrix}$$

若设 $\boldsymbol{R}=\boldsymbol{R}_3(-\Omega)\boldsymbol{R}_1(-i)\boldsymbol{R}_3(-\omega_s)$，顾及式(3-16)，则式(3-19)可写为

$$\begin{bmatrix}x\\ y\\ z\end{bmatrix}=\boldsymbol{R}\begin{bmatrix}a_s(\cos E_s-e_s)\\ a_s(1-e_s^2)^{\frac{1}{2}}\sin E_s\\ 0\end{bmatrix}\tag{3-20a}$$

若轨道直角坐标系采用图 3-7 所示的定义方式，转换天球空间直角坐标系 (x,y,z) 的步骤为：

(1)绕 x_0 轴顺时针旋转角度 i，以使 z_0 轴与 z 轴相重合；

(2)绕 z_0 轴顺时针旋转角度 Ω，使两坐标系的 x 轴和 x_0 轴相重合。

这一过程可用旋转矩阵表示如下

$$\begin{bmatrix}x\\ y\\ z\end{bmatrix}=\boldsymbol{R}_3(-\Omega)\boldsymbol{R}_1(-i)\begin{bmatrix}x_0\\ y_0\\ z_0\end{bmatrix}\tag{3-20b}$$

式中，旋转矩阵 $\boldsymbol{R}_3(-\Omega)$ 和 $\boldsymbol{R}_1(-i)$ 与式(3-19)中一致。

3)卫星在地球坐标系中的位置

为了利用 GNSS 卫星进行定位，一般应使观测的卫星和观测站的位置处于统一的坐标系统，为此，须给出在地球坐标系中卫星位置的表示形式。

由于瞬时地球空间直角坐标系与瞬时天球空间直角坐标系的差别在于 X 轴的指向不同，若取其间的夹角为春分点的格林尼治恒星时(GAST)，则卫星在地球坐标系中的瞬时坐标 (X,Y,Z) 与在天球坐标系中的瞬时坐标 (x,y,z) 之间的关系为

$$\begin{bmatrix}X\\ Y\\ Z\end{bmatrix}=\boldsymbol{R}_3(GAST)\begin{bmatrix}x\\ y\\ z\end{bmatrix}\tag{3-21}$$

式中

$$\boldsymbol{R}_3(GAST)=\begin{bmatrix}\cos(GAST) & \sin(GAST) & 0\\ -\sin(GAST) & \cos(GAST) & 0\\ 0 & 0 & 1\end{bmatrix}$$

将式(3-20a)代入得

$$\begin{bmatrix}X\\ Y\\ Z\end{bmatrix}=\boldsymbol{R}_3(GAST)\boldsymbol{R}\begin{bmatrix}a_s(\cos E_s-e_s)\\ a_s(1-e_s^2)^{\frac{1}{2}}\sin E_s\\ 0\end{bmatrix}\tag{3-22}$$

若进一步考虑极移的影响，则卫星在协议地球坐标系中的位置为

$$\begin{bmatrix}X\\ Y\\ Z\end{bmatrix}_{\mathrm{CTS}}=\boldsymbol{R}_2(-x_P)\boldsymbol{R}_1(-y_P)\begin{bmatrix}X\\ Y\\ Z\end{bmatrix}\tag{3-23}$$

2. 卫星的运动速度

卫星的运动速度是描述卫星运动的重要参数。本小节介绍卫星运动速度在不同坐标系中的表达形式。轨道直角坐标系的坐标轴指向有两种选择方式,但限于篇幅,本小节仅以其中一种为例计算其运动速度。

1)轨道直角坐标系中的卫星运动速度

如图 3-8 所示,若设卫星的运动速度为

$$\begin{bmatrix} \dot{\xi}_s \\ \dot{\eta}_s \\ \dot{\zeta}_s \end{bmatrix} = \begin{bmatrix} \dfrac{\partial \xi_s}{\partial t} \\ \dfrac{\partial \eta_s}{\partial t} \\ \dfrac{\partial \zeta_s}{\partial t} \end{bmatrix} \tag{3-24}$$

则由式(3-16)可得

$$\begin{bmatrix} \dot{\xi}_s \\ \dot{\eta}_s \\ \dot{\zeta}_s \end{bmatrix} = \begin{bmatrix} -a_s \sin E_s \dfrac{\partial E_s}{\partial t} \\ a_s (1-e_s^2)^{\frac{1}{2}} \cos E_s \dfrac{\partial E_s}{\partial t} \\ 0 \end{bmatrix} \tag{3-25}$$

考虑到关系式

$$\left.\begin{aligned} \frac{\partial E_s}{\partial t} &= \frac{\partial E_s}{\partial M_s} \frac{\partial M_s}{\partial t} \\ \frac{\partial E_s}{\partial M_s} &= \frac{1}{1-e_s \cos E_s} \\ \frac{\partial M_s}{\partial t} &= n \end{aligned}\right\} \tag{3-26}$$

于是式(3-25)可表示为

$$\begin{bmatrix} \dot{\xi}_s \\ \dot{\eta}_s \\ \dot{\zeta}_s \end{bmatrix} = \frac{a_s n}{1-e_s \cos E_s} \begin{bmatrix} -\sin E_s \\ (1-e_s^2)^{\frac{1}{2}} \cos E_s \\ 0 \end{bmatrix} \tag{3-27}$$

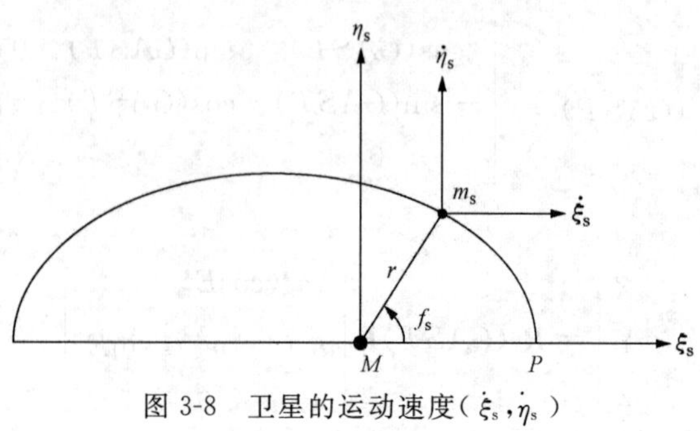

图 3-8 卫星的运动速度($\dot{\xi}_s$,$\dot{\eta}_s$)

2)轨道极坐标系中的卫星运动速度

如图 3-9 所示,若将卫星的运动速度表示为径向速度 $\dot{r}$、切向速度 $\dot{t}$ 和法向速度 $\dot{n}$,而由开普勒第一定律知,卫星运行的轨道面为一平面,所以在卫星无摄运动中,垂直于轨道面的法向速度 $\dot{n}$ 为 0,因此卫星的速度分量可写为

$$\begin{bmatrix} \dot{r} \\ \dot{t} \\ \dot{n} \end{bmatrix} = \begin{bmatrix} \dfrac{\partial r}{\partial t} \\ r\dfrac{\partial f_s}{\partial t} \\ 0 \end{bmatrix} \tag{3-28}$$

根据式(3-12)、式(3-13)和式(3-8)可得

$$\left.\begin{aligned} \frac{\partial r}{\partial t} &= \frac{a_s^2 n}{r} e_s \sin E_s \\ \frac{\partial f_s}{\partial t} &= \frac{\partial f_s}{\partial E_s}\frac{\partial E_s}{\partial M_s}\frac{\partial M_s}{\partial t} \\ \frac{\partial f_s}{\partial E_s} &= \frac{(1-e_s^2)^{\frac{1}{2}}}{1-e_s\cos E_s} \end{aligned}\right\} \tag{3-29}$$

顾及式(3-26)有

$$\frac{\partial f_s}{\partial t} = \frac{(1-e_s^2)^{\frac{1}{2}}}{1-e_s\cos E_s}\frac{n}{1-e_s\cos E_s} \tag{3-30}$$

因此，在轨道极坐标系中，卫星的运动速度可按式(3-28)表示为

$$\begin{bmatrix} \dot{r} \\ \dot{t} \\ \dot{n} \end{bmatrix} = \frac{na_s}{1-e_s\cos E_s}\begin{bmatrix} e_s\sin E_s \\ (1-e_s^2)^{\frac{1}{2}} \\ 0 \end{bmatrix} \tag{3-31}$$

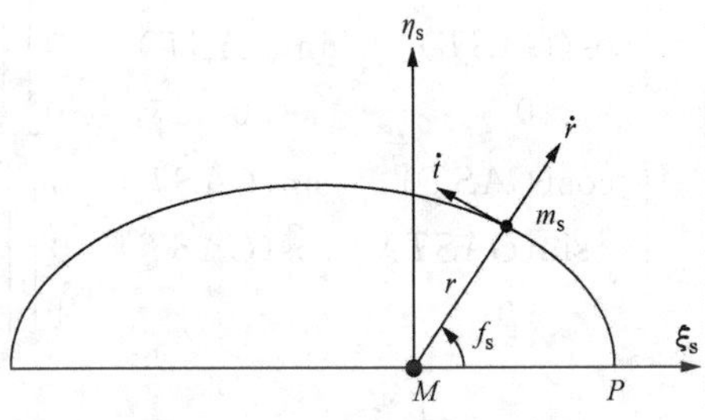

图 3-9　卫星的运动速度($\dot{r}$, $\dot{t}$)

3)天球坐标系中的卫星运动速度

若以($\dot{x}$, $\dot{y}$, $\dot{z}$)表示卫星运动的速度分量，即

$$\begin{bmatrix} \dot{x} \\ \dot{y} \\ \dot{z} \end{bmatrix} = \begin{bmatrix} \dfrac{\partial x}{\partial t} \\ \dfrac{\partial y}{\partial t} \\ \dfrac{\partial z}{\partial t} \end{bmatrix} \tag{3-32}$$

根据式(3-19)和式(3-27)可得

$$\begin{bmatrix} \dot{x} \\ \dot{y} \\ \dot{z} \end{bmatrix} = \boldsymbol{R}\begin{bmatrix} \dot{\xi}_s \\ \dot{\eta}_s \\ \dot{\zeta}_s \end{bmatrix} = \boldsymbol{R}\begin{bmatrix} -\dfrac{a_s^2 n}{r}\sin E_s \\ \dfrac{a_s^2 n}{r}(1-e_s^2)^{\frac{1}{2}}\cos E_s \\ 0 \end{bmatrix} \tag{3-33}$$

式中，$\boldsymbol{R}$ 为旋转矩阵。

4)地球坐标系中的卫星运动速度

如图 3-10 所示,若以($\dot{X}, \dot{Y}, \dot{Z}$)表示卫星运动的速度分量,即

$$\begin{bmatrix} \dot{X} \\ \dot{Y} \\ \dot{Z} \end{bmatrix} = \begin{bmatrix} \dfrac{\partial X}{\partial t} \\ \dfrac{\partial Y}{\partial t} \\ \dfrac{\partial Z}{\partial t} \end{bmatrix} \tag{3-34}$$

则由式(3-21)可得

$$\begin{bmatrix} \dot{X} \\ \dot{Y} \\ \dot{Z} \end{bmatrix} = \frac{\partial \boldsymbol{R}_3(GAST)}{\partial t} \begin{bmatrix} x \\ y \\ z \end{bmatrix} + \boldsymbol{R}_3(GAST) \begin{bmatrix} \dot{x} \\ \dot{y} \\ \dot{z} \end{bmatrix} \tag{3-35}$$

式中

$$\frac{\partial \boldsymbol{R}_3(GAST)}{\partial t} = \begin{bmatrix} -\sin(GAST) & \cos(GAST) & 0 \\ -\cos(GAST) & -\sin(GAST) & 0 \\ 0 & 0 & 0 \end{bmatrix} \frac{\partial(GAST)}{\partial t}$$

考虑到 $\dfrac{\partial(GAST)}{\partial t} = \omega$,为地球自转速度,所以式(3-35)可表示为

$$\begin{aligned} \begin{bmatrix} \dot{X} \\ \dot{Y} \\ \dot{Z} \end{bmatrix} = & -\begin{bmatrix} \sin(GAST) & -\cos(GAST) & 0 \\ \cos(GAST) & \sin(GAST) & 0 \\ 0 & 0 & 0 \end{bmatrix} \begin{bmatrix} x \\ y \\ z \end{bmatrix} \boldsymbol{\omega} + \\ & \begin{bmatrix} \cos(GAST) & \sin(GAST) & 0 \\ -\sin(GAST) & \cos(GAST) & 0 \\ 0 & 0 & 1 \end{bmatrix} \begin{bmatrix} \dot{x} \\ \dot{y} \\ \dot{z} \end{bmatrix} \end{aligned} \tag{3-36}$$

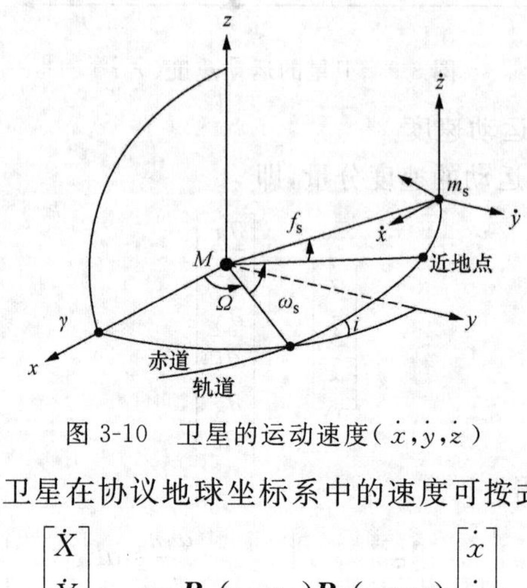

图 3-10 卫星的运动速度($\dot{x}, \dot{y}, \dot{z}$)

若忽略极移的时间变率,则卫星在协议地球坐标系中的速度可按式(3-23)表示为

$$\begin{bmatrix} \dot{X} \\ \dot{Y} \\ \dot{Z} \end{bmatrix}_{\mathrm{CTS}} = \boldsymbol{R}_2(-x_P)\boldsymbol{R}_1(-y_P) \begin{bmatrix} \dot{x} \\ \dot{y} \\ \dot{z} \end{bmatrix} \tag{3-37}$$

以上讨论均假设卫星是在球形对称的地球引力场中运行的,也没有考虑其他摄动力的影响,显然这只是一种理想的情况。实际上,卫星在运动中将受到多种摄动力的作用,从而使卫星的运行一定

程度地偏离了上述理想轨道。虽然这种偏差不大，但是对于现代精密导航和测量都是不能忽略的。

3.2　卫星的受摄运动

3.2.1　卫星运动的摄动力

由于受到多种非地球中心引力的影响，卫星的运行轨道实际上是偏离开普勒轨道的。对于 GNSS 卫星来说，仅地球的非球性影响，在 3 h 的弧段上就可能使卫星的位置偏差 2 km，而在两日弧段上达 14 km。显然，这种偏差对于任何用途的定位工作都是不容忽视的。为此，必须建立各种摄动力模型，对卫星的开普勒轨道加以修正，以满足精密定轨和定位的要求。

卫星在运行中，除主要受到地球中心引力 F_c 的作用外，还将受到以下各种摄动力的影响，从而引起轨道的摄动：

(1)地球体的非球性及其质量分布不均匀而引起的作用力，即地球的非中心引力 F_{nc}；

(2)太阳的引力 F_s 和月球的引力 F_m；

(3)太阳的直接与间接辐射压力 F_r；

(4)大气的阻力 F_a；

(5)地球潮汐的作用力；

(6)磁力等。

受日月引力的影响，地球产生潮汐现象。这对卫星的运动也产生影响，属于日月引力对卫星运动的一种间接影响。

理论分析表明，对 GNSS 卫星来说，这种影响并不明显。所以，本节简要介绍一些其他摄动力对 GNSS 卫星轨道的影响。

3.2.2　来自地球的摄动力影响

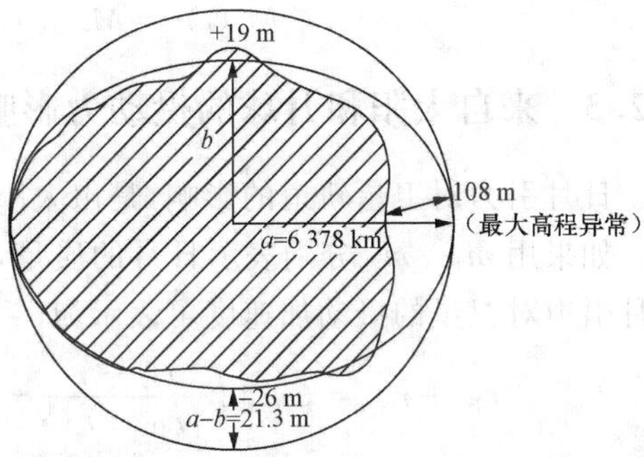

图 3-11　球体、地球椭圆与大地水准面

地球不仅其内部的质量分布不均匀，而且形状也不规则。现代大地测量学已经确定，地球的实际形状大体上接近于一个长短轴相差约 21 km 的椭球，但在北极仍高出椭球面约 19 m，而在南极却凹下约 26 m，如图 3-11 所示。一般地说，大地水准面与椭球面的高差均不超过 100 m。地球引力位模型的一般形式为

$$V = \frac{GM}{r} + \Delta V \tag{3-38}$$

式中，ΔV 为摄动位，其球谐函数展开式的一般形式为

$$\Delta V = GM\sum_{n=2}^{n'}\frac{a^n}{r^{n+1}}\sum_{m=0}^{n}P_{nm}(\sin\varphi)(C_{nm}\cos m\lambda + S_{nm}\sin m\lambda) \tag{3-39}$$

式中，GM 为地心引力常数，a 为地球赤道半径，r 为卫星至地心的距离（卫星地心距），$P_{nm}\sin\varphi$ 为n 阶m 次勒让德常数，C_{nm}、S_{nm} 为球谐系数，n' 为预定的某一最高阶次，λ、φ 为观测站的经度和纬度。

由于 GNSS 卫星的轨道较高,而随着高度的增加,地球非球形引力的影响将迅速减小,所以,只要应用展开式的较少项数,便可以满足确定 GNSS 卫星轨道的精度要求。地球引力场摄动位的影响主要由与地球扁率有关的二阶球谐系数项所引起,它对卫星轨道的影响主要表现如下。

1. 引起轨道平面在空间的旋转

这一影响使升交点沿地球赤道产生缓慢的推动,进而使升交点赤经 Ω 产生周期性的变化。设其变化的速率为 $\dot{\Omega}$,则近似有

$$\dot{\Omega} = \frac{\partial \Omega}{\partial t} = -3K\cos i \tag{3-40}$$

式中,$K = \frac{nJ_2}{2}\left[\frac{a}{a_s(1-e_s^2)}\right]^2$,对 GNSS 卫星而言,轨道长半径 a_s 约变化 26 557～26 561 km,偏心率 e_s 约变化 0.002～0.011,若考虑到 $J_2 = 1.082\ 63 \times 10^{-3}$,则升交点赤经的进动速度为每天－0.03°。

2. 引起近地点在轨道面内旋转

近地点的变化说明开普勒椭圆平面内定向的改变,从而引起了卫星轨道近地点角距 ω_s 的缓慢变化。同样,若取近地点角距的变化率为 $\dot{\omega}_s$,则近似有

$$\dot{\omega}_s = -\frac{3}{2}K(1-5\cos^2 i) \tag{3-41}$$

$\dot{\omega}_s$ 的大小主要取决于 a_s 和 i ,当 $i \approx 63.4°$时,其值近为 0。

3. 引起平近点角的变化

在地球引力场二阶带谐项的影响下,卫星轨道平近点角 M_s 的变率可估算为

$$\dot{M}_s = -\frac{3}{2}K(1-e_s^2)^{\frac{1}{2}}(1-3\cos^2 i) \tag{3-42}$$

于是,相应历元 t 的平近点角可表示为

$$M_s(t) = M_s(t_0) + \dot{M}_s(t-t_0) + n(t-t_0) \tag{3-43}$$

3.2.3 来自太阳和月球的摄动力影响

日月引力对卫星轨道的影响,是由太阳和月亮的质量对卫星所产生的引力加速度而产生的。如果用 $m_日$、$m_月$ 分别表示日月的质量,$r_日$、$r_月$ 为日月的地心向径,而 r 为卫星地心距,则日月引力对卫星的摄动加速度可表示为

$$\ddot{r}_日 + \ddot{r}_月 = Gm_日\left(\frac{r_日 - r}{|r_日 - r|^3} - \frac{r_日}{|r_日|^3}\right) + Gm_月\left(\frac{r_月 - r}{|r_月 - r|^3} - \frac{r_月}{|r_月|^3}\right) \tag{3-44}$$

由日月引力加速度引起的卫星轨道摄动主要是长周期的,对 GNSS 卫星产生的摄动加速度约为 5×10^{-6} m/s²,若忽略这项影响,将可能使 GNSS 卫星在 3 h 的弧段上产生约 50～150 m 的位置误差。

虽然太阳的质量远较月球大,但其距离太远,所以太阳引力的影响仅为月球引力影响的 0.46 倍。太阳系其他行星对 GNSS 卫星轨道的影响远较太阳引力的影响小,一般均可忽略。

卫星在运行中,除直接受到太阳光辐射压力的影响外,还将受到由地球反射的太阳光间接辐射压力的影响,如图 3-12 所示。不过,间接辐射压对 GNSS 卫星运动的影响较小,一般只有直接辐射压力影响的 1%～2%。太阳辐射压力对球形卫星所产生的摄动加速度,既与卫星、太阳和地球之间的相对位置有关,也与卫星表面的反射特性、卫星的截面积与质量比有关,其

间关系比较复杂，一般可近似表示为

$$\ddot{r}_{光压} = \gamma P_{\gamma} C_{\gamma} \frac{F}{m_s} r_{日}^2 \left(\frac{r - r_{日}}{|r - r_{日}|^3} \right) \tag{3-45}$$

式中，P_{γ} 为太阳的光压，C_{γ} 为卫星表面的反射因子，F/m_s 为卫星的截面积与卫星质量之比，$r_{日}$ 为太阳的地心向径，γ 为卫星被地球阴影区掩盖程度参数，通常称为蚀因子。在阴影区 $\gamma = 0$，在阳光直接照射下 $\gamma = 1$，一般 $0 < \gamma < 1$。

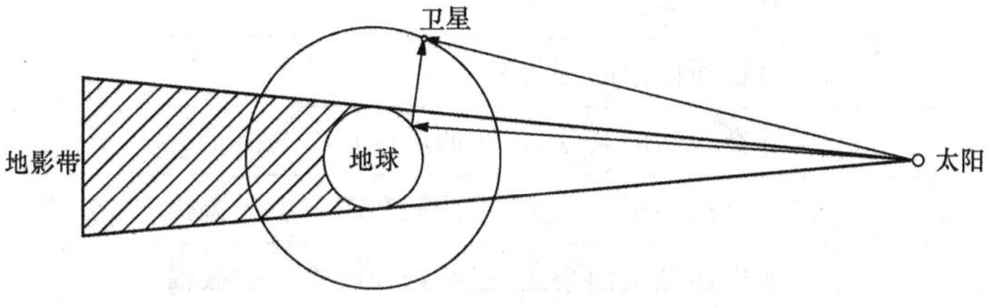

图 3-12　太阳光压

太阳光压对 GNSS 卫星产生的摄动加速度约为 10^{-7} m/s^2 量级，将使卫星轨道在 3 h 的弧段上产生 5～10 m 的偏差。所以，对于基线大于 50 km 的精密相对定位而言，这一轨道偏差一般也是不能忽略的。

3.3　广播星历

广播星历是由地面跟踪站观测数据计算的卫星轨道外推得出，实质上是一种预报星历，具有实时性、易获取等特点，对导航和实时定位非常方便。

3.3.1　GPS 广播星历

GPS 卫星的广播星历是由其地面控制部分所确定和提供的，经 GPS 卫星向全球所有用户公开播发的一种星历。当前 GPS 卫星发射的广播星历每 2 小时更新一次，以供用户使用。

GPS 广播星历给出了卫星的轨道参数，这些轨道参数非常类似开普勒参数，还包括开普勒轨道摄动参数，表 3-1 给出了 GPS 广播星历参数的定义。$\sqrt{a_s}$、e_s、i_0、ω_s、Ω_0、M_0 定义了一个标准的轨道椭圆，Δn、$\dot{\Omega}$、$\dot{i}$ 和 6 个正弦与余弦系数描述了实际卫星运动与这一标准轨道的偏差，主要代表地球非球形引力摄动和日、月引力摄动及太阳辐射压力摄动的影响。

根据上述数据，选择相应时间的卫星星历参数，便可外推出观测时刻 t 的轨道参数，以计算卫星在不同参考系中的相应坐标。

表 3-1　GPS 广播星历参数的定义

参数	定义	单位
M_0	参考历元的平近点角	rad
Δn	卫星运动的平均角速度与计算值之差	rad/s
e_s	轨道偏心率	—
$\sqrt{a_s}$	轨道椭圆长半径的平方根	$m^{\frac{1}{2}}$

续表

参数	定义	单位
Ω_0	参考历元的升交点赤经	rad
i_0	参考历元的轨道面倾角	rad
ω_s	近地点角距	rad
$\dot{\Omega}$	升交点赤经的变化率	rad/s
$\dot{i}$	轨道面倾角的变化率	rad/s
C_{uc}、C_{us}	升交距角的余弦、正弦调和改正项的振幅	rad
C_{rc}、C_{rs}	卫星地心距的余弦、正弦调和改正项的振幅	m
C_{ic}、C_{is}	轨道面倾角的余弦、正弦调和改正项的振幅	rad
t_{0e}	星历参考历元	s

3.3.2 GLONASS广播星历

GLONASS广播星历不同于GPS,GLONASS卫星发射的广播星历中,卫星的轨道用给定参考历元在PZ-90地固坐标系中的卫星位置和速度向量,以及太阳和月亮的摄动加速度等参数表示,每30 min更新一次。表3-2给出了GLONASS广播星历参数的定义。

以参考历元的卫星位置、速度和加速度为初始值,考虑卫星运动的摄动力模型,用数值积分的方法求出卫星的轨道,用于定位中计算卫星的坐标。

表3-2 GLONASS广播星历参数的定义

参数	定义	单位
t_k	参考历元	min
t_b	时间间隔	min
$\gamma_n(t_b)$	t_b时刻卫星n载波频率的相对偏差值	—
$\tau_n(t_b)$	t_b时刻卫星n的卫星钟钟差	s
$(X_n(t_b),Y_n(t_b),Z_n(t_b))$	t_b时刻卫星n的坐标值	km
$(\dot{X}_n(t_b),\dot{Y}_n(t_b),\dot{Z}_n(t_b))$	t_b时刻卫星n的速度值	km/s
$(\ddot{X}_n(t_b),\ddot{Y}_n(t_b),\ddot{Z}_n(t_b))$	t_b时刻卫星n受日、月摄动引起的加速度值	km/s^2

3.3.3 BDS广播星历

BDS广播星历与GPS非常相似,其星历参数描述了在一定拟合间隔下得出的卫星轨道。它包括15个轨道参数(含摄动参数)、1个星历参考时间,见表3-3。BDS星历参数更新周期为1 h。

利用BDS广播星历计算卫星轨道的方法与GPS基本一致,只是不同类型轨道的卫星在计算过程中存在细微的差别。

表 3-3　BDS 广播星历参数的定义

参数	定义	单位
t_{0e}	星历参考历元	s
$\sqrt{a_s}$	轨道椭圆长半径的平方根	$m^{\frac{1}{2}}$
e_s	轨道偏心率	—
ω_s	近地点角距	π
Δn	卫星运动的平均角速率与计算值之差	π/s
M_0	参考历元的平近点角	π
Ω_0	参考历元的升交点赤经	π
$\dot{\Omega}$	升交点赤经的变化率	π/s
i_0	参考历元的轨道面倾角	π
$\dot{i}$	轨道面倾角的变化率	π/s
C_{uc}、C_{us}	升交距角的余弦、正弦调和改正项的振幅	rad
C_{rc}、C_{rs}	卫星地心距的余弦、正弦调和改正项的振幅	m
C_{ic}、C_{is}	轨道面倾角的余弦、正弦调和改正项的振幅	rad

3.4　精密星历

3.4.1　IGS 简介

国际 GPS 服务(International GPS Service,IGS)是国际大地测量协会(IAG)为支持大地测量和地球动力学研究于 1993 年组建的一个国际协作组织,1994 年 1 月 1 日正式开始工作。随着 GLONASS 等其他全球导航卫星系统的组建及投入工作,国际 GPS 服务也扩大了工作范围,并更名为国际 GNSS 服务(International GNSS Service),但缩写仍为 IGS。

IGS 主要由卫星跟踪网、数据中心、分析中心、综合分析中心、发布中心、中央局和管理委员会组成。

(1)2000 年底 IGS 的 GPS 卫星跟踪网中有 248 个跟踪站。其中有 92 个站为全球级跟踪站,至少有 3 个数据分析中心对它们的观测资料进行长期连续的分析计算。建立连续跟踪站的目的是计算卫星轨道,确定地球参考框架及地球自转参数。

(2)数据中心分为数据操作中心、区域数据中心和全球数据中心。操作中心的任务是负责收集若干个跟踪站的观测数据,进行数据格式转换、数据压缩、数据备份,并传输到区域数据中心。区域数据中心的任务是负责收集规定区域内操作中心收集的数据,并且将数据传输到全球数据中心。全球数据中心的任务为分析中心的外部用户提供数据服务。

(3)分析中心的任务是从全球数据中心获取全球跟踪站的数据,独立地进行计算以生成卫星星历、地球自转参数、卫星钟钟差、跟踪站的坐标、坐标的变化率以及接收机钟钟差等 IGS 产品。截至 2013 年 7 月,IGS 共有欧洲定轨中心(CODE)、欧洲空间工作中心(ESOC)、德国地球科学研究所(GFZ)、法国空间研究中心(GRGS)、加拿大自然资源部(NRCan)、美国喷气推进实验室(JPL)、美国斯克里普斯海洋研究所(SIO)、美国麻省理工学院(MIT)等 12 个分析中心,见表 3-4。

表 3-4 IGS 分析中心

分析中心	所属机构
CODE	欧洲定轨中心(瑞士)
ESOC	欧洲空间工作中心(德国)
GOP-RIGTC	大地测量观测研究所(捷克)
GFZ	地球科学研究所(德国)
GRGS	法国空间研究中心(法国)
JPL	喷气推进实验室(美国)
MIT	麻省理工学院(美国)
NOAA	国家海洋与大气管理局(美国)
NRCan	自然资源部(加拿大)
SIO	斯克里普斯海洋研究所(美国)
USNO	海军天文台(美国)
WHU	武汉大学(中国)

(4)综合分析中心的任务是根据各个分析中心独立给出的结果取加权平均值,求得最终的 IGS 产品。最后将这些产品传送给全球数据中心和中央局的信息中心,免费地供用户使用。

(5)发布中心负责发布 IGS 产品及相关出版物。

(6)中央局主要负责 IGS 日常工作,包括组织会议、制定标准及出版相关出版物。

(7)管理委员会负责监督管理 IGS 的各项工作,确定 IGS 的未来方向。

IGS 所提供的产品包括:

(1)卫星星历:GPS 和 GLONASS 的精密星历。

(2)地球自转参数:极移、极移变化率、日长。

(3)IGS 跟踪站的坐标及其变化率。

(4)卫星钟钟差及跟踪站的接收机钟钟差。

(5)大气参数:跟踪站天顶方向对流层延迟和电离层天顶方向总电子含量(VTEC)格网值。

3.4.2 精密星历

精密星历是一些国家或国际组织根据卫星跟踪站对卫星的精密观测资料经后处理计算出的,所以也称后处理星历。最为著名的是 IGS 发布的精密星历,IGS 下设的各个分析中心也发布各自的精密星历,用户可以通过互联网下载得到精密星历。

IGS 精密星历常以 SP3 格式给出每颗卫星 15 分钟间隔的三维坐标和卫星钟钟差,如图3-13

所示，文件中包括表头和数据体，数据体的每一行分别为卫星号，卫星的 X、Y、Z 坐标（单位为 km），卫星钟钟差（单位为 ms），X、Y、Z 坐标及钟差精度因子。卫星任意时刻的位置可根据相邻历元的卫星坐标内插得到。

```
#cP2009 12  6  0  0  0.00000000      96 ORBIT IGS05 HLM  IGS
## 1561      0.00000000   900.00000000 55171 0.0000000000000
+   32   G01G02G03G04G05G06G07G08G09G10G11G12G13G14G15G16G17
+        G18G19G20G21G22G23G24G25G26G27G28G29G30G31G32  0  0
+          0  0  0  0  0  0  0  0  0  0  0  0  0  0  0  0  0
+          0  0  0  0  0  0  0  0  0  0  0  0  0  0  0  0  0
+          0  0  0  0  0  0  0  0  0  0  0  0  0  0  0  0  0
++         4  2  2  2  3  2  2  2  2  3  2  2  2  2  2  2  2
++         2  2  2  2  2  2  4  2  2  2  2  2  2  2  3  0  0
++         0  0  0  0  0  0  0  0  0  0  0  0  0  0  0  0  0
++         0  0  0  0  0  0  0  0  0  0  0  0  0  0  0  0  0
++         0  0  0  0  0  0  0  0  0  0  0  0  0  0  0  0  0
%c G  cc GPS ccc cccc cccc cccc cccc ccccc ccccc ccccc ccccc
%c cc cc ccc ccc cccc cccc cccc cccc ccccc ccccc ccccc ccccc
%f  1.2500000  1.025000000  0.00000000000  0.000000000000000
%f  0.0000000  0.000000000  0.00000000000  0.000000000000000
%i   0    0    0    0      0      0      0      0         0
%i   0    0    0    0      0      0      0      0         0
/* FINAL ORBIT COMBINATION FROM WEIGHTED AVERAGE OF:
/* cod emr esa gfz grg jpl mit ngs sio
/* REFERENCED TO IGS TIME (IGST) AND TO WEIGHTED MEAN POLE:
/* PCV:IGS05_1552 OL/AL:FES2004  NONE     Y  ORB:CMB CLK:CMB
*  2009 12  6  0  0  0.00000000
PG01  -7539.490170 -16371.715378 -19644.351666 999999.999999
PG02  21744.600698 -10509.258292 -10612.068423    200.038407  8  9  8 124
PG03 -13894.878746   7713.025972  20910.427877    483.921992  7  9 10 158
PG04  19279.123021    436.132456 -18573.823576   -392.771671  7 11  8 105
PG05  21713.606688  -4406.825708  14690.887943    -33.131555 14 15 13 160
PG06 -15450.374438   3741.680560  21457.360167    263.405511  7 11  9 169
PG07    366.342709  18035.337241  19430.769747      6.482289  9  7  6 130
PG08  11722.623002   9033.035669  22067.698009      0.517769 10  9 11 142
PG09  14433.602926 -21345.200316  -6982.216848     92.396110  9  5  8 121
PG10  24234.395407   -492.509735  11075.235789    -29.782609 11 11 12 147
PG11  -8921.725620  23869.010434  -7048.361192    -32.755017  9  8  8 124
PG12   7616.612891 -13238.097182 -21664.763075   -180.512387 10  7  8 148
PG13   5617.886803  25895.022248   1570.524522    306.488140 10  8  9 123
PG14 -13804.220770 -16332.751360 -15694.009302    -15.767852 10 12  8 119
PG15   9703.828989 -15901.046716  18928.031594   -318.791723  8  8  7 134
PG16 -25148.573873  -1711.828606   8812.283203    -16.199003  8  9  6 123
PG17  14818.672006  15318.194548 -15904.736672    109.018831  9 10 10 148
```

图 3-13　IGS 精密星历实例

3.4.3　GPS 精密星历下载

目前，精密星历数据格式使用最为广泛的是 SP3 格式，是由美国国家大地测量委员会提出，专门用于存储 GPS 卫星的精密轨道数据。SP3 格式是文本文件，其基本内容是卫星位置和卫星钟记录。

精密星历根据发布时间延迟的不同,可分为最终(final)星历、快速(rapid)星历、超快速(ultra-rapid)星历三种类型。

精密星历文件的命名规则为:ssswwwwd. sp3。其中,sss表示精密星历的发布机构及星历类型,例如igs、igr、igu分别表示IGS发布的最终星历、快速星历和超快速星历,wwww表示当前时间所处的GPS周,d表示当前时间在GPS周内的第几天(用0～6表示)。例如要下载2013年7月1日的IGS最终精密星历,首先确定该天对应的GPS时间为第1 747周第一天,则对应的精密星历文件名为igs17471. sp3。

用户在精密星历下载时,可选择IGS全球数据中心或区域数据中心。用户还可以从各个分析中心下载相应的精密星历。常用的精密星历下载地址如表3-5所示。

表3-5 精密星历下载地址

中心名称	FTP
CDDIS	ftp://cddis. gsfc. nasa. gov
IGSCB	ftp://igscb. jpl. nasa. gov
SOPAC	ftp://garner. ucsd. edu
IGN	ftp://igs. ensg. ign. fr
KASI	ftp://nfs. kasi. re. kr

3.5 由广播星历计算GNSS卫星坐标

本节以GPS广播星历为例,介绍GNSS卫星坐标的计算过程。

1)计算GPS卫星运动的平均角速度 n

$$n=\sqrt{\frac{GM}{a_s^3}}+\Delta n \tag{3-46}$$

式中,GM 为地心引力常数,$GM=3.986\ 005\times10^{14}\ \mathrm{m^3/s^2}$;$a_s$ 为卫星轨道椭圆的长半径,$a_s=(\sqrt{a_s})^2$,$\sqrt{a_s}$为广播星历给出的参数;Δn 为广播星历中给定的摄动参数。

2)计算观测时刻 t 的卫星平近点角 M_s

$$M_s=M_0+n(t-t_{0e}) \tag{3-47}$$

式中,M_0 为参考历元 t_{0e} 的平近点角,由广播星历给出。

3)计算观测时刻 t 的卫星偏近点角 E_s

$$E_s=M_s+e_s\sin E_s \tag{3-48}$$

式中,e_s 为卫星轨道偏心率,由广播星历给出。可采用迭代计算的方法求解,直到前后两次计算 E_s的差值(单位为弧度)小于 10^{-12}时停止计算。

4)计算卫星地心距 r' 和真近点角 f_s

$$\left.\begin{aligned}r'&=a_s(1-e_s\cos E_s)\\f_s&=\arctan\left(\frac{\sqrt{1-e_s^2}\sin E_s}{\cos E_s-e_s}\right)\end{aligned}\right\} \tag{3-49}$$

5)计算升交距角

$$u' = \omega_s + f_s \tag{3-50}$$

式中，ω_s 为近地点角距，由广播星历给出。

6)计算摄动改正项 δu、δr、δi

$$\left.\begin{aligned}\delta u &= C_{uc}\cos 2u' + C_{us}\sin 2u'\\ \delta r &= C_{rc}\cos 2u' + C_{rs}\sin 2u'\\ \delta i &= C_{ic}\cos 2u' + C_{is}\sin 2u'\end{aligned}\right\} \tag{3-51}$$

式中，C_{uc}、C_{us}、C_{rc}、C_{rs}、C_{ic}、C_{is} 为广播星历给出的摄动参数，可求出升交距角 u 的改正项 δu、卫星地心距 r 的改正项 δr 和轨道倾角 i 的改正项 δi。

7)对 u、r、i 进行摄动改正，即

$$\left.\begin{aligned}u &= u' + \delta u\\ r &= r' + \delta r\\ i &= i_0 + \dot{i}(t - t_{0e}) + \delta i\end{aligned}\right\} \tag{3-52}$$

式中，i_0 为参考历元 t_{0e} 的轨道倾角，$\dot{i}$ 为轨道倾角的变化率，i_0 和 $\dot{i}$ 均由广播星历给出。

8)计算卫星在轨道面坐标系中的位置

选择地心为原点，X 轴指向升交点，Z 轴垂直于轨道平面向上，Y 轴在轨道平面上垂直于 X 轴，构成右手系，卫星在轨道面坐标系下的坐标为

$$\left.\begin{aligned}x &= r\cos u\\ y &= r\sin u\\ z &= 0\end{aligned}\right\} \tag{3-53}$$

9)计算观测时刻升交点的经度 L

若参考历元 t_{0e} 的升交点赤经为 $\Omega_{t_{0e}}$，升交点对时间的变化率为 $\dot{\Omega}$，那么观测瞬时 t 的升交点赤经 Ω 应为

$$\Omega = \Omega_{t_{0e}} + \dot{\Omega}(t - t_{0e}) \tag{3-54}$$

式中，$\dot{\Omega}$ 由广播星历给出。

设本周开始时刻(星期日 0 时)格林尼治恒星时为 $GAST_{\text{week}}$，则观测瞬时的格林尼治恒星时为

$$GAST = GAST_{\text{week}} + \omega_e t \tag{3-55}$$

式中，ω_e 为地球自转角速度，其值为 $\omega_e = 7.292\,115 \times 10^{-5}$ rad/s；t 为观测时刻(需转换为自星期日 0 时开始累计的秒数)。这样可求得观测瞬时升交点的经度 L 为

$$L = \Omega - GAST = \Omega_{t_{0e}} - GAST_{\text{week}} + \dot{\Omega}(t - t_{0e}) - \omega_e t \tag{3-56}$$

令 $\Omega_0 = \Omega_{t_{0e}} - GAST_{\text{week}}$，则有

$$L = \Omega_0 + \dot{\Omega}(t - t_{0e}) - \omega_e t = \Omega_0 + (\dot{\Omega} - \omega_e)t - \dot{\Omega}t_{0e} \tag{3-57}$$

式中，Ω_0 由广播星历给出，表示参考历元 t_{0e} 的升交点赤经为 $\Omega_{t_{0e}}$ 与本周开始时刻的格林尼治恒星时 $GAST_{\text{week}}$ 之差。

10)计算卫星在瞬时地球坐标系中的位置

已知升交点的经度 L 以及轨道倾角 i 后，就可通过两次旋转得到卫星在瞬时地球坐标系中的位置为

$$\begin{bmatrix} X \\ Y \\ Z \end{bmatrix} = \boldsymbol{R}_Z(-L)\boldsymbol{R}_X(-i)\begin{bmatrix} x \\ y \\ 0 \end{bmatrix} = \begin{bmatrix} x\cos L - y\cos i\sin L \\ x\sin L + y\cos i\cos L \\ y\sin i \end{bmatrix} \tag{3-58}$$

11)计算卫星在协议地球坐标系中的位置

$$\begin{bmatrix} x' \\ y' \\ z' \end{bmatrix} = \boldsymbol{R}_{y'}(-x_P)\boldsymbol{R}_{x'}(-y_P)\begin{bmatrix} X \\ Y \\ Z \end{bmatrix} = \begin{bmatrix} 1 & 0 & 0 \\ 0 & \cos y_P & -\sin y_P \\ 0 & \sin y_P & \cos y_P \end{bmatrix}\begin{bmatrix} \cos x_P & 0 & \sin x_P \\ 0 & 1 & 0 \\ -\sin x_P & 0 & \cos x_P \end{bmatrix}\begin{bmatrix} X \\ Y \\ Z \end{bmatrix} \tag{3-59}$$

式中，x_P、y_P 为极移值。由于 x_P 和 y_P 都是小于 $0.5''$ 的微小值，于是有

$$\begin{bmatrix} x' \\ y' \\ z' \end{bmatrix} = \boldsymbol{R}_{y'}(-x_P)\boldsymbol{R}_{x'}(-y_P)\begin{bmatrix} X \\ Y \\ Z \end{bmatrix} = \begin{bmatrix} 1 & 0 & \dfrac{x_P}{\rho} \\ 0 & 1 & -\dfrac{y_P}{\rho} \\ -\dfrac{x_P}{\rho} & \dfrac{y_P}{\rho} & 1 \end{bmatrix}\begin{bmatrix} X \\ Y \\ Z \end{bmatrix} \tag{3-60}$$

例 3-1 根据 GPS 广播星历(图 3-14)计算卫星的位置(在 1984 世界大地坐标系中)。信号发射时刻为 1997 年 11 月 9 日 2 时 0 秒，相应的 GPS 时为(WN=931 周，TOW=7 200 s)。

TOE(s)	星历表参考历元	0.720000000000E+04
IODE (s)	星历表的数据龄期（AODE）	0.970000000000E+02
Sqrt(A)($m^{½}$)	轨道长半径的平方根	0.515365263176E+04
e	轨道偏心率	0.678421219345E-02
i_0	参考历元 TOE 时的轨道倾角	0.958512160302E+00
ω(rad)	近地点角距	-0.258419417299E+01
Ω_0(rad)	按参考历元 TOE 计算的升交点赤经	-0.137835982556E+01
M_0(rad)	参考历元 TOE 的平近点角	-0.290282040486E+00
Δn (rad)	平均角速度之差	0.451411660250E-08
Ωdot(rad/s)	升交点赤经变化率	-0.819426989566E-08
i dot(rad/s)	轨道倾角的变化率	-0.253939149013E-09
Cus(rad)	纬度幅角的正弦调和项改正的振幅	0.912137329578E-05
Cuc(rad)	纬度幅角的余弦调和项改正的振幅	0.189989805222E-06
Cis(rad)	轨道倾角的正弦调和项改正的振幅	0.949949026108E-07
Cic(rad)	轨道倾角的余弦调和项改正的振幅	0.130385160446E-07
Crs(m)	轨道半径的正弦调和项改正的振幅	0.406250000000E+01
Crc(m)	轨道半径的余弦调和项改正的振幅	0.201875000000E+03

图 3-14 广播星历参数

解：

(1)计算卫星星历的平均角速度 n

$$n_0 = \frac{\sqrt{\mu}}{(\sqrt{a})^3} = \frac{\sqrt{3.986\,005 \times 10^{14}}}{(0.515\,365\,263\,176 \times 10^4)^3} = 0.000\,145\,855\,7(\text{rad/s})$$

$$n = n_0 + \Delta n = 0.000\,145\,855\,7 + 0.451\,411\,660\,250 \times 10^{-8} = 0.000\,145\,860\,2(\text{rad/s})$$

(2)计算归化时间 t_k。1997 年 11 月 9 日是 GPS 第 931 周的第一天，观测时刻 2 时 0 分，即 $t = 3\,600 \times 2 + 0 = 7\,200(\text{s})$，参考时刻 $t_{0e} = 7\,200(\text{s})$，因此，归化时间

$$t_k = t - t_{0e} = 0$$

(3)计算观测时刻卫星平近点角 M_k

$$M_k = M_0 + nt_k = -0.290\,282\,040\,486(\text{rad})$$

(4)计算卫星的偏近点角 E_k

$$E_k = M_k + e\sin E_k = -0.292\,236\,535\,756(\text{rad})$$

其中，$e = 0.006\,784\,212\,193\,45$ 。

(5)计算卫星的真近点角 V_k

$$V_k = \tan^{-1}\left(\frac{\sqrt{1-e^2}\sin E_k}{\cos E_k - e}\right) = -0.294\,197\,422\,486\,6(\text{rad})$$

(6)计算卫星升交距角 Φ_k

$$\Phi_k = V_k + \omega = -0.294\,197\,422\,486\,6 - 2.584\,194\,172\,99 = -2.878\,391\,595\,476\,6(\text{rad})$$

(7)计算摄动改正项 δu 、δr 和 δi

$$\delta u = C_{uc}\cos 2\Phi_k + C_{us}\sin 2\Phi_k = 4.747\,082\,290\,397\,21 \times 10^{-6}(\text{rad})$$

$$\delta r = C_{rc}\cos 2\Phi_k + C_{rs}\sin 2\Phi_k = 176.586\,334\,397\,562(\text{m})$$

$$\delta i = C_{ic}\cos 2\Phi_k + C_{is}\sin 2\Phi_k = 5.900\,125\,566\,884\,62 \times 10^{-8}(\text{rad})$$

(8)计算经摄动改正后的升交距角、卫星地心距和轨道倾角

$$u_k = \Phi_k + \delta u = -2.878\,386\,848\,394\,34(\text{rad})$$

$$r_k = a(1 - e\cos E_k) + \delta r = 26\,387\,762.130\,189\,9(\text{m})$$

$$i_k = i_0 + \dot{i}t_k + \delta i = 0.009\,585\,180\,604\,28\ (\text{rad})$$

(9)计算卫星在轨道坐标系中的坐标

$$x_k = r_k\cos u_k = -25\,478\,990.388(\text{m})$$

$$y_k = r_k\sin u_k = -6\,865\,496.270(\text{m})$$

$$z_k = 0$$

(10)计算观测时刻升交点的经度 L

$$L = \Omega_0 + \dot{\Omega}(t - t_{oe}) - \omega t = \Omega_0 + (\dot{\Omega} - \omega)t - \dot{\Omega}\cdot t_{oe} = -1.378\,300\,826\,816\,75(\text{rad})$$

(11)计算卫星在瞬时地球坐标系中的坐标

$$\begin{bmatrix} X_k \\ Y_k \\ Z_k \end{bmatrix} = \begin{bmatrix} x_k\cos L - y_k\cos i_k\sin L \\ x_k\sin L + y_k\cos i_k\cos L \\ y_k\sin i_k \end{bmatrix} = \begin{bmatrix} -11\,612\,737.696 \\ 23\,695\,020.216 \\ 6\,738\,689.734 \end{bmatrix}(\text{m})$$

(12)计算卫星在协议地球坐标系中的坐标。假设在观测瞬时极移为 $x_P = 0.4''$，$y_P = 0.3''$，则卫星在协议坐标系中的坐标为

$$\begin{bmatrix} X \\ Y \\ Z \end{bmatrix} = \begin{bmatrix} X_k + (x_P/\rho)Z_k \\ Y_k - (y_P/\rho)Z_k \\ Z_k - (x_P/\rho)X_k + (y_P/\rho)Y_k \end{bmatrix} = \begin{bmatrix} -11\,612\,724.628 \\ 23\,695\,010.415 \\ 6\,738\,746.717 \end{bmatrix}(\text{m})$$

3.6 由精密星历计算卫星坐标

3.6.1 卫星轨道拟合

在GPS定位计算中,需要频繁地计算卫星位置。如果用广播星历直接计算,需要耗费较多的内存空间和计算时间。为此常将卫星轨道表示为时间多项式,即将一定时间段内的卫星轨道拟合于选定的多项式,在内存中仅保存拟合好的多项式系数,以备以后计算卫星位置时调用。在各种多项式中,切比雪夫多项式的逼近效果最佳,即使在时间段的两端近似性也很好。

假定欲将在间隔 $[t_s,t_e]$ 的卫星轨道用 n 阶切比雪夫多项式逼近,其中 t_s 为开始时刻,t_e 为结束时刻,$\Delta t=t_e-t_s$ 为拟合时间区间的长度,先将变量 $t\in[t_s,t_e]$ 归化到区间 $\tau\in[-1,1]$,即

$$\tau=\frac{2}{\Delta t}(t-t_s)-1 \tag{3-61}$$

卫星在空间中任一方向坐标可用切比雪夫多项式表示为

$$x(t)=\sum_{i=0}^{n}C_{x_i}T_i(\tau) \tag{3-62}$$

式中,n 为切比雪夫多项式的阶数,C_{x_i} 为切比雪夫多项式系数。根据已知的卫星坐标,利用最小二乘拟合可以求出 C_{x_i}。切比雪夫多项式 T_i 用递推方式确定为

$$\left.\begin{aligned}&T_0(\tau)=1\\&T_1(\tau)=\tau\\&T_n(\tau)=2\tau T_{n-1}(\tau)-T_{n-2}(\tau),\ |\tau|\leqslant 1,n\geqslant 2\end{aligned}\right\} \tag{3-63}$$

需要注意的是,多项式仅适合于区间 $[t_s,t_e]$,此区间外是无效的。实践表明,对于一个3小时的间隔,用8阶切比雪夫多项式逼近卫星轨道,其数值精度可以达到厘米级。

3.6.2 卫星坐标内插

精密星历是按一定的时间间隔给出卫星的坐标,因而用户需要采用内插的方法来得到所需时刻的卫星位置。内插方法有很多,其中拉格朗日多项式插值的使用较为广泛。

拉格朗日多项式插值的方法为:若已知时间轴的 $n+1$ 个节点 $t_0,t_1,t_2,\cdots,t_n$ 及其对应的卫星坐标值 $x_0,x_1,x_2,\cdots,x_n$,则 t 时刻函数值的插值公式为

$$x_t=\sum_{i=1}^{n+1}\left(\prod_{j=1}^{n+1}\frac{t-t_j}{t_i-t_j}\right)x_i\quad(j\neq i) \tag{3-64}$$

实践表明,对于一个3小时的测量时段,用8阶拉格朗日多项式插值即可保证插值精度。由于采用高阶多项式作为逼近函数进行内插可能产生一些问题,特别是高阶多项式在给定点所定义的区间边界处有摆动的趋势,因而要避免进行外推。另外,在给定点间的"振荡"还可能降低多项式逼近的整体精确性。如果采用对称内插的方法,即内插点位于数据点的中央,则可保证最佳的内插结果。对于18结点内插来讲,这意味着SP3文件要直接给出9个位于待内插历元之前的卫星位置和9个位于该内插点时刻后的卫星位置。这也是为何在处理某一天内的数据时,需要当天和前后各一天精密轨道数据的原因。

习题与思考题

1. 中心力与摄动力区分的依据是什么？
2. 开普勒三定律的内容是什么？试列出其相应的数学模型。
3. 卫星运动的轨道参数的选择是否是唯一的？
4. 试画图并解释开普勒轨道参数的含义。
5. 试述真近点角的计算步骤，并写出有关公式。
6. 如何由平近点角计算偏近点角？
7. 轨道直角坐标系如何定义？
8. 试描述卫星在地球坐标系中位置计算的基本步骤。
9. 卫星运动的摄动力有哪些？
10. 比较 GPS 广播星历与 GLONASS 广播星历的区别。
11. 用精密星历计算卫星位置所采用的方法是什么？
12. 精密星历与广播星历有哪些区别？

第 4 章　卫星导航电文和卫星信号

GNSS 卫星发送的信号一般包括载波、测距码和数据码三类信号。导航电文是 GNSS 导航定位的数据基础。

本章全面介绍 GPS、GLONASS 和 BDS 的导航电文具体内容、格式和卫星信号结构。

4.1　GPS 导航电文

4.1.1　GPS 导航电文及其格式

GPS 的导航电文指包含有关卫星的星历、卫星工作状态、时间系统、卫星钟运行状态、轨道摄动改正、大气折射改正和由 C/A 码捕获 P 码等导航信息的数据码(或 D 码)。导航电文是利用 GPS 进行定位和导航的数据基础。

导航电文是二进制码,依规定格式组成,按帧向外播送。每帧导航电文含有1 500比特,播送速度为每秒 50 比特,播送一帧导航电文所需时间为 30 s。

如图 4-1 所示,每帧导航电文含有 5 个子帧,而每个子帧分别含有 10 个字,每个字 30 比特,因此每一子帧共含 300 比特,其持续播发时间为 6 s。为了记载多达 25 颗卫星的星历,第 4、5 子帧各含有 25 页。第 1、2、3 子帧与第 4、5 子帧的每一页均构成一个主帧。在每一主帧的帧与帧之间,第 1、2、3 子帧的内容每两小时更新一次,而第 4、5 子帧的内容仅在给卫星注入新的导航数据后才得以更新。

4.1.2　GPS 导航电文的内容

每帧导航电文中,各子帧的主要内容如图 4-2 所示。

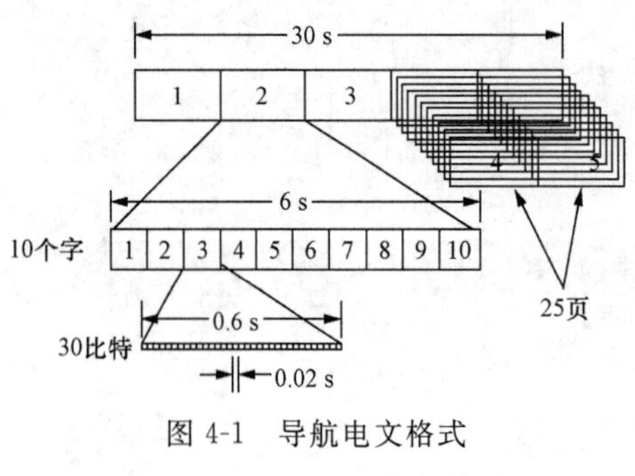

图 4-1　导航电文格式

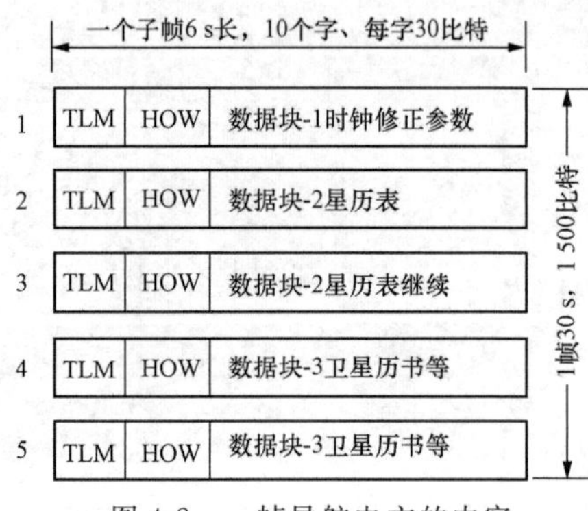

图 4-2　一帧导航电文的内容

1. 遥测字

遥测字(telemetry word,TLM)位于各子帧的开头,作为捕获导航电文的前导。其中所含的同步信号为各子帧提供了一个同步的起点,使用户便于解译电文数据。

2. 交接字

交接字(hand over word,HOW)紧接着各子帧开头的遥测字,主要是向用户提供用于捕获 P 码的 Z 计数。Z 计数指从每星期六到星期日的子夜零时起算的时间计数,表示下一子帧开始瞬间的 GPS 时。但为了使用方便,Z 计数一般表示为从每星期六到星期日的子夜零时开始发播的子帧数。因为每一子帧播送延续的时间为 6 s,所以,下一子帧开始的瞬时即为 $6\times Z$。通过交接字,可以实时地了解观测瞬时在 P 码周期中所处的准确位置,以便迅速地捕获 P 码。

3. 数据块-1

数据块-1 含有关于卫星钟改正参数及其数据龄期、星期的周数编号、电离层改正参数和卫星工作状态等信息。其中的主要内容如下:

(1)卫星钟改正参数 a_0、a_1、a_2,分别表示该卫星的钟差、钟速及钟速的变化率。当这些参数已知,任意时刻 t 的卫星钟改正数 Δt 可表示为

$$\Delta t = a_0 + a_1(t - t_{0c}) + a_2\,(t - t_{0c})^2 \tag{4-1}$$

(2)参考历元 t_{0c},为卫星钟的参考时刻,从 GPS 时每星期六到星期日的子夜零时开始起算,变化 0~604 800 s。

(3)卫星时钟数据龄期(IODC),表示参考时刻 t_{0c} 和最近一次观测卫星钟以获取 a_0、a_1、a_2 的时间 t_L 之差,即 $\mathrm{IODC} = t_{0c} - t_L$。由于随着时间的推移,所给出的卫星钟改正参数的精度将会随之下降,所以时钟数据龄期主要是用于评价钟改正数的可信程度。

(4)现时星期的周数编号(WN),表示从 1980 年 1 月 6 日协调时零点起算的 GPS 时星期数。

4. 数据块-2

数据块-2 包含在第 2、3 子帧里,主要向用户提供有关卫星运行位置的信息。该数据块一般为卫星星历,主要有以下三类参数:

(1)开普勒轨道六参数:

$\sqrt{a}$ ——轨道椭圆的长半径的平方根($\mathrm{m}^{\frac{1}{2}}$);

e ——轨道椭圆的偏心率;

i_0 ——按参考历元 t_{0c} 的轨道面倾角(rad);

Ω_0 ——按参考历元 t_{0c} 的升交点赤经(rad);

ω ——近地点角距(rad);

M_0 ——按参考历元 t_{0c} 的平近点角(rad)。

(2)轨道摄动九参数:

Δn ——卫星运动的平均角速度与计算值之差(rad/s);

$\dot{\Omega}$ ——升交点赤经的变化率(rad/s);

$\dot{i}$ ——轨道面倾角的变化率(rad/s);

C_{uc} ——升交距角的余弦调和改正项的振幅(rad);

C_{us} ——升交距角的正弦调和改正项的振幅(rad);

C_{rc} ——卫星地心距的余弦调和改正项的振幅(m);

C_{rs} ——卫星地心距的正弦调和改正项的振幅(m);

C_{ic} ——轨道面倾角的余弦调和改正项的振幅(rad);

C_{is} ——轨道面倾角的正弦调和改正项的振幅(rad)。

(3)时间参数:

参考历元 t_{0e} 和星历数据龄期(IODE),即 IODE= $t_{0e}-t_L$,其中,t_L 为预报星历测量的最后观测时间,也即 IODE 为预报星历的外推时间长度。

5. 数据块-3

数据块-3 包含在第 4、5 子帧里,主要向用户提供 GPS 卫星的概略星历及卫星工作状态的信息,又称为卫星的历书。

当接收机捕获到某颗 GPS 卫星后,根据数据块-3 所提供的其他卫星的概略星历、时钟改正、卫星工作状态等数据,用户可以选择工作正常和位置适当的卫星,并且较快地捕获到所选择的卫星。

4.2 GPS 信号

4.2.1 码的基本概念

在现代数字化通信中,广泛使用二进制数(0 和 1)及其组合来表示各种信息。这些表达不同信息的二进制数及其组合便称为码。在二进制中,1 位二进制数叫作 1 个码元或者 1 比特。比特(bit)意为二进制数,是码的度量单位。如果将各种信息(例如声音、图像、文字等)通过量化,并按照某种预定的规则表示为二进制数的组合形式,这一过程便称为编码。在二进制数字化信息传输中,每秒钟传输的比特数称为数码率,用以表示数字化信息的传送速度,其单位为 bit/s,或记为 bps。

假设一组码序列 $u(t)$,对某一时刻来说,码元是 0 或 1 完全是随机的,但其出现的概率均为 1/2。这种码元幅度的取值完全无规律的码序列通常称为随机码序列,也叫作随机噪声码序列。这种码序列是非周期性的,无法复制。随机码的特性是自相关性好,而自相关性的好坏对于提高利用 GPS 卫星码信号测距的精度是极其重要的。

随机码的自相关性可以用自相关系数来衡量。现将随机码 $u(t)$ 平移 k 个码元,得到新的随机码 $u'(t)$。如果将两组随机码 $u(t)$ 和 $u'(t)$ 所对应的码元中相同的码元数(同为 0 或同为 1)记为 A_u,相异的码元数记为 B_u,则随机码 $u(t)$ 的自相关系数 $R(t)$ 定义为

$$R(t)=\frac{A_u-B_u}{A_u+B_u} \tag{4-2}$$

显然,当平移的码元数 $k=0$ 时,$u'(t)$ 是与 $u(t)$ 完全相同的码序列,也即相异的码元数 $B_u=0$,这时自相关系数 $R(t)=1$;当平移的码元数 $k\neq 0$ 时,由于码序列的随机性,当序列中的码元数充分大时,A_u 与 B_u 基本相等,即 $A_u\approx B_u$,这时自相关系数 $R(t)\approx 0$。以上分析说明,随机码的自相关系数主要有 0 和 1 两种状态,从这两种状态中可以判断两个随机码的相应码元是否已经相互对齐。

随机码的这种特性对于利用 GPS 卫星测距码进行精密测距是非常重要的。假设 GPS 卫星发射的是一个随机码 $u(t)$,而 GPS 接收机若能同时产生一组结构与 $u(t)$ 完全相同的复制码 $u'(t)$,当接收机接收到卫星信号 $u(t)$ 时,因为信号传播时间延迟,相当于 $u(t)$ 已经产生了平移,即 $u(t)$ 和 $u'(t)$ 相应的码元已错开,相当于上面分析中的 $k\neq 0$,则 $R(t)\approx 0$。如果通过一个时间延迟器来调整 $u'(t)$,使之与 $u(t)$ 的码元相互完全对齐,即 $R(t)=1$,那么就可以从 GPS 接收机的时

间延迟器中，测出卫星信号到达用户接收机的准确传播时间，从而便可准确地确定卫星至观测站的距离。因此，自相关性的好坏对于提高测距码测量精度是十分重要的。

4.2.2　伪随机噪声码及其产生

虽然随机码具有良好的自相关性，但由于它是一种非周期性的序列，不服从任何编码规则，所以实际上无法复制和利用。实际上，GPS 采用了一种伪随机噪声码（pseudo random noise，PRN），简称伪随机码或伪码。这种伪随机码不仅具有类似随机码那样良好的自相关性，而且具有某种确定的规则。伪随机码是周期性的，可以容易地复制。

伪随机码是由一个称为“多级反馈移位寄存器”的装置产生的。这种移位寄存器由一组连接在一起的存储单元组成，每个存储单元只有 0 或 1 两种状态。移位寄存器的控制脉冲有两个：钟脉冲和置“1”脉冲。移位寄存器是在钟脉冲和置“1”脉冲的作用下工作的。

假设移位寄存器是由 4 个存储单元组成的四级反馈移位寄存器，如图 4-3 所示。当钟脉冲作用于移位寄存器时，每个存储单元的内容都顺序地由上一单元转移到下一单元，而最后一个存储单元的内容则输出。与此同时，将其中的某几个存储单元，例如将单元 3 和单元 4 的内容进行模二相加，再作为输入反馈给第一个存储单元。

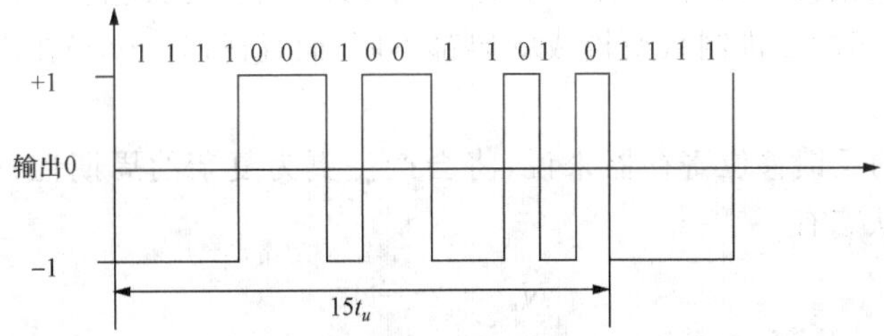

图 4-3　四级反馈移位寄存器

移位寄存器在开始工作时，由于置“1”脉冲的作用，使各级存储单元都处于“1”状态；此后在钟脉冲的驱动下，将可能经历 15 种不同的状态。由于全“0”状态不能通过反馈寄存器转移到其他状态（输出便持续为“0”），所以不允许移位寄存器出现全“0”状态。移位寄存器可能经历的 15 种状态如表 4-1 所示。

表 4-1　四级反馈移位寄存器序列

状态编号	各级状态 4　3　2　1	模二加反馈 3+4	末极输出的 二进制数
1	1　1　1　1	0	1
2	1　1　1　0	0	1
3	1　1　0　0	0	1
4	1　0　0　0	1	1
5	0　0　0　1	0	0
6	0　0　1　0	0	0
7	0　1　0　0	1	0
8	1　0　0　1	1	1

续表

状态编号	各级状态 4 3 2 1	模二加反馈 3+4	末极输出的 二进制数
9	0 0 1 1	0	0
10	0 1 1 0	1	0
11	1 1 0 1	0	1
12	1 0 1 0	1	1
13	0 1 0 1	1	0
14	1 0 1 1	1	1
15	0 1 1 1	1	0

移位寄存器经历了15种可能状态之后,再重复全"1"状态,从而完成一个最大周期$15t_u$。在四级移位寄存器经历上述15种状态的同时,从第四级存储单元也输出了一个最大周期为$15t_u$的二进制序列,其中,t_u为两个钟脉冲的时间间隔。这种周期最大的二进制序列通常称为m序列。上述四级反馈移位寄存器所产生的m序列是一个码长包含15个码元的周期性序列,其中任意4个连续的二进制数所构成的码都不同,而且任何一个码在周期性的序列中都有相应确定的位置和时刻。

对于一个r级的反馈移位寄存器来说,将会产生更为复杂的周期性m序列。这时,移位寄存器可能经历的状态有

$$N_u = 2^r - 1 \tag{4-3}$$

在m序列的每一周期中,最多可能包含N_u个码元,码元宽度等于钟脉冲的时间间隔t_u,因而m序列的最大周期为

$$T_u = (2^r - 1)t_u = N_u t_u \tag{4-4}$$

式中,N_u也称为码长。

m序列具有以下特性:

(1)均衡性:在一个周期中,"1"与"0"的数目基本相等,"1"比"0"的数目多一个,因此全"0"的状态不允许出现。

(2)游程分布:在序列中,相同的码元连在一起称为一个游程。一般来说,长度为1的游程占总数的1/2,长度为2的游程占总数的1/4。以此类推,连"1"的游程和连"0"的游程各占一半。

(3)移位相加性:一个m序列m_1与其经过任意次延迟移位产生的另一个序列m_2模二相加,得到的m_{12}仍然是一个m序列,即

$$R(t) = k \tag{4-5}$$

(4)自相关性:根据自相关函数的定义,在一个m序列中,当$k = 0$或为周期的整数倍时,自相关函数$R(t) = 1$;而k取其他值时

$$R(t) = \frac{A_u - B_u}{A_u + B_u} = \frac{A_u - B_u}{N_u} = -\frac{1}{N_u} \tag{4-6}$$

由上可知，m 序列的自相关函数只有两种取值：1 或 $-1/N_u$，这种特性非常重要。GPS 信号接收机就是利用这一特征使所接收的伪噪声码达到对齐同步，进而捕获和识别来自不同 GPS 卫星的伪噪声码，解译出它们传送的导航电文，测定从卫星到测站之间的距离等。

(5)伪噪声性：如果对随机噪声取样，并将每次取样按次序排成序列，发现其功率谱为正态分布。移位寄存器形成的随机码具有噪声码的特性。m 序列在出现概率、游程分布和自相关函数等特性上与随机噪声十分相似。正因如此，m 序列称为伪随机码，或者人工复制出来的噪声码。

4.2.3 GPS 卫星的测距码信号

GPS 卫星采用的两种测距码，即 C/A 码和 P 码(或 Y 码)，均属伪随机码。

1. C/A 码

C/A 码是由两个 10 级反馈移位寄存器相结合而产生的，其构成如图 4-4 所示。两个移位寄存器于每星期日子夜零时在置"1"脉冲作用下全处于"1"状态，同时在频率为 $f_1 = f_0/10 = 1.023$ MHz 钟脉冲驱动下，两个移位寄存器分别产生码长为 $N_u = 2^{10} - 1 = 1\ 023$，周期 $N_u t_u = 1$ ms 的 m 序列 $G_1(t)$ 和 $G_2(t)$。这时 $G_2(t)$ 序列的输出不是在该移位寄存器的最后一个存储单元，而是选择其中两个存储单元进行模二相加后输出，由此得到一个与 $G_2(t)$ 平移等价的 m 序列 G_{2i}。再将其与 $G_1(t)$ 进行模二相加，便得到 C/A 码。由于 $G_2(t)$ 可能有 $C_{10}^2 = 45$ 种平移序列，所以，其分别与 $G_1(t)$ 相加后将可能产生 45 种不同结构的 C/A 码。这些相异的 C/A 码码长、周期和数码率均相同，即①码长 $N_u = 2^{10} - 1 = 1\ 023$ (bit)；②码元宽度 $t_u = 1/f_1 \approx 0.977\ 52\ \mu s$ (相当于 293.1 m)；③周期 $T_u = N_u t_u = 1$ ms；④数码率为 1.023 Mbit/s。

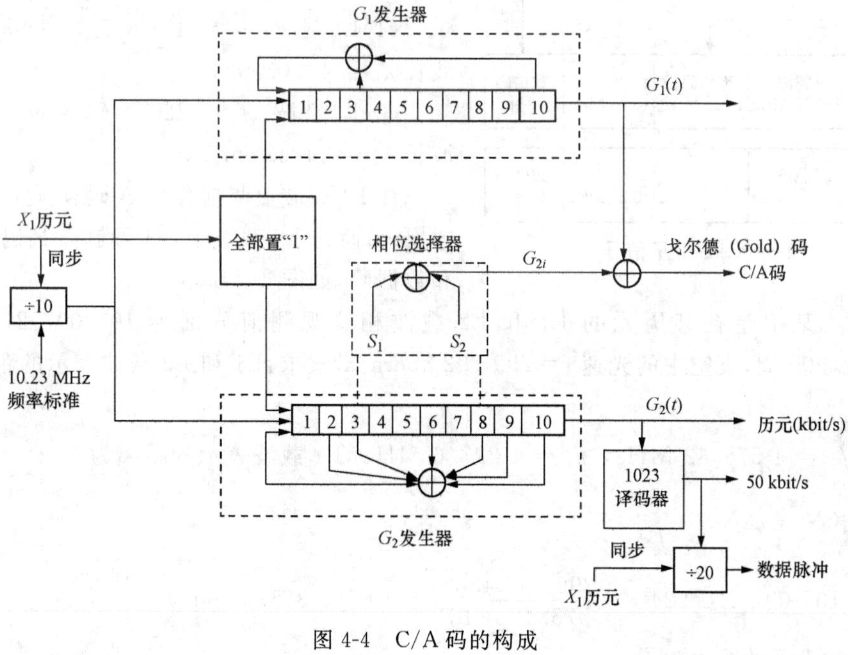

图 4-4　C/A 码的构成

C/A 码的码长很短,易于捕获,因此 C/A 码又称为捕获码。根据 C/A 码所提供的信息可以方便地捕获 P 码。C/A 码的码元宽度较大。假设两个序列的码元对齐误差为码宽的 1/100～1/10,则此时相应的测距误差为 2.93～29.3 m。随着现代科学技术的发展,测距分辨率大大提高,一般最简单的导航接收机的伪距测量分辨率达到 0.1 m。

2. P 码

GPS 卫星发射的 P 码的产生原理与 C/A 码相似,但其发生电路是采用两组各由两个 12 级反馈移位寄存器构成的,情况更为复杂。P 码是 GPS 卫星的精测码,数码率为 10.23 MHz。P 码的特征为:①码长 $N_u \approx 2.35 \times 10^{14}$ bit;②码元宽度 $t_u \approx 0.097\ 752\ \mu s$(相当于 29.3 m);③周期 $T_u = N_u t_u \approx 267$ 天;④数码率＝10.23 Mbit/s。

P 码 267 天才重复一次,实际 P 码周期被分为 38 部分(第 1 部分周期为 7 天,码长约为 6.19×10^{12} bit),其中,1 部分闲置,5 部分给地面监测站使用,32 部分分配给不同的卫星。这样每颗卫星使用 P 码的不同部分,便都有相同的码长和周期,但结构不同。

P 码的码长为 2.35×10^{14} bit,所以采用 C/A 码的搜索方式是无法实现的。一般都是先捕获 C/A 码,然后根据导航电文给出的有关信息来实现 P 码的捕获。

P 码的码元宽度为 C/A 码的 1/10,相当于距离只有 29.3 m,若取码元的对齐精度为码元宽度的 1/100,则由此引起的相应距离误差约为 0.29 m,仅为 C/A 码的 1/10。所以 P 码可用于较精密的定位,因此称为精码。

4.2.4　GPS 卫星的载波信号

GPS 卫星信号包含三种信号分量,即载波、测距码和数据码。所有这些信号分量都是在同一个基本频率 $f_0 = 10.23$ MHz 的控制下产生的。

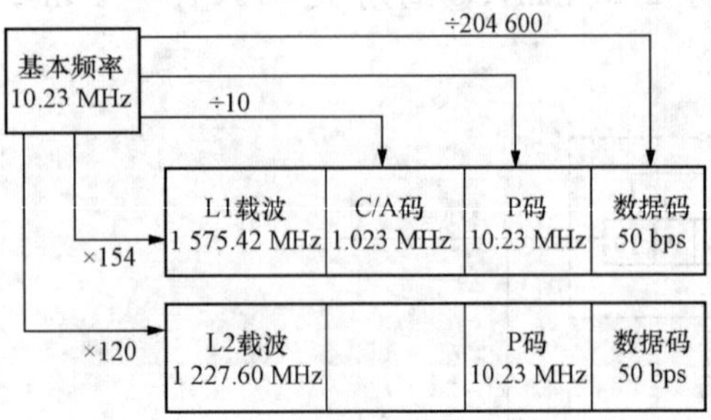

图 4-5　GPS 卫星信号

GPS 卫星取 L 波段的两种不同频率的电磁波为载波:

(1)L1 载波:$f_1 = 154 \times f_0 = 1\ 575.42$ MHz,波长 $\lambda_1 = 19.03$ cm。

(2)L2 载波:$f_2 = 120 \times f_0 = 1\ 227.60$ MHz,波长 $\lambda_2 = 24.42$ cm。

在 L1 载波上调制有 C/A 码、P 码(或 Y 码)和数据码;而在 L2 载波上,只调制有 P 码(或 Y 码)和数据码,如图 4-5 所示。

例 4-1　某卫星在某历元的 L1 和 L2 载波相位观测值分别为 105 097 214.924 周,81 900 081.900 周,真空中的光速 c=299 792 458m/s,试求:L1 和 L2 载波表示的距离。

解:

已知 $f_1 = 1\ 575.42$ MHz, $f_2 = 1\ 227.6$ MHz ,L1 载波表示的距离为

$$D_1 = (N_1 + \Delta N_1) \cdot \frac{c}{f_1}$$

$$= 105\ 097\ 214.924 \times \frac{299\ 792\ 458}{1\ 575.42 \times 10^6} = 19\ 999\ 335.029(\mathrm{m})$$

L2 载波表示的距离为

$$D_1 = (N_2 + \Delta N_2) \cdot \frac{c}{f_2}$$

$$= 81\ 900\ 081.9 \times \frac{299\ 792\ 458}{1\ 227.6 \times 10^6} = 20\ 000\ 836.480(\mathrm{m})$$

4.2.5　GPS卫星信号的调制

在无线电通信技术中，为了有效地传播信息，一般将频率较低的信号加载到频率较高的载波上，而频率较低的信号称为调制信号。

GPS卫星的测距码和数据码是采用调相技术调制到载波上的，且调制码的幅值只取0或1。如果当码值取0时，对应的码状态取为+1，而当码值取1时，对应的码状态为−1，那么载波和相应的码状态相乘后，便实现了载波的调制，也就是说，码信号被加到载波上去了，如图4-6(a)所示。

这时，当载波与码状态+1相乘时，其相位不变，而当与码状态−1相乘时，其相位改变180°。所以当码值从0变为1时，将使载波相位改变180°，如图4-6(b)所示。

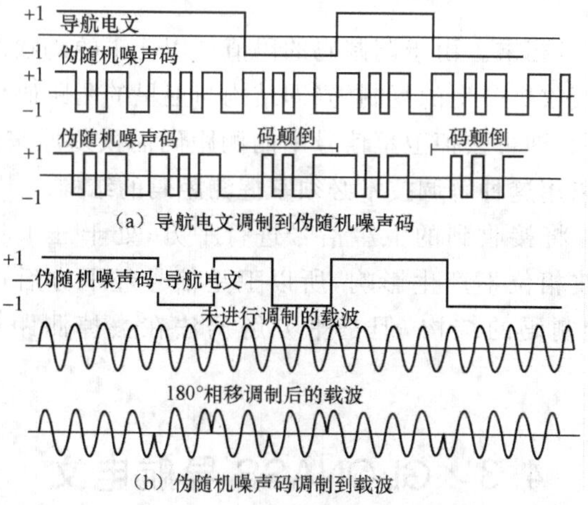

图4-6　GPS卫星信号调制

若以$S_{L1}(t)$和$S_{L2}(t)$分别表示载波L1和L2经测距码和数据码调制后的信号，则GPS卫星发射的信号可分别表示为

$$\left.\begin{aligned} S_{L1}(t) &= A_P \cdot P_i(t) \cdot D_i(t) \cdot \cos(\bar{\omega}_1 t + \varphi_1) + A_C \cdot C_i(t) \cdot D_i(t) \cdot \sin(\bar{\omega}_1 t + \varphi_1) \\ S_{L2}(t) &= B_P \cdot P_i(t) \cdot D_i(t) \cdot \cos(\bar{\omega}_2 t + \varphi_2) \end{aligned}\right\} \tag{4-7}$$

式中，A_P为调制于L1的P码振幅，$P_i(t)$为±1状态时的P码，A_C为调制于L1的C/A码振幅，$C_i(t)$为±1状态时的C/A码，$D_i(t)$为±1状态时的数据码，$\cos(\bar{\omega}_1 t + \varphi_1)$为载波L1，$\cos(\bar{\omega}_2 t + \varphi_2)$为载波L2，$B_P$为调制于L2的P码振幅，$\bar{\omega}_1$为载波L1的角频率，$\bar{\omega}_2$为载波L2的角频率，下标"$i$"表示卫星编号。

如图4-7所示，卫星发射的所有信号都是由同一频率f_0产生的，其中包括载波L1、L2，粗测距码C/A码，精测距码P(Y)码和数据码，经卫星发射天线发射出去，发射的信号分量包括L1-C/A码、L1-P信号、L2-P信号。

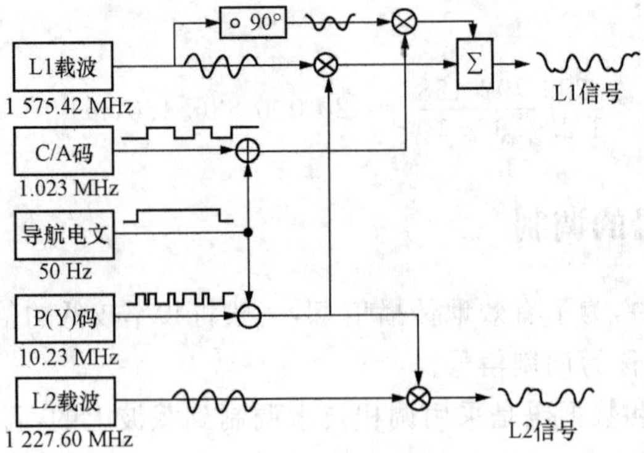

图 4-7 GPS 卫星信号构成

4.2.6 GPS 卫星信号的解调

为了进行载波相位测量,当用户接收机收到卫星发播的信号后,一般可通过以下两种解调技术来恢复载波的相位:

(1)复制码与卫星信号相乘。由于调制码的码值是用 ±1 的码状态来表示的,所以当把接收的卫星码信号与用户接收机产生的复制码(即结构与卫星的测距码信号完全相同的测距码)在两码同步的条件下相乘,即可去掉卫星信号中的测距码而恢复原来的载波。不过这时恢复的载波中含有数据码。采用这种解调技术必须掌握测距码的结构。

(2)平方解调技术。将接收到的卫星信号进行平方,处于 ±1 状态的调制码经平方后均为 +1 ,而 +1 对载波相位不产生影响,所以卫星信号经平方后可达到解调的目的。采用这种方法不必知道调制码的结构,但是平方解调法在去掉测距码的同时,也去掉了导航电文。

4.3 GLONASS 导航电文

4.3.1 GLONASS 导航电文及其格式

GLONASS 卫星的导航电文,是一种用数字信息流形成的连续重复帧群。它包括超帧、主帧和子帧。一个超帧含有 5 个主帧,每个主帧占用 30 s,一个主帧包括 15 个子帧(共 75 个子帧),每个子帧持续 2 s 时间,传递 100 个信息位。因此,需要 2.5 min 才能传送完毕一个超帧电文。一个占用 2 s 的子帧,其中 1.7 s 用于发送信息位和检验码,它们均以相对双二进制码表示,共 84 位,而它们的第 85 位用作时标码补充位,该位恒为零。检验码(汉明码)共 8 位,码距为 4。一个子帧的剩余 0.3 s 用于发送时标码,该时标码是由 30 个码元组成的截短伪随机码序列。

每个主帧传送发射该导航电文的 GLONASS 卫星的部分实时数据和给定卫星的全部非实时数据。第 1~4 主帧结构相同,第 5 主帧含有 2 个保留子帧,以便将来更新导航电文结构时使用。每主帧的第 1~4 子帧含有发送该导航电文卫星的实时数据。实时数据在一个超帧内的内容是相同的。每主帧的第 6～15 子帧含有 24 颗卫星的非实时数据（历书）。第 1～4 主帧含有 20 颗卫星的数据（每主帧 5 颗），第 5 主帧含有剩余 4 颗卫星的历书数据，每颗卫星的历书占用 2 个字符串。同一个超帧中，每主帧第 5 子帧含有的非实时数据是相同的。

每个主帧内传送的历书参数与 GLONASS 卫星编号的对应关系见表 4-2。

表 4-2　主帧号与卫星编号的关系

主帧号	1	2	3	4	5
卫星编号	1～5	6～10	11～15	16～20	21～24

4.3.2　GLONASS 导航电文的内容

GLONASS 导航电文传送的数据分为两大类型：一类是可操作数据，其更新率为 30 min，是在定义该数据实用时间之前 15 min 传送的数据，由用户借助前推或后推的方法，求得传送历元（时元）前后 15 min 的需用数据。可操作数据包括卫星时标数据、卫星时钟相对于 GLONASS时间系统的时钟数据、射电频率与其标称值之差的数据、卫星位置及其速度数据。另一类是不可操作数据，其更新率为 24 h。不可操作数据包括预报的全部卫星状态、各颗卫星时钟与 GLONASS 时间系统的偏差数据、各颗卫星的概略轨道参数（历书数据）、GLONASS 时间系统的修正参数，它被用于归算成莫斯科世界协调时，进而便于换算成国际时间局（BIH）的协调世界时。

GLONASS 导航电文中各帧的内容和格式基本相同，以下对一帧进行介绍。在一帧中：第 1、2、3、4、5 子帧的内容和格式各异，见表 4-3、表 4-4、表 4-5、表 4-6、表 4-7；第 6、8、10、12、14 子帧的内容和格式相同，见表 4-8；第 7、9、11、13、15 子帧的内容和格式相同，见表 4-9。

表 4-3　第 1 子帧各符号的意义

参数	码位	低位值	数值区间	量纲	意义
m	$b_{84}\sim b_{81}$	1	0～15	无	子帧号
n_1	$b_{78}\sim b_{77}$	1		min	本帧信息与前帧信息的时间间隔
t_k	$b_{76}\sim b_{72}$	1	0～23	h	现行时间
	$b_{71}\sim b_{66}$	1	0～59	min	
	b_{65}	1	0～30	s	
V_x	$b_{64}\sim b_{41}$	2^{-20}	$-4.3\sim+4.3$	km/s	本颗卫星在星历时元的 X 轴向的速度分量
A_x	$b_{40}\sim b_{36}$	2^{-30}	6.2×10^{-2}	km/s^2	本颗卫星在星历时元的 X 轴向的加速度分量
X	$b_{35}\sim b_{9}$	2^{-11}	2.7×10^{-4}	km	本颗卫星在星历时元的 X 轴向的坐标分量

表 4-4 第 2 子帧各符号的意义

参数	码位	低位值	数值区间	量纲	意义
m	$b_{84}\sim b_{81}$	1	0～15	无	子帧号
B_n	$b_{80}\sim b_{78}$	1			有效性;当高位为"1"时,表示本次观测对本颗卫星无效
n_2	b_{77}	1			t_b的更新标志;当 $n_2=1$ 时,在当前小时的 t_b为 0～30
t_b	$b_{76}\sim b_{70}$	15	15～1 245	min	精密星历的基准时间
V_Y	$b_{64}\sim b_{41}$	2^{-20}	$-4.3\sim+4.3$	km/s	本颗卫星在星历时元的 Y 轴向的速度分量
A_Y	$b_{40}\sim b_{36}$	2^{-30}	6.2×10^{-2}	km/s^2	本颗卫星在星历时元的 Y 轴向的加速度分量
Y	$b_{35}\sim b_9$	2^{-11}	2.7×10^{-4}	km	本颗卫星在星历时元的 Y 轴向的坐标分量

表 4-5 第 3 子帧各符号的意义

参数	码位	低位值	数值区间	量纲	意义
m	$b_{84}\sim b_{81}$	1	0～15	无	子帧号
n_3	b_{80}	1			本子帧内所含预报星历的颗数,"1"为 5 颗,"0"为 4 颗
df_n	$b_{79}\sim b_{69}$	2^{-40}	2^{-30}	无	在 t_b时本颗卫星的频移相对值,$df_n=(f-f_n)/n$
V_Z	$b_{64}\sim b_{41}$	2^{-20}	$-4.3\sim+4.3$	km/s	本颗卫星在星历时元的 Z 轴向的速度分量
A_Z	$b_{40}\sim b_{36}$	2^{-30}	6.2×10^{-2}	km/s^2	本颗卫星在星历时元的 Z 轴向的加速度分量
Z	$b_{35}\sim b_9$	2^{-11}	2.7×10^{-4}	km	本颗卫星在星历时元的 Z 轴向的坐标分量

表 4-6 第 4 子帧各符号的意义

参数	码位	低位值	数值区间	量纲	意义
m	$b_{84}\sim b_{81}$	1	0～15	无	子帧号
Δt_s	$b_{80}\sim b_{59}$	2^{-30}	2^{-9}	s	本颗卫星相对于 GLONASS 系统时间之差,$t_g(t_b)-t_s(t_b)$
IDOE	$b_{79}\sim b_{69}$	1	0,1,…,31	d	本颗卫星星历的数据龄期(t_b为注入时元)

表 4-7　第 5 子帧各符号的意义

参数	码位	低位值	数值区间	量纲	意义
m	$b_{84}\sim b_{81}$	1	0～15	无	子帧号
N_d	$b_{80}\sim b_{70}$	1	0	s	GLONASS系统相对于上一闰年开始的累积日
Δt_c	$b_{79}\sim b_{69}$	2^{-27}	$-1\sim+1$	d	GLONASS 系统时间相对于UTC(SU)之差

表 4-8　第 6、8、10、12、14 子帧各符号的意义

参数	码位	低位值	数值区间	量纲	意义
m	$b_{84}\sim b_{81}$	1	0～15	无	子帧号
C_n	b_{80}	1		无	有效性；当高位为"1"时，表示本次观测对本颗卫星无效
N_s	$b_{77}\sim b_{73}$	1	1～24	无	GLONASS系统的卫星编号
Δt_n	$b_{72}\sim b_{63}$	2^{-18}	1.9×10^{-3}	s	本颗卫星在本天第一次升交点时元相对于 GLONASS 系统时间之差的概略值
Ω_s	$b_{62}\sim b_{42}$	2^{-20}	$-1\sim+1$	半周	本颗卫星在本天第一次升交点时元的格林尼治时间
Δi	$b_{41}\sim b_{24}$	2^{-20}	0.067	半周	本颗卫星轨道面倾角相对于 63°的偏差
e	$b_{23}\sim b_{9}$	2^{-20}		无	本颗卫星的轨道偏心率

表 4-9　第 7、9、11、13、15 子帧各符号的意义

参数	码位	低位值	数值区间	量纲	意义
m	$b_{84}\sim b_{81}$	1	0～15	无	子帧号
ω_s	$b_{80}\sim b_{65}$	2^{-15}	$-1\sim+1$	半周	本颗卫星在本天第一次升交点时元的轨道近地点角距
t_s	$b_{64}\sim b_{44}$	2^{-5}	0～44 100	s	本颗卫星在本天第一次升交点时元
ΔT_s	$b_{43}\sim b_{22}$	2^{-9}	3.6×10^{3}	s	本颗卫星周期相对于 43 200 s 之差
dT	$b_{21}\sim b_{15}$	2^{-14}	2^{-8}	秒/圈	本颗卫星周期的变化率
N_f	$b_{14}\sim b_{10}$	1	1～24	无	本颗卫星载波频率的识别号

4.4 GLONASS信号

4.4.1 GLONASS卫星的测距码信号

1. C/A码

GLONASS卫星的C/A码仅511个码元,是GPS卫星C/A码的一半,它的码率也比GPS卫星C/A码低一半,仅为511 kHz。但两种C/A码的时间周期均为1 ms。GLONASS卫星C/A码的时钟脉冲是由5 MHz的频标经过三次分频与相加得到的。9级最长线性移位寄存器的第7级上输出所需要的C/A码,其长度周期 $LP=2^9-1=511$(bit)。

对于每一颗GLONASS卫星,均具有同一种C/A码,且它对每颗GLONASS卫星的第一载波(f_{L1})进行相位调制。

2. P码

GLONASS卫星也采用了类似于GPS信号的P码,也是对两种载波(f_{L1}和f_{L2})分别进行相位调制。但是GLONASS卫星的P码是严格保密的,据有关研究,P码是由一个25级线性移位寄存器产生的。

4.4.2 GLONASS卫星的载波信号

GLONASS卫星向用户发射两种L波段的信号,即L1信号和L2信号,与GPS不同的是,GLONASS采用频分多址(FDMA)的方式区分不同的卫星定位信号,故不同的卫星所发射信号的载波频率是不同的,但扩频码是一样的。其中L1信号载波频段为1 598.062 5～1 604.25 MHz,共包含12个卫星载波频率点;L2信号载波频段为1 242.937 5～1 247.75 MHz,也包含12个卫星载波频率点。显然,12个载波频率点无法将多于12颗卫星的信号区分开,因此,GLONASS采用两颗卫星共用一个载波频率点的方案,并将共用同一载波频率的两颗卫星安排到相反半球卫星轨道面,以消除二者相互之间的干扰,这样就可以为24颗卫星分配可用的载波频率。

4.4.3 GLONASS卫星信号的调制

GLONASS的两种信号均是已调制波,其调制信号为导航电文D码、C/A码和P码。其中,L1载波信号上调制有P码、C/A码和D码,L2载波信号上只调制有P码和D码。

GLONASS的L1信号采用四相移相键空(QPSK)调制方式,包含两个信道,即C/A码信道(Q信道)与P码信道(I信道),在这两个信道中都调制有导航电文信号。不过与GPS不同的是,GLONASS采用频分多址方式区别不同的卫星,因此每颗卫星发射信号的载波频率都是不同的。L1信号根据载波频率分配情况可表示为

$$
\begin{aligned}
S_{L1}^{i}(t) = {} & A_P P_i(t) D_i(t) \cos\{2\pi[F_1+(i-1)\Delta F_1]t+\varphi_{1,i}\}+ \\
& A_C C_i(t) D_i(t) \sin\{2\pi[F_1+(i-1)\Delta F_1]t+\varphi_{1,i}\}
\end{aligned}
\tag{4-8}
$$

式中,i 为载波频率编号,$i=-7,-6,\cdots,4$,A_P 为P码信号的幅度,A_C 为C/A码信号幅度,$P_i(t)$ 为P码,$C_i(t)$ 为C/A码,$D_i(t)$ 为调制在两种扩频码上的电文信号,F_1 为L1信

号的载波频带起始频率，$F_1 = 1\ 602.562\ 5$ MHz，ΔF_1 为不同卫星定位信号的载波频率间隔，$\Delta F_1 = 0.562\ 5$ MHz，$\varphi_{1,i}$ 为 L1 载波的初始相位。

GLONASS 的 L2 信号采用二相移相键空(BPSK)调制方式，只包含 P 码信道，只供特许用户使用。L2 信号根据载波频率分配情况可表示为

$$S_{L2}^{i}(t) = B_P P_i(t) D_i(t) \cos\{2\pi[F_2 + (i-1)\Delta F_2]t + \varphi_{2,i}\} \tag{4-9}$$

式中，i 为卫星编号，B_P 为 P 码信号的幅度，$P_i(t)$ 为 P 码，$D_i(t)$ 为调制的电文信号，F_2 为 L2 信号的载波频带起始频率，L2＝1 246.437 5 MHz，ΔF_2 为不同卫星定位信号的载波频率间隔，$\Delta F_2 = 0.437\ 5$ MHz，$\varphi_{2,i}$ 为 L2 载波的初始相位。

与 GPS 信号一样，GLONASS 也采用扩频技术，首先将导航电文调制到测距码(C/A 码和 P 码)上，再将调制了导航电文的测距码调制到载波上，其调制过程与 GPS 信号调制类似，参见 4.2.5 小节。

4.5　BDS 导航电文

4.5.1　BDS 导航电文及其格式

根据速率和结构不同，北斗卫星导航系统(BDS)的导航电文分为 D1 导航电文和 D2 导航电文。D1 导航电文速率为 50 bit/s，并调制有速率为 1 kbit/s 的二次编码，内容包含基本导航信息(本卫星基本导航信息、全部卫星历书信息、与其他系统时间同步信息)；D2 导航电文速率为 500 bit/s，内容包含基本导航信息和增强服务信息(北斗系统完好性及差分信息和格网点电离层信息)。

MEO 和 IGSO 卫星的 B1I 信号播发 D1 导航电文，GEO 卫星的 B1I 信号播发 D2 导航电文。

导航电文中基本导航信息和增强服务信息的类别及播发特点见表 4-10。

表 4-10　D1、D2 导航电文信息类别及播发特点

<table>
<tr><th colspan="2">电文信息类别</th><th>比特数</th><th colspan="2">播发特点</th></tr>
<tr><td colspan="2">帧同步码(Pre)</td><td>11</td><td rowspan="3">每子帧重复一次</td><td rowspan="10">本卫星基本导航信息，所有卫星都播发</td></tr>
<tr><td colspan="2">子帧计数(FraID)</td><td>3</td></tr>
<tr><td colspan="2">周内秒计数(SOW)</td><td>20</td></tr>
<tr><td rowspan="7">本卫星基本导航信息</td><td>整周计数(WN)</td><td>13</td><td rowspan="7">D1：在子帧 1、2、3 中播发，30 秒重复周期。
D2：在子帧 1 页面 1～10 的前 5 个字中播发，30 秒重复周期。
更新周期：1 小时</td></tr>
<tr><td>用户距离精度指数(URAI)</td><td>4</td></tr>
<tr><td>卫星自主健康标识(SatH1)</td><td>1</td></tr>
<tr><td>电离层延迟改正模型参数(α_n、β_n，n＝0～3)</td><td>64</td></tr>
<tr><td>星上设备时延差(T_{GD1})</td><td>10</td></tr>
<tr><td>时钟数据龄期(IODC)</td><td>5</td></tr>
</table>

续表

<table>
<tr><th colspan="2">电文信息类别</th><th>比特数</th><th colspan="2">播发特点</th></tr>
<tr><td rowspan="3">本卫星基本导航信息</td><td>钟差参数(t_{0c}、a_0、a_1、a_2)</td><td>74</td><td rowspan="3">D1:在子帧1、2、3中播发，30秒重复周期。
D2:在子帧1页面1～10的前5个字中播发，30秒重复周期。
更新周期:1小时</td><td rowspan="10">本卫星基本导航信息，所有卫星都播发</td></tr>
<tr><td>星历数据龄期(IODE)</td><td>5</td></tr>
<tr><td>星历参数(t_{0e}、$\sqrt{A}$、e、ω、Δn、M_0、Ω_0、$\dot{\Omega}$、i_0、$\dot{i}$、C_{uc}、C_{us}、C_{rc}、C_{rs}、C_{ic}、C_{is})</td><td>371</td></tr>
<tr><td colspan="2">页面编号(Pnum)</td><td>7</td><td>D1:在第4和第5子帧中播发。
D2:在第5子帧中播发</td></tr>
<tr><td rowspan="3">全部卫星历书信息</td><td>历书参数(t_{0a}、$\sqrt{A}$、e、ω、M_0、Ω_0、$\dot{\Omega}$、δ_i、a_0、a_1)</td><td>176</td><td>D1:在子帧4页面1～24、子帧5页面1～6中播发，12分钟重复周期。
D2:在子帧5页面37～60、95～100中播发，6分钟重复周期。
更新周期:小于7天</td></tr>
<tr><td>历书整周计数(WNa)</td><td>8</td><td rowspan="2">D1:在子帧5页面7～8中播发，12分钟重复周期。
D2:在子帧5页面35～36中播发，6分钟重复周期。
更新周期:小于7天</td></tr>
<tr><td>卫星健康信息(Hea_i,i=1～30)</td><td>9×30</td></tr>
<tr><td rowspan="4">与其他系统时间同步信息</td><td>与UTC时间同步参数(A_{0UTC}、A_{1UTC}、Δt_{LS}、WN_{LSF}、DN、Δt_{LSF})</td><td>88</td><td rowspan="4">D1:在子帧5页面9～10中播发，12分钟重复周期。
D2:在子帧5页面101～102中播发，6分钟重复周期。
更新周期:小于7天</td></tr>
<tr><td>与GPS时间同步参数(A_{0GPS}、A_{1GPS})</td><td>30</td></tr>
<tr><td>与Galileo时间同步参数(A_{0Gal}、A_{1Gal})</td><td>30</td></tr>
<tr><td>与GLONASS时间同步参数(A_{0GLO}、A_{1GLO})</td><td>30</td></tr>
<tr><td colspan="2">基本导航信息页面编号(Pnum1)</td><td>4</td><td>D2:在子帧1全部10个页面中播发</td><td rowspan="3">完好性及差分信息、格网点电离层信息，只由GEO卫星播发</td></tr>
<tr><td colspan="2">完好性及差分信息页面编号(Pnum2)</td><td>4</td><td>D2:在子帧2全部6个页面中播发</td></tr>
<tr><td colspan="2">完好性及差分自主健康信息(SatH2)</td><td>2</td><td>D2:在子帧2全部6个页面中播发。
更新周期:3秒</td></tr>
</table>

续表

<table>
<tr><th colspan="2">电文信息类别</th><th>比特数</th><th colspan="2">播发特点</th></tr>
<tr><td colspan="2">北斗完好性及差分信息卫星标识($BDID_i$, $i=1\sim30$)</td><td>1×30</td><td>D2:在子帧 2 全部 6 个页面中播发。
更新周期:3 秒</td><td>完好性及差分信息、格网点电离层信息,只由 GEO 卫星播发</td></tr>
<tr><td rowspan="3">北斗系统完好性及差分信息</td><td>用户差分距离误差指数($UDREI_i$, $i=1\sim18$)</td><td>4×18</td><td>D2:在子帧 2 中播发。
更新周期:3 秒</td><td rowspan="5">完好性及差分信息、格网点电离层信息,只由 GEO 卫星播发</td></tr>
<tr><td>区域用户距离精度指数($RURAI_i$, $i=1\sim18$)</td><td>4×18</td><td rowspan="2">D2:在子帧 2、3 中播发。
更新周期:18 秒</td></tr>
<tr><td>等效钟差改正数(Δt_i, $i=1\sim18$)</td><td>13×18</td></tr>
<tr><td rowspan="2">格网点电离层信息</td><td>电离层格网点垂直延迟(dτ)</td><td>9×320</td><td rowspan="2">D2:在子帧 5 页面 1～13、61～73 中播发。
更新周期:6 分钟</td></tr>
<tr><td>电离层格网点垂直延迟误差指数(GIVEI)</td><td>4×320</td></tr>
</table>

4.5.2　BDS 导航电文的内容

1. D1 导航电文

D1 导航电文由超帧、主帧和子帧组成。每个超帧为36 000 比特,历时12 分钟,每个超帧由 24 个主帧(页面)组成;每个主帧为 1 500 比特,历时 30 秒,每个主帧由 5 个子帧组成;每个子帧为 300 比特,历时 6 秒,每个子帧由 10 个字组成;每个字为 30 比特,历时 0.6 秒。每个字由导航电文数据及校验码两部分组成。每个子帧第 1 个字的前 15 比特信息不进行纠错编码,后 11 比特信息采用 BCH(15,11,1)方式进行纠错,信息位共有 26 比特;其他9 个字均采用 BCH(15,11,1)加交织方式进行纠错编码,信息位共有 22 比特。

D1 导航电文包含有基本导航信息,包括本卫星基本导航信息(包括周内秒计数、整周计数、用户距离精度指数、卫星自主健康标识、电离层延迟改正模型参数、卫星星历参数及数据龄期、卫星钟钟差参数及数据龄期、星上设备时延差)、全部卫星历书信息、与其他系统时间同步信息(UTC、其他全球导航卫星系统时间)。整个 D1 导航电文传送完毕需要 12 分钟。

D1 导航电文主帧结构及信息内容如图 4-8 所示。子帧 1～3 播发基本导航信息;子帧 4 和子帧 5 的信息内容由 24 个页面分时发送,其中子帧 4 的页面 1～24 和子帧 5 的页面 1～10 播发全部卫星历书信息及与其他系统时间同步信息;子帧 5 的页面 11～24 为预留页面。

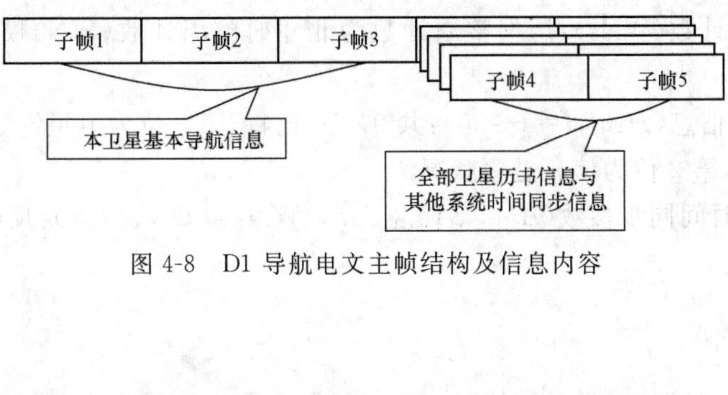

图 4-8　D1 导航电文主帧结构及信息内容

D1 导航电文的内容如下：

(1)帧同步码(Pre)：每一子帧的第 1～11 比特为帧同步码，由 11 比特修改巴克码组成，其值为“11100010010”，第 1 比特上升沿为秒前沿，用于时标同步。

(2)子帧计数(FraID)：每一子帧的第 16～18 比特为子帧计数，共 3 比特。

(3)周内秒计数(SOW)：每一子帧的第 19～26 比特和第 31～42 比特为周内秒计数，共 20 比特，以每周日北斗时 0 点 0 分 0 秒为起点，从零开始计数。周内秒计数所对应的秒时刻指本子帧同步头的第一个脉冲上升沿所对应的时刻。

(4)整周计数(WN)：共 13 比特，为北斗时的整周计数，其值范围为 0～8 191，以北斗时 2006 年 1 月 1 日 0 点 0 分 0 秒为起点，从零开始计数。

(5)用户距离精度指数(URAI)：用户距离精度(URA)用来描述卫星空间信号精度，单位是米，以 URAI 表征。URAI 共 4 比特，范围为 0～15。用户收到任意一个 URAI(用 N 表示)，可根据公式计算出相应的 URA 值(用 X 表示)，其计算式为

当 $0 \leqslant N < 6$ 时，$X = 2^{N/2+1}$，如 $N=1、3、5$，X 经四舍五入后分别为 2.8、5.7、11.3；

当 $6 \leqslant N < 15$ 时，$X = 2^{N-2}$；

当 $N=15$ 时，表示卫星轨道机动或者没有精度预报。

(6)卫星自主健康标识(SatH1)：共 1 比特，其中“0”表示卫星可用，“1”表示卫星不可用。

(7)电离层延迟改正模型参数(α_n、β_n)：包括 8 个参数，共 64 比特，8 个参数都是二进制补码。

(8)星上设备时延差(T_{GD1})：共 10 比特，为二进制补码，最高位为符号位，“0”表示正，“1”表示负，比例因子为 0.1，单位为纳秒。

(9)时钟数据龄期(IODC)：共 5 比特，是钟差参数的外推时间间隔，即本时段钟差参数参考历元与计算钟差参数所做测量的最后观测时刻之差。

(10)钟差参数(t_{0c}、a_0、a_1、a_2)：共 74 比特。t_{0c} 是本时段钟差参数参考时间，单位为秒，有效范围是 0～604 792。其他 3 个参数为二进制补码。

(11)星历数据龄期(IODE)：共 5 比特，为本时段星历参数参考历元与计算星历参数所做测量的最后观测时刻之差。

(12)星历参数(t_{0e}、$\sqrt{A}$、e、ω、Δn、M_0、Ω_0、$\dot{\Omega}$、i_0、$\dot{i}$、C_{uc}、C_{us}、C_{rc}、C_{rs}、C_{ic}、C_{is})：描述了在一定拟合间隔下得出的卫星轨道，包括 15 个轨道参数、1 个星历参考时间。星历参数更新周期为 1 小时。

(13)页面编号(Pnum)：子帧 4 和子帧 5 的第 44～50 比特为页面编号，用于标识子帧的页面编号，共 7 比特。子帧 4 和子帧 5 的信息都分 24 个页面分时播发，其中，子帧 4 的第 1～24 页面编排卫星号为 1～24 的历书信息，子帧 5 的第 1～6 页面编排卫星号为 25～30 的历书信息，页面编号与卫星编号一一对应。

(14)历书参数(t_{0a}、$\sqrt{A}$、e、ω、M_0、Ω_0、$\dot{\Omega}$、δ_i、a_0、a_1)：更新周期小于 7 天。

(15)历书整周计数(WNa)：历书整周计数为北斗时整周计数(WN)模 256，共 8 比特，取值范围为 0～255。

(16)卫星健康信息(Hea_i，$i=1～30$)：共 9×30 比特，第 9 位为卫星钟健康信息，第 8 位为 B1I 信号健康状况，第 2 位为信息健康状况。

(17)与 UTC 时间同步参数($A_{0\mathrm{UTC}}$、$A_{1\mathrm{UTC}}$、Δt_{LS}、WN_{LSF}、DN、Δt_{LSF})：反映北斗时(BDT)与 UTC 之间的关系。

(18)与 GPS 时间同步参数(A_{0GPS}、A_{1GPS}):BDT 与 GPS 时间系统之间的同步参数。

(19)与 Galileo 时间同步参数(A_{0Gal}、A_{1Gal}):BDT 与 Galileo 时间系统之间的同步参数。

(20)与 GLONASS 时间同步参数(A_{0GLO}、A_{1GLO}):BDT 与 GLONASS 时间系统之间的同步参数。

2. D2 导航电文

D2 导航电文由超帧、主帧和子帧组成。每个超帧为 180 000 比特,历时 6 分钟,每个超帧由 120 个主帧组成;每个主帧为 1 500 比特,历时 3 秒,每个主帧由 5 个子帧组成;每个子帧为 300 比特,历时 0.6 秒,每个子帧由 10 个字组成;每个字为 30 比特,历时 0.06 秒。每个字由导航电文数据及校验码两部分组成。每个子帧第 1 个字的前 15 比特信息不进行纠错编码,后 11 比特信息采用 BCH(15,11,1)方式进行纠错,信息位共有 26 比特;其他 9 个字均采用 BCH(15,11,1)加交织方式进行纠错编码,信息位共有 22 比特。D2 导航电文帧结构如图 4-9 所示。子帧 1 播发基本导航信息,由 10 个页面分时发送,子帧 2～4 的信息由 6 个页面分时发送,子帧 5 的信息由 120 个页面分时发送。

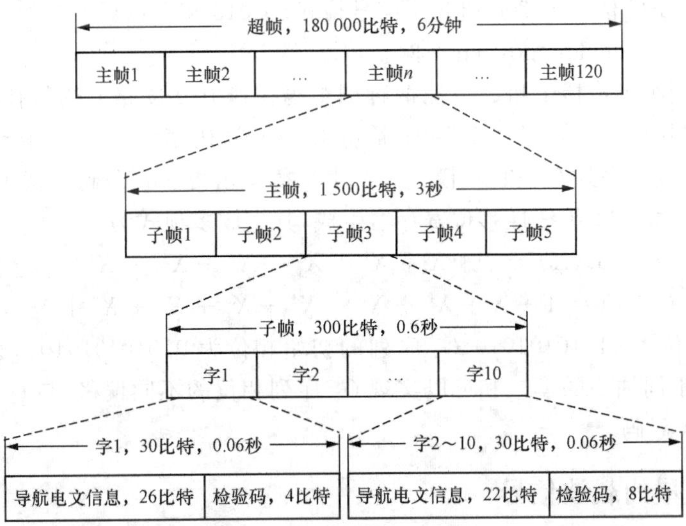

图 4-9　D2 导航电文帧结构

D2 导航电文包括本卫星基本导航信息、全部卫星历书信息、与其他系统时间同步信息、北斗系统完好性及差分信息、格网点电离层信息。

D2 导航电文中本卫星基本导航信息内容如下:帧同步码(Pre)、子帧计数(FraID)、周内秒计数(SOW)、整周计数(WN)、用户距离精度指数(URAI)、卫星自主健康标识(SatH1)、电离层延迟改正模型参数(α_n、β_n, $n=0\sim3$)、星上设备时延差(T_{GD1})、时钟数据龄期(IODC)、钟差参数(t_{0c}、a_0、a_1、a_2)、星历数据龄期(IODE)、星历参数(t_{0e}、$\sqrt{A}$、e、ω、Δn、M_0、Ω_0、$\dot{\Omega}$、i_0、$\dot{i}$、C_{uc}、C_{us}、C_{rc}、C_{rs}、C_{ic}、C_{is})、页面编号(Pnum)。

D2 导航电文中历书信息内容如下:历书参数(t_{0a}、$\sqrt{A}$、e、ω、M_0、Ω_0、$\dot{\Omega}$、δ_i、a_0、a_1)、历书整周计数(WN)、卫星健康信息(Hea_i, $i=1\sim30$)。

D2 导航电文中与其他系统时间同步信息内容如下:与 UTC 时间同步参数(A_{0UTC}、A_{1UTC}、Δt_{LS}、WN_{LSF}、DN、Δt_{LSF})、与 GPS 时间同步参数(A_{0GPS}、A_{1GPS})、与 Galileo 时间同步参数(A_{0Gal}、A_{1Gal})、与 GLONASS 时间同步参数(A_{0GLO}、A_{1GLO})。

除了页面编号(Pnum)、周内秒计数(SOW)与D1导航电文中有区别外,其他基本导航信息与D1导航电文中含义相同。在此只给出D2导航电文中页面编号、周内秒计数的含义:

(1)页面编号(Pnum):D2导航电文中,子帧5的信息分120个页面播发,由页面编号标识。

(2)周内秒计数(SOW):D2导航电文中,每一子帧的第19～26位和第31～42位为周内秒计数,共20比特,以每周日北斗时0点0分0秒为起点,从零开始计数。

对于D2导航电文,周内秒计数所对应的秒时刻指当前主帧中子帧1同步头的第一个脉冲上升沿所对应的时刻。

4.6 BDS信号

4.6.1 BDS卫星的测距码信号

2012年12月,中国卫星导航系统管理办公室发布了北斗公开服务信号B1I的数据格式(1.0版)。后文以B1I信号为例介绍北斗信号格式。2013年及以后发布的北斗数据格式这里不细述,可登录www.beidou.gov.cn查阅。

北斗卫星的测距码包括I和Q支路两种测距码。其中,I支路上调制有普通测距码,Q支路上调制有精密测距码。B1I信号测距码(简称C_{B1I}码)数码率为2.046 Mbps,码长为2 046。

C_{B1I}码由两个线性序列G_1和G_2模二和产生平衡戈尔德(Gold)码后截短1码片生成。G_1和G_2序列分别由两个11级线性移位寄存器生成,其生成多项式为

$$G_1(X)=1+X+X^7+X^8+X^9+X^{10}+X^{11} \tag{4-10}$$

$$G_2(X)=1+X+X^2+X^3+X^4+X^5+X^8+X^9+X^{11} \tag{4-11}$$

G_1序列的初始相位为01010101010,G_2序列的初始相位为01010101010。通过对产生G_2序列的移位寄存器不同抽头的模二和可以实现G_2序列相位的不同偏移,与G_1序列模二和后可生成不同卫星的C_{B1I}码。

4.6.2 BDS卫星的载波信号

B1信号由I、Q两个支路的"测距码+导航电文"正交调制在载波上构成。B1信号表达式为

$$S^j(t)=A_I C_I^j(t) D_I^j(t)\cos(2\pi f_0 t+\varphi^j)+A_Q C_Q^j(t) D_Q^j(t)\sin(2\pi f_0 t+\varphi^j) \tag{4-12}$$

式中,上标j表示卫星编号,下标I表示I支路,下标Q表示Q支路,A表示信号振幅,C表示测距码,D表示测距码上调制的数据码,f_0表示载波频率,φ表示载波初相。B1I信号的标称载波频率为1 561.098 MHz。

4.6.3 BDS卫星信号的调制

BDS卫星发射信号采用QPSK调制。QPSK信号可以看成是两路BPSK信号经正交调制后相加得到,即若QPSK的比特传输速率是R_b,则其I路、Q路都是比特速率为$R_b/2$的BPSK信号。由于QPSK与I、Q正交,所以QPSK的功率谱密度是这两个BPSK的功率谱密度之和。因此,信息速率为R_b的QPSK的功率谱密度与信息速率为$R_b/2$的BPSK相同。也就是说,信息速率为R_b的QPSK的功率谱密度就是把信息速率为R_b的BPSK的功率谱在频

率轴上压缩了一半。说明 QPSK 的频谱利用率是 BPSK 的两倍。

QPSK 信号可用正交调制法产生，如图 4-10 所示。输入的串行二进制信息序列经串并变换，分成两路速率减半的序列（每路的码元宽度扩展了一倍，变成 $2T$），两个信号分别与载波相乘，即分别完成 BPSK 的调制过程，然后相加就能得到 QPSK 调制信号。当 I、Q 两个信道上只有一路数据的极性发生变化时，相位变化为 90°；当 I、Q 两路数据的极性同时发生变化时，例如由(0,0)突变为(1,1)，相位突变为 180°。

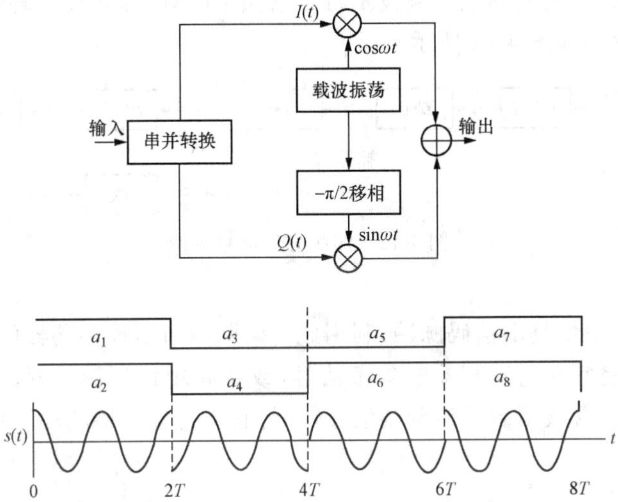

图 4-10　BDS 信号调制

4.6.4　BDS 卫星信号的解调

目前，常用的 QPSK 信号解调方法有以下几种：

1. Costas 环

科斯塔斯(Costas)环的环路由互相正交的两个通道组成。由于采用具有正弦特性的鉴相器，锁定时：压控振荡器(VCO)的输出 v_o 与环路输入信号 v_i 相差 90°，所以上通道为正交通道环路；VCO 的输出经 90°移相以后与输入信号同相，所以下通道为同相通道环路。Costas 环信号解调如图 4-11 所示。

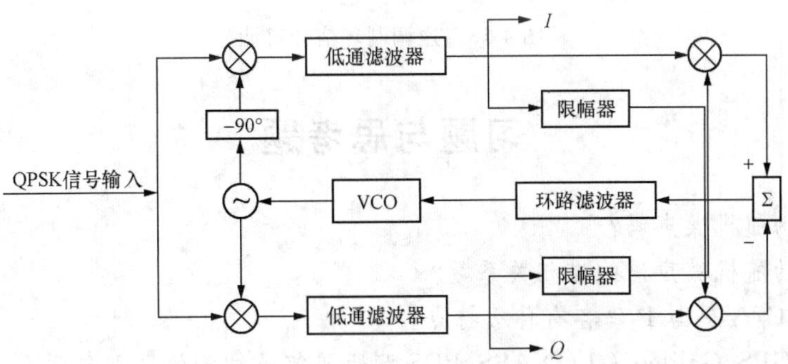

图 4-11　Costas 环信号解调

环路产生的误差信号为 $\varepsilon=\mathrm{sgn}[I]Q-\mathrm{sgn}[Q]I$，当环路的相位误差较小或者信噪比($\varphi$)

高的时候,经过减法器之后的环路的误差信号将为 $\varepsilon=A\sin\varphi$,为正弦型鉴相特性。可见 Costas 环的工作频率就是载波频率本身,工作带宽较宽,可以直接解调出 QPSK 信号,因此是较常用的一种解调方式,但是速率非常高、信噪比差时可能会带来鉴相困难的问题。

2. 四次方环

对所得到的载波信号进行 4 次方,而测距码和导航电文都是矩形波,所以 4 次方得到的信号经 2 次平方处理出现 $\cos(4\omega t)$ 项,即包含了 4 倍载波的频谱分量。经 N 倍分频处理后作为本振锁相环的参考信号,利用锁相倍频技术将其倍频至中频,即实现了解调环节的载波提取过程。四次方环信号解调如图 4-12 所示。

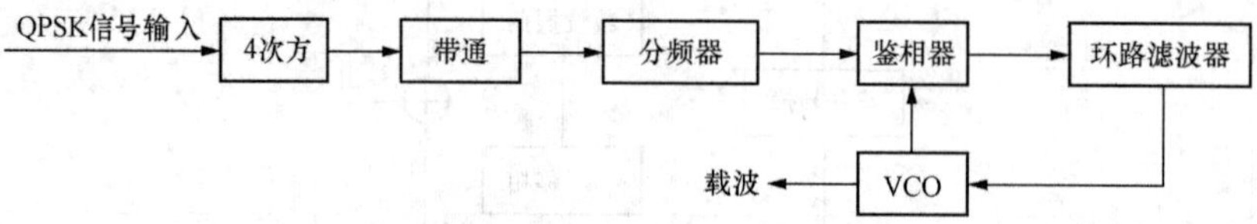

图 4-12 四次方环信号解调

3. 逆调制环

先从输入的信号中恢复出信码脉冲,利用此信码脉冲对压控振荡器的输出信号进行调制,得到参考已调波,并将它作为鉴相器的参考信号,或者利用信码脉冲对输入的 QPSK 信号进行再调制,从而得到包含残留载波的调制信号,并将它作为鉴相器的输入信号。逆调制环信号解调如图 4-13 所示。

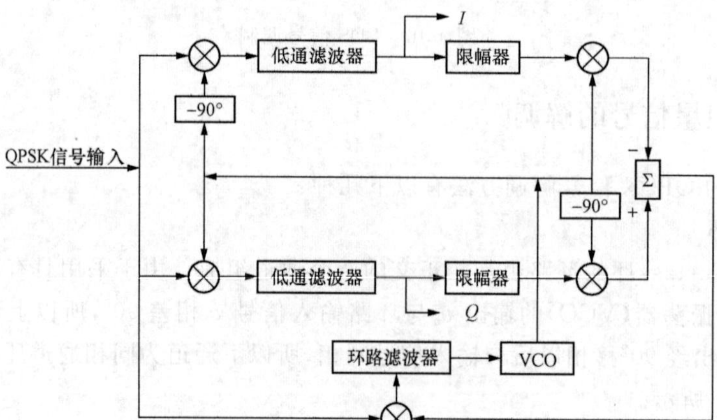

图 4-13 逆调制环信号解调

习题与思考题

1. 什么是伪随机噪声码?
2. 什么是伪随机噪声码的自相关系数?
3. GPS 的 C/A 码与 P 码各有什么特点?
4. 试分析 GPS、Galileo、GLONASS、BDS 测距码信号结构的区别与联系。
5. BDS 与其他卫星导航系统相比,其导航电文的结构有什么特点?
6. GPS 卫星信号是如何进行调制的?卫星信号的解调方法有哪些?

第5章　静态定位

利用卫星星历能够计算卫星在任一时刻的三维空间直角坐标，GNSS以卫星为基准，通过测量接收机天线到卫星之间的距离或载波相位来解算接收机天线的绝对位置或接收机天线之间的相对位置。如果接收机天线在观测过程中静止不动，即接收机天线在地球坐标系中的位置不发生变化，这种定位方式被称为静态定位。静态定位包括单点静态定位和相对静态定位。

本章以GPS为例首先介绍GNSS的基本观测量，即伪距和载波相位，然后介绍GNSS观测量中包含的系统误差，并建立基本观测方程，最后介绍单点静态定位和相对静态定位原理。

5.1　基本观测量

5.1.1　伪　距

GPS卫星依据自己的时钟发出某一结构的测距码，该测距码经过 τ 时间的传播后到达接收机，接收机在自己的时钟控制下产生一组结构完全相同的测距码，即本地码。通过时延器使其延迟时间 τ'，将这两组测距码进行相关处理，若自相关系数 $R(\tau')\neq 1$，则继续调整延迟时间 τ'，直至自相关系数 $R(\tau')=1$ 为止，此时接收机所产生的复制码与接收到的GPS卫星测距码完全对齐，延迟时间 τ' 即为GPS信号从卫星传播到接收机所用的时间 τ。卫星至接收机的距离为 τ 与光速 c 的乘积，即 $\rho=c\tau$。由于 ρ 受到卫星钟和接收机钟误差影响，而且卫星信号还需要穿过电离层和对流层才能到达接收机，在电离层和对流层卫星信号速度受到影响，所以 ρ 并不是卫星到接收机的真实距离，故称为伪距。

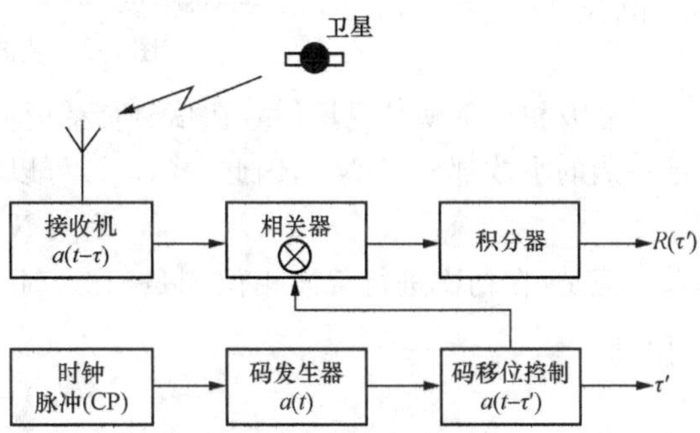

图5-1　伪距测量原理

测定自相关系数 $R(\tau')$ 的工作由接收机锁相环路中的相关器和积分器来完成，如图5-1所示。设接收机接收到的测距码为 $a(t-\tau)$，本地码为 $a(t)$，经过码移位电路将本地码延迟 τ'，延迟后的测距码为 $a(t-\tau')$。则自相关系数为

$$R(\tau')=\frac{1}{T}\int_T a(t-\tau)a(t-\tau')\,\mathrm{d}t \tag{5-1}$$

式中，T 是伪随机序列的周期。当 $R(\tau')$ 达到最大时，$t-\tau=t-\tau'$，于是 $\tau=\tau'$，这意味着传播时间 τ 通过码的逐步移位被测出。

5.1.2　载波相位

接收机在 t 时刻接收到来自卫星的载波信号，经过时间 τ 的传播后到达接收机，此时，该

信号在接收机处的相位 $\Phi(t-\tau)$,在卫星处的相位为 $\Phi(t)$,那么载波相位就是

$$\phi = \Phi(t) - \Phi(t-\tau) \tag{5-2}$$

但是这种方法实际上无法实施,因为无法量测 $\Phi(t)$。

如果接收机的振荡器能够产生一个频率和初相与卫星载波信号完全相同的基准信号 φ,问题便迎刃而解,因为任何一个瞬间在接收机处的基准信号的相位 $\varphi(t)$就等于卫星处载波信号的相位 $\Phi(t)$,如图 5-2 所示。因为信号已经到达接收机,它的相位 $\Phi(t-\tau)$显然是可以测量出来的,而卫星处载波信号的相位 $\Phi(t)$用接收机产生的基准信号也能够测量出来,因此,二者相减即为载波相位观测值。

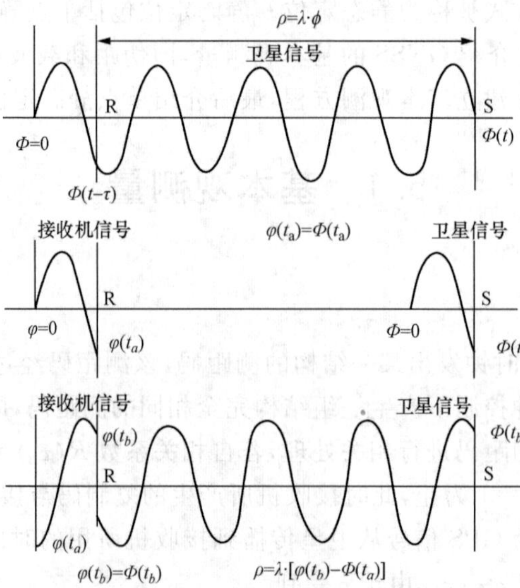

图 5-2 载波相位测量原理

载波相位 ϕ 就是卫星信号在信号传播时间 τ 内载波相位的变化量,包括整周部分 N 和不足一周的小数部分 $F_r(\phi_t)$,因此,式(5-2)可以写成

$$\phi = N + F_r(\phi_t) \tag{5-3}$$

但是,在初次进行载波相位测量时(t_0 时刻),接收机只能正确地测定不足一周的小数部分,即

$$\phi(t_0) = F_r(\phi_0) \tag{5-4}$$

因为载波只是一种单纯的余弦波,不带有任何识别标志,所以无法知道正在量测的是第几周(即 N)的信号。在以后的连续测量中,接收机除了可以测量不足一周的小数部分 $F_r(\phi_t)$外,还可以用积分多普勒技术测量出整周数的变化量 $Int(\phi_t)$,因此,在 t 时刻,载波相位的实际观测量为

$$\phi(t) = Int(\phi_t) + F_r(\phi_t) \tag{5-5}$$

为了得到正确的 $\phi(t)$,必须在式(5-5)的右侧加上一个整周数 n,这个整周数 n 称为整周模糊度或初始未知数。于是使用下式就可以将载波相位观测值转换为接收机到卫星之间的距离

$$\rho = [Int(\phi_t) + F_r(\phi_t) + n]\lambda \tag{5-6}$$

式中,ρ 表示卫星到接收机的距离,λ 是载波波长,$\lambda = c/f$,f 是载波频率。若用载波相位计算

接收机到卫星的距离，必须要想办法解算这个未知数 n。

n、$F_r(\phi_0)$、$Int(\phi_t)$、$F_r(\phi_t)$的意义如图 5-3 所示。

这里要介绍一个重要的概念——周跳。从首次观测开始，只要连续不断跟踪卫星，接收机便使用积分多普勒技术连续不断地记录跟踪期间载波相位整周数的变化。但是，如果由于仪器线路的瞬间故障、卫星信号被障碍物暂时阻断、载波锁相环路的短暂失锁等因素的影响，会引起计数器在某一时间无法连续计数，从而使整周数产生一种突变，这种现象就是所谓的整周跳变，简称周跳。周跳一旦发生，不仅这一次观测的整周数是错误的，而且此后所有观测值的整周数中都会包含这个错误，因此周跳对测量成果将产生严重的影响。为此，在数据处理时要准确探测出周跳发生的时间，以便采取措施消除周跳的影响。需要注意的是，周跳只会引起整数部分的错误，而不会影响小数部分。

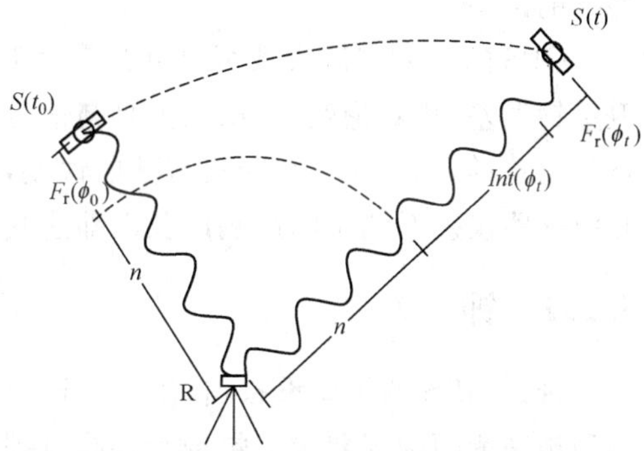

图 5-3　载波相位测量的观测量

以波长的 1% 为测量误差，载波相位的误差约为 2 mm，因此，使用载波相位观测值进行定位可以达到很高的精度，经常被用于测绘领域中高精度的测量。但是，使用载波相位进行定位时需要解算整周模糊度，需要探测和处理周跳，这些都是比较棘手的问题。

例 5-1　GPS 某卫星在初始历元 t_0 的 L1 完整载波相位观测值为 105 098 000.6 周，在下一历元 t_1 卫星向地球方向运动了 2 214.3 周。真空中的光速 $c=299\ 792\ 458$ m/s。试求：①t_0、t_1 历元不足一整周的载波相位观测值和整周计数值；②t_0、t_1 历元的实际载波相位观测值；③t_0、t_1 历元的站星距离(以 m 为单位)。

解：

(1)t_0：$F_r[\phi(t_0)]=0.6$(周)，$n+Int[\phi(t_0)]=105\ 098\ 000$(周)

t_1：$\phi(t_1)=105\ 098\ 000.6-2\ 214.3=105\ 095\ 786.3$(周)，$F_r(\phi(t_1))=0.3$，$n+Int(\phi)=10\ 509\ 786$

(2)t_0、t_1 历元的载波相位实际观测值为

$$\phi(t_0)=n+Int[\phi(t_0)]+F_r[\phi(t_0)]=105\ 098\ 000.6(\text{周})$$

$$\phi(t_1)=n+Int[\phi(t_1)]+F_r[\phi(t_1)]=105\ 095\ 786.3(\text{周})$$

(3)t_0、t_1 历元的站星距离为

$$\rho(t_0)=\phi(t_0)\frac{c}{f}=105\ 098\ 000.6\times\frac{299\ 792\ 458}{1.575\ 42\times 10^9}=19\ 999\ 484.538(\text{m})$$

$$\rho(t_1)=\phi(t_1)\frac{c}{f}=105\ 095\ 786.3\times\frac{299\ 792\ 458}{1.575\ 42\times 10^9}=19\ 999\ 063.171(\text{m})$$

5.2　定位误差

GPS 定位是接收机通过接收卫星发送的导航电文测量接收机天线到卫星天线的伪距和载波相位观测值来实现的。导航电文中包含的主要数据是卫星钟钟差改正和轨道参数，这些

数据是地面监测站通过对卫星进行一段时间的观测后使用一定的数学模型预测出来的,实际上也是一种观测数据,因此,使用广播星历计算的卫星位置、伪距和载波相位中必然包含各种各样的误差。

GPS的误差来源大致可以分为三大类:第一类是与卫星有关的误差,包括卫星星历误差、卫星钟误差、相对论效应;第二类是与信号传播有关的误差,包括对流层折射、电离层折射、多路径误差;第三类是与接收机有关的误差,包括接收机钟误差、接收机的位置误差等。本节将介绍这些误差对测量的影响以及消除这些误差的方法。

5.2.1 钟 差

钟是GPS的主要设备,它作为一种频率基准,能够产生基准信号和提供时间基准。GPS采用被动测距模式要求卫星钟和接收机钟同步,这样,接收机接收到信号的时刻与卫星发射信号的时刻相减才是信号的传播时间。信号的传播时间乘以光速就是卫星到接收机的距离。但是实际上,卫星钟和接收机钟不可能严格同步,这种不同步引起的距离误差非常大。例如,1 μs的同步误差会引起 $3\times10^8\ \mathrm{m/s}\times1\times10^{-6}\ \mathrm{s}=300\ \mathrm{m}$ 的距离误差。

为了实现卫星钟和接收机钟的同步,GPS专门定义了一个时间基准,即GPS时,使用钟差将卫星钟的钟面时刻和接收机钟的钟面时刻归算到GPS时间系统,即

$$t = t_r - \delta t_r \tag{5-7}$$

$$t - \tau = t^s - \delta t^s \tag{5-8}$$

式中,t 是GPS时,t_r 是接收机钟记录的时间,或接收机钟面时间,τ 是信号传播时间,t^s 是卫星钟钟面时间。δt_r 和 δt^s 分别是接收机钟钟差和卫星钟钟差。

按照式(5-7)和式(5-8)给出钟差的定义:接收机钟钟差是接收机时间减去GPS时,卫星钟钟差是卫星钟时间减去GPS时。

于是,卫星钟和接收机钟的同步误差就被分解为两部分,一部分是接收机的钟差 δt_r,一部分是卫星钟的钟差 δt^s。如果已知 δt_r 和 δt^s 就可以对伪距或载波相位进行改正。

钟的稳定性通常使用比率 $\Delta f/f$ 来表示,Δf 表示频率 f 的变化。表5-1表示当频率的稳定性不变时原子钟每天的稳定性和累积1 s的误差所需要的时间。对原子钟而言,累积1 s的误差所需要的时间可在几千万年的量级上。

表5-1 各种振荡器定时误差的累积

钟的类型	振荡频率/GHz	每天的稳定性($\Delta f/f$)	累积1 s的误差需要的时间/年
石英晶体	0.005(一般)	10^{-9}	30
铷	6.834 682 613	10^{-12}	30 000
铯	9.192 631 770	10^{-13}	300 000
氢	1.420 405 751	10^{-15}	30 000 000

GPS卫星上安装的是铷钟和铯钟,有很高的稳定性,因此,卫星钟钟差可以用一个时间的二阶多项式来描述,即

$$\delta t^s = c_0 + c_1(t - t_{0c}) + c_2\,(t - t_{0c})^2 \tag{5-9}$$

式中,t_{0c}是钟的参考历元,c_0、c_1、c_2 分别是 t_{0c}时刻的初始钟差、钟速和钟速的变率。其数值由

GPS 地面控制系统根据前一段时间的跟踪资料推算出来，并在卫星的导航电文中给出。

大多数用户的 GPS 接收机使用的是稳定度较差、价格便宜、体积很小的石英钟，因为其稳定度较差，其钟差不宜采用时间的多项式来表示。在单点定位时通常将接收机钟钟差作为一个待计算的参数包含在观测方程中，与接收机的坐标一并解算。在相对定位时，通常对载波相位进行卫星间求差可以消去接收机钟差参数，从而消除接收机钟钟差的影响。

值得注意的是，即使使用导航电文中的钟差参数对卫星钟钟差进行了改正，其残余的影响仍然很大。研究表明，使用导航电文计算的钟差精度只能达到 6～20 ns，等效距离为2～6 m。因此，在高精度的定位中还需要采取一定的措施加以消除。精密单点定位时使用后处理钟差，其精度可达0.1 ns。相对定位时对载波相位进行接收机间求差可消去卫星钟钟差参数，从而消除卫星钟钟差的影响。

5.2.2　星历误差

由星历所给出的卫星位置与卫星实际位置之差称为卫星星历误差。在一个观测时间段内，星历误差主要呈系统误差特性。卫星星历误差是一种起算数据误差，对单点定位的影响和相对定位的影响主要取决于星历误差的量值。

广播星历是由地面控制系统通过对卫星进行一段时间的跟踪观测，计算出卫星的轨道，结合卫星的动力学模型，外推出某一时刻的开普勒轨道参数和摄动参数，该时刻称为星历的参考历元。因此广播星历的误差除了与定轨方法、卫星受力模型等有关外，还与参考历元距观测时间段的时间跨度有关，这个时间跨度被称为卫星星历数据龄期(IODE)。目前，GPS 的广播星历误差为2 m左右，较以前有明显的提高。

精密星历是一种后处理星历，是根据实测资料进行事后处理而直接得出的星历，精度很高。目前，由国际 GNSS 服务(IGS)提供的最终轨道产品的精度为5 cm。由于精密星历的滞后性，它对于实时的导航定位没有任何意义。

用导航电文中的数据，包括广播星历和钟差，在只观测一个历元的情况下，用 C/A 码伪距观测值进行单点定位，其平面位置误差为 1.0～7.0 m，高程误差为 2.5～27.0 m。

星历误差对相对定位的影响可表示为

$$\frac{\mathrm{d}b}{b}=\frac{\mathrm{d}s}{\rho} \tag{5-10}$$

式中，$\mathrm{d}b$ 是由卫星星历误差引起的基线长度误差，b 是基线长度，$\mathrm{d}s$ 是星历误差，ρ 是卫星到地面的距离。将广播星历的误差 $\mathrm{d}s=2$ m，代入式(5-10)，同时考虑 $\rho=20\ 200$ km，得 $\mathrm{d}b/b=9.9\times10^{-8}\approx0.1\times10^{-6}$，即由卫星星历引起的基线的相对误差为 0.1×10^{-6}，这样的精度对于短基线(小于 10 km)的影响微乎其微，但是，对于长基线的影响还是比较大的。因此，在相对定位时也要采取一定的措施消除其影响。

星历误差在卫星间可视为互相独立，然而同一卫星在一段时间内的误差却有很强的相关性。因此，即使连续观测 1～2 h，也难以消除星历误差对测站坐标的影响。为此，减弱星历误差的首要方法是提高星历的精度。

5.2.3　电离层折射

电离层是高度位于 50～1 000 km 的大气层。由于太阳的强烈辐射，电离层中的部分气体分子将被电离形成大量的自由电子和正离子。当电磁波信号穿过电离层时,由于电离层的折射,信号的路径会产生弯曲,传播速度会发生变化,但是路径的弯曲对测距的影响很微小,可不考虑,而传播速度的变化对测距的影响是相当大的。对于 GPS 信号来说,电离层的折射引起的距离误差在天顶方向最大可达50 m,在接近地平方向(截止高度角为 20°)时最大可达150 m。

1. **电离层折射原理**

电磁波在电离层中传播时的相速度 v_P 与相折射率 n_P 之间关系为

$$v_P = \frac{c}{n_P} \tag{5-11}$$

式中,c 为真空中的光速。n_P 与电子密度 N_e、信号频率 f 等有关,可表示为 $1/f^2$ 的级数,取其一次项,有

$$n_P = 1 - 40.3\frac{N_e}{f^2} \tag{5-12}$$

将式(5-12)代入式(5-11),并按泰勒级数展开取一次项,则相速度 v_P 为

$$v_P = \frac{c}{n_P} = c\left(1 + 40.3\frac{N_e}{f^2}\right) \tag{5-13}$$

电磁波在电离层中传播时的群速度 v_G 与群折射率 n_G 之间关系为

$$v_G = \frac{c}{n_G} \tag{5-14}$$

n_G 与电子密度 N_e、信号频率 f 等有关,可表示为 $1/f^2$ 的级数,取其一次项,有

$$n_G = 1 + 40.3\frac{N_e}{f^2} \tag{5-15}$$

因而群速度 v_G 为

$$v_G = \frac{c}{n_G} = c\left(1 - 40.3\frac{N_e}{f^2}\right) \tag{5-16}$$

载波信号在电离层中以相速度传播,因此,用载波相位所测距离为

$$L = \int_{\Delta t} v_p \mathrm{d}t = \int_{\Delta t} c(1 + 40.3N_e f^{-2})\mathrm{d}t = c\Delta t + \frac{40.3}{f^2}\int_S N_e \mathrm{d}s \tag{5-17}$$

伪随机码信号在电离层中以群速度传播,因此,用测距码所测距离为

$$P = \int_{\Delta t} v_G \mathrm{d}t = \int_{\Delta t} c(1 - 40.3N_e f^{-2})\mathrm{d}t = c\Delta t - \frac{40.3}{f^2}\int_S N_e \mathrm{d}s \tag{5-18}$$

以伪距对应的式(5-18)来定义电离层折射引起的偏差,令

$$I = \frac{40.3}{f^2}\int_S N_e \mathrm{d}s \tag{5-19}$$

并令 $\rho = c\Delta t$,则对于测相伪距和测码伪距,式(5-17)和式(5-18)可写为

$$L = \rho + I \tag{5-20}$$

$$P = \rho - I \tag{5-21}$$

由此看出,电离层折射对伪距和载波相位的影响大小相等,符号相反。

2. **双频组合消去电离层的影响**

在式(5-19)中,N_e 为电子密度,即单位体积的电子含量,沿传播路径 S 的积分表示传播路径上的电子总数,称为总电子含量(TEC),即

$$TEC = \int_S N_e \mathrm{d}s \tag{5-22}$$

在一个历元处，卫星到接收机间的路径只有一个，因此，对于载波相位和伪距，总电子含量是相同的，因此，将式(5-19)可写为

$$I = \frac{A}{f^2} \tag{5-23}$$

式中，$A=40.3\times TEC$。于是 L1 载波伪距（包括 C/A 码伪距 C_1 和载波码伪距 P_1）上的电离层折射误差为

$$I_1 = \frac{A}{f_1^2} \tag{5-24}$$

L2 载波伪距（包括载波码伪距 P_2）上的电离层折射误差为

$$I_2 = \frac{A}{f_2^2} \tag{5-25}$$

I_1 和 I_2 之间的关系为

$$I_2 = \frac{f_1^2}{f_2^2} I_1 \tag{5-26}$$

GPS 设计了两个载波 L1 和 L2 的目的就是消除电离层的影响。以伪距为例，根据式(5-21)，结合式(5-26)，可以写出 P_1 和 P_2 分别为

$$P_1 = \rho - I_1 \tag{5-27}$$

$$P_2 = \rho - \frac{f_1^2}{f_2^2} I_1 \tag{5-28}$$

将式(5-27)乘以$\frac{f_1^2}{f_2^2}$，再减去式(5-28)，经整理后可得

$$\rho = \frac{1}{f_1^2 - f_2^2}(f_1^2 P_1 - f_2^2 P_2) \tag{5-29}$$

消去了电离层折射的影响。式(5-29)就是 P_1 和 P_2 的消电离层组合。载波相位也有类似的组合。这种组合是双频接收机测量定位的基本方法。

3. 经验电离层改正模型

对于单频接收机而言，无法利用双频观测值消去电离层折射，因此在单点定位时只能采用电离层折射改正公式加以消除。

GPS 推荐的电离层改正模型叫作克罗布歇(Klobuchar)模型，是一种广泛采用的经验模型。该模型将厚厚的电离层中的所有电子压缩在距地面高度 350 km 的单层上，这个单层称为中心电离层。因为在 350 km 高度处电子密度最大。中心电离层的概念如图 5-4 所示，图中接收机到卫星的连线与中心电离层的交点称为电离层点(IP)，对中心电离层而言，也称为电离层穿刺点(IPP)。EA 为测站和电离层点的地心夹角。el 为卫星的截止高度角。

信号的电离层折射改正为

$$T_g = \sec Z\left[5\times 10^{-9} + A\cos\frac{2\pi}{P}(t - 14^{\mathrm{h}})\right] \tag{5-30}$$

式中，A 是余弦波的振幅，$A=\sum_{i=0}^{3}\alpha_i\varphi_m^i$，$P$ 是余弦波的周期，$P=\sum_{i=0}^{3}\beta_i\varphi_m^i$，$t$ 是电离层穿刺点处的地方时，φ_m 是电离层穿刺点的地磁纬度（以半周为单位），“14”的上标“h”表示小时，α_i、β_i

$(i=0,1,2,3)$为电离层模型系数，由主控站根据年积日和前 5 天太阳的平均辐射流量从 370 组常数中选择出来的，通过导航电文向单频用户发送。

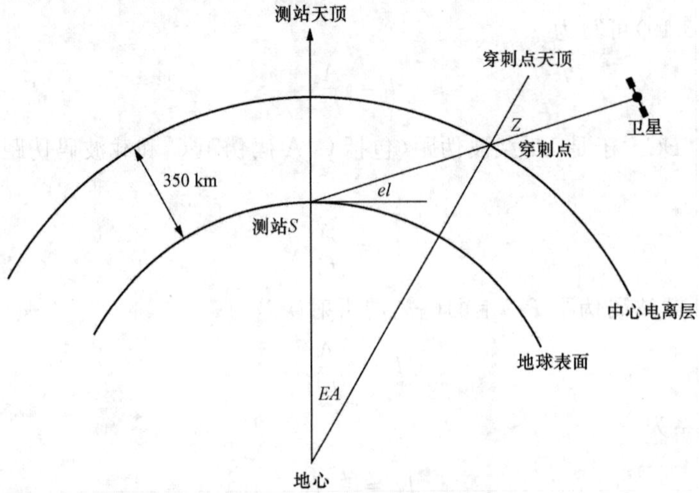

图 5-4　中心电离层

电离层穿刺点处的地磁纬度 φ_m 可采用下面的步骤计算：

(1)计算测站 S 和电离层穿刺点在地心的夹角为

$$EA=\frac{445^\circ}{el+20^\circ}-4^\circ \tag{5-31}$$

式中，el 为测站处卫星的截止高度角。

(2)计算电离层穿刺点的地心经纬度 λ_{IP}、φ_{IP} 为

$$\lambda_{IP}=\lambda_S+EA\frac{\sin\alpha}{\cos\varphi_S} \tag{5-32}$$

$$\varphi_{IP}=\varphi_S+EA\cos\alpha \tag{5-33}$$

式中，λ_S、φ_S 为测站点的地理坐标，α 为测站到卫星的方位角。

(3)计算地磁纬度，考虑到目前地磁北极位于东经 291.0°、北纬 78.4°，有

$$\varphi_m=\varphi_{IP}+11.6\cos(\lambda_{IP}-291.0^\circ) \tag{5-34}$$

(4)计算电离层穿刺点处的地方时 t 为

$$t=UT+\frac{\lambda_{IP}}{15} \tag{5-35}$$

式中，t 以 s(秒)为单位，UT 为世界时。因此在具体计算时，式(5-30)中的 14^h 应改为50 400 s。

(5)计算卫星信号在电离层穿刺点的天顶距 Z 为

$$\sec Z=1+2\left(\frac{96^\circ-el}{90^\circ}\right)^3 \tag{5-36}$$

使用电离层模型对电离层折射进行改正尽管可以改正其中的大部分(大约为 60%)误差，但是残余的误差仍然很大，因此使用单频观测值进行相对定位时，一般要对观测值进行两次求差，以便消去电离层折射的影响。

例 5-2　已知测站点的地理坐标 $\lambda_S=110^\circ$、$\varphi_S=32^\circ$，测站到卫星的截止高度角 $el=60^\circ$，测

站到卫星的方位角 $\alpha=50°$，观测时刻的世界时 $UT=4$ h，电离层模型的 4 个 α 系数为 0.1676×10^{-7}、0.2235×10^{-7}、-0.1192×10^{-6}、-0.1192×10^{-6}；电离层模型的 4 个 β 系数为 0.1208×10^{6}、0.1310×10^{6}、-0.1310×10^{6}、-0.1966×10^{6}。请根据电离层模型计算电离层折射改正。

解：

已知 $\alpha_1=0.1676\times10^{-7}$，$\alpha_2=0.2235\times10^{-7}$，$\alpha_3=-0.1192\times10^{-6}$，$\alpha_4=-0.1192\times10^{-6}$，$\beta_1=0.1208\times10^{6}$，$\beta_2=0.1310\times10^{6}$，$\beta_3=-0.1310\times10^{6}$，$\beta_4=-0.1966\times10^{6}$，$el=60°$，$UT=4$ h，$\lambda_S=110°$，$\varphi_S=32°$。

(1)计算测站点 S 和电离层穿刺点在地心的夹角

$$EA=\frac{445°}{el+20°}-4°=\frac{445°}{60°+20°}-4°=1.5625°=1°33'45''$$

(2)计算电离层穿刺点的地心经纬度

$$\lambda_{IP}=\lambda_S+EA\frac{\sin\alpha}{\cos\varphi_S}=110°+1.5625°\times\frac{\sin 50°}{\cos 32°}=111.411411°$$

$$\varphi_{IP}=\varphi_S+EA\cos\alpha=32°+1.5625°\times\cos50°=33.004356°$$

(3)计算地磁纬度

$$\varphi_m=\varphi_{IP}+11.6\cos(\lambda_{IP}-291.0°)=21.404655°$$

(4)计算穿刺点的地方时

$$t=UT+\frac{\lambda_{IP}}{15}=41138.7(\mathrm{s})$$

(5)计算卫星信号在电离层穿刺点的天顶距

$$\sec Z=1+2\left(\frac{96°-el}{90°}\right)^3=1.128$$

(6)计算余弦波的振幅和周期

$$A=\sum_{i=0}^{3}\alpha_i\varphi_m^i=\alpha_0+\alpha_1\frac{\varphi_m}{180}+\alpha_2\left(\frac{\varphi_m}{180}\right)^2+\alpha_3\left(\frac{\varphi_m}{180}\right)^3=1.7532\times10^{-8}$$

$$P=\sum_{i=0}^{3}\beta_i\varphi_m^i=\beta_0+\beta_1\frac{\varphi_m}{180}+\beta_2\left(\frac{\varphi_m}{180}\right)^2+\beta_3\left(\frac{\varphi_m}{180}\right)^3=1.3419\times10^{5}$$

(7)计算电离层折射改正

$$T_g=\sec Z\left[5\times10^{-9}+A\cos\frac{2\pi}{P}(t-14^{\mathrm{h}}\times3600)\right]=2.3586\times10^{-8}(\mathrm{s})$$

(8)计算伪距电离层改正数

$$\Delta\rho=cT_g=2.99792458\times10^{8}\times2.3586\times10^{-8}=7.071(\mathrm{m})$$

5.2.4 对流层折射

对流层是高度在 40 km 以下的大气层，其大气密度比电离层更大，大气状态也更复杂。对流层与地面接触并从地面得到辐射热量，其温度随高度的上升而下降。GPS 信号通过对流层时，由于对流层的折射，信号的路径会发生弯曲，从而使所测距离产生误差。

设对流层中的某点处的大气折射率为 n，因而对流层折射的偏差 ΔS 可写为

$$\Delta S=\int_S(n-1)\mathrm{d}S \tag{5-37}$$

式中,S 为信号路径,1 为电磁波在真空中的折射率。由于 $n-1$ 的数值很小,为了方便计算,令

$$N=(n-1)\times 10^{6} \tag{5-38}$$

式中,N 称为折射指数,于是

$$\Delta S=\left(\int_{S} N \mathrm{d} S\right)\times 10^{-6} \tag{5-39}$$

标准气象条件(温度 $t=0℃$,大气压 $P_0=760$ mmHg,水汽压 $e_0=0$ mmHg,二氧化碳含量为 0.03%)下的折射指数 N_0 为

$$N_{0}=287.604+3\times\frac{1.6288}{\lambda^{2}}+5\times\frac{0.0136}{\lambda^{4}} \tag{5-40}$$

显然,N_0 只和载波的波长有关,λ 为载波的波长,以 μm 为单位。分别将 $\lambda_1=19.03$ cm 和 $\lambda_2=24.42$ cm 代入,可得到两个 N_0,但是都等于 287.604。由此可以看出,对于 GPS 的两个载波 L1 和 L2 而言,对流层折射与频率无关。

非标准气象条件下的折射指数 N 与标准条件下的折射指数 N_0 存在下面的关系

$$N=\frac{N_{0}}{1+\alpha t}\frac{P}{1013.25}-\frac{4.1\times 10^{-8}}{1+\alpha t}e \tag{5-41}$$

式中,$\alpha=1/273.15$,t 是温度,以℃为单位,P 是大气压,以 mbar 为单位,e 是水汽压,以 mbar 为单位。将 $N_0=287.604$,$t=T-273.15$ 代入,可得

$$N=75.5346\frac{P}{T}-0.0011\frac{e}{T} \tag{5-42}$$

式中,T 为温度,以 K 为单位。

式(5-38)中的 N 是传播路径上的折射指数,而式(5-42)中的 P、T、e 也是传播路径上的大气压、温度和水汽压,这些数据可以使用特殊的观测仪器(如水汽辐射计)获得,而一般的用户只能测量地面上的这些数据,甚至不在地面上测量,而直接使用标准大气模型计算。因此,如何利用地面的温度、大气压、水汽压来计算高空的温度、大气压和水汽压,进而计算电离层折射,是需要解决的问题。萨斯塔莫伊宁(Saastamoinen)和霍普菲尔德(Hopfield)等人通过大量的观测,建立了地面气象数据和空中气象数据之间的数学模型,进而推导出了对流层折射的改正公式。下面直接给出几个实用的对流层延迟改正模型。

1. 萨斯塔莫伊宁模型

萨斯塔莫伊宁模型计算天顶方向的对流层延迟公式为

$$\Delta S_{Z}=0.002277\left[P+\left(\frac{1255}{T}+0.05\right)e\right] \tag{5-43}$$

式中,T 是测站上的温度,以 K 为单位,P 是大气压,以 mbar 为单位,e 是水汽压,可由相对湿度 RH 计算,公式为 $e=RH\times\exp(-37.2465+0.213166T-0.000256908T^{2})$,以 mbar 为单位,$\Delta S_Z$ 以 m 为单位。

将天顶方向的对流层折射投影到卫星方向上,得到传播路径上的对流层延迟为

$$\Delta S=\frac{1}{\cos Z}\Delta S_{Z} \tag{5-44}$$

式中,Z 是卫星的天顶距,$1/\cos Z$ 表示倾斜方向的对流层与天顶方向的对流层之间的投影关系,简称投影函数(mapping function,MF)表示。MF 有很多种,这里取为 $1/\cos Z$。

2. 霍普菲尔德模型

霍普菲尔德模型计算对流层天顶延迟的公式为

$$\left.\begin{aligned}\Delta S_Z &= \Delta S_d + \Delta S_w = \frac{K_d}{\sin(el^2+6.25)^{1/2}} + \frac{K_w}{\sin(el^2+2.25)^{1/2}} \\ K_d &= 1.552\times10^{-5}\times\frac{P}{T}(h_d-h) \\ K_w &= 1.552\times10^{-5}\times\frac{4810e}{T^2}(h_w-h)\end{aligned}\right\} \tag{5-45}$$

式中，T 是测站上的绝对温度，以 K 为单位，P 是大气压，以 mbar 为单位，e 是水汽压，以 mbar 为单位，下标 d 和 w 分别表示干分量和湿分量。

h_d 为计算干分量所取的高程值，以 m 为单位。霍普菲尔德通过对全球高空气象探测资料的分析，推荐使用经验公式

$$h_d = 40\ 136 + 148.72(T - 273.16) \tag{5-46}$$

h_w 为计算湿分量使用的高程值，取 $h_w = 11\ 000$ m。最后也要将天顶方向的折射投影到卫星方向。

对流层折射与大气压、温度和湿度密切相关。由于地球上空这些因素的复杂多变，使得对流层折射的计算变得相当复杂，也很难得到一个准确的结果。研究表明，在天顶方向，对流层的折射引起的测距误差最大可达 2.3 m；在接近地平方向，可达 20 m。因此，在 GPS 定位时要设法消除对流层的影响。

对流层折射与电离层折射不同。电离层折射与载波频率成反比，双频接收机采用无电离层组合模型将其消除；而对流层折射量的大小与电磁波的频率无关，因此，不能使用双频组合的方法加以消除。对于对流层的处理，采用下面的三种方法：

(1)建立对流层的折射数学模型，通过数学模型计算对流层的折射，从而对观测距离或载波相位进行改正。例如利用萨斯塔莫伊宁模型或霍普菲尔德模型计算对流层折射，从观测值中减去该折射量就得到不包含对流层的观测量，即

$$\rho = P - T \tag{5-47}$$

式中，P 是测码伪距，T 是对流层折射量。

(2)在相对定位时通过测站间及卫星间求差的方法抵消绝大部分的对流层折射。

(3)对对流层折射进行参数化处理，直接解算对流层参数。

例 5-3　已知测站上的温度为 25℃，大气压为 700 mmHg，相对湿度为 50%，卫星的截止高度角为 60°，测站高程为 40 m。请利用萨斯塔莫伊宁模型和霍普菲尔德模型分别计算对流层延迟。

解：

(1)用萨斯塔莫伊宁模型计算对流层延迟。已知 $t = 25°\text{C}$，$P = 700$ mmHg，$RH = 50\%$，$el = 60°$。

计算绝对温度

$$T = t + 273.15 = 298.15(\text{K})$$

计算水汽压

$$e = RH\times\exp(-37.246\ 5 + 0.213\ 166T - 0.000\ 256\ 908T^2) = 16.102\ 3(\text{mbar})$$

将气压的单位转换为 mbar

$$P = \frac{1\ 013.25}{760}\times700 = 933.256\ 5(\text{mbar})$$

计算天顶方向对流层延迟改正数

$$\Delta S_Z = 0.002\,277 \times \left[P + \left(\frac{1\,255}{T} + 0.05\right)e\right] = 2.28(\text{m})$$

计算传播路径上的对流层延迟

$$\Delta S = \frac{1}{\cos Z} \times \Delta S_Z = 2.63(\text{m})$$

(2)用霍普菲尔德模型计算对流层延迟。

计算 h_d 高程值

$$h_d = 40\,136 + 148.72(T - 273.16) = 43\,854(\text{m})$$

计算 K_d、K_w

$$K_d = 1.552 \times 10^{-5} \times \frac{P}{T}(h_d - h) = 2.128\,4(\text{m})$$

$$K_w = 1.552 \times 10^{-5} \times \frac{4\,810e}{T_w}(h_w - h) = 0.148\,2(\text{m})$$

计算对流层延迟

$$E_1 = \sqrt{el^2 + 6.25} = 60.052\,06°, E_2 = \sqrt{el^2 + 2.25} = 60.018\,75°$$

$$\Delta S_Z = \frac{K_d}{\sin E_1} + \frac{K_w}{\sin E_2} = 2.6275(\text{m}) \approx 2.63(\text{m})$$

5.2.5 相对论效应

在GPS测量中,相对论效应的影响是重要的,幸运的是,它能被精确地计算。在GPS卫星上的原子钟的频率标准受到狭义相对论(卫星的速度)和广义相对论(卫星的重力位和地球表面的重力位之差)的影响。

根据狭义相对论,一个频率为 f 的振荡器安装在飞机或卫星等高速运动的载体上,对于地面的观测者将产生频率偏移,所以,地面上频率为 f_0 的时钟安设在以速度为 v_s 的卫星上,钟频将发生变化为

$$\Delta f_1 = -\frac{v_s^2}{2c^2} f_0 \tag{5-48}$$

可见,在狭义相对论影响下,时钟安装在卫星上会变慢。卫星运行速度为

$$v_s^2 = gR_e\left(\frac{R_e}{R_s}\right) \tag{5-49}$$

所以

$$\Delta f_1 = -\frac{gR_e}{2c^2}\left(\frac{R_e}{R_s}\right) f_0 \tag{5-50}$$

式中,g 是地面重力加速度,c 是光速,R_e 是地球平均半径,R_s 是卫星轨道平均半径。

根据广义相对论,处于不同等位面的振荡器,其频率 f_0 将由引力位不同而产生变化,这种现象称为引力频移。引力频移为

$$\Delta f_2 = \frac{\Delta\omega}{c^2} f_0 \tag{5-51}$$

式中,$\Delta\omega$ 为不同等位面的位差,为

$$\Delta\omega = gR_e\left(1-\frac{R_e}{R_s}\right) \tag{5-52}$$

所以

$$\Delta f_2 = \frac{gR_e}{c^2}\left(1-\frac{R_e}{R_s}\right)f_0 \tag{5-53}$$

在狭义相对论和广义相对论的综合影响下，卫星频率变化为

$$\Delta f = \Delta f_1 + \Delta f_2 = \frac{gR_e}{c^2}\left(1-\frac{3R_e}{2R_s}\right)f_0 \tag{5-54}$$

将 $g=980\ \mathrm{cm/s^2}$，$R_e=6\ 378\ \mathrm{km}$，$c=299\ 792\ 458\ \mathrm{m/s}$，$R_s=26\ 560\ \mathrm{km}$，GPS 的基准频率 $f_0=10.23\times10^6\ \mathrm{Hz}$ 代入，可得 $\Delta f=0.004\ 5\ \mathrm{Hz}$。这说明卫星钟比地面钟快，每秒快 0.446 ns，一天快 38.6 μs。

但是，由于地球运动和卫星轨道高度变化(即地球重力场变化)，Δf 不是常数，其变化量为

$$\Delta t_{rec} = Fe\sqrt{a}\sin E_k \tag{5-55}$$

式中，Δt_{rec} 以秒为单位，e 为卫星轨道的偏心率，a 为卫星轨道的长半径，E_k 为卫星的偏近点角，F 是常数，即

$$F = \frac{-2\sqrt{\mu}}{c^2} = -4.442\ 807\times10^{-10} \tag{5-56}$$

式中，μ 为地心引力常数，$\mu=3.986\ 004\ 418\times10^{14}\ \mathrm{m^3s^{-2}}$。

因此，可将相对论效应的影响分成两部分：第一部分是相对论效应的平均项 Δf；第二部分是 Δf 的变化量 Δt_{rec}。对于平均项 Δf，只要在卫星发射之前将卫星钟的频率调整到 10.229 999 995 5 MHz就能够得到改正。因此，在 GPS 的数据处理时，这一项改正是不需要计算的。第二个部分与卫星轨道的偏心率成比例。取 GPS 轨道的偏心率 e 和长半径 a 代入式(5-55)，得最大值为 1.6 ns，相当于4.8 cm的距离误差。因此，第二项是必须要加以改正的。

如果改正后伪距用 ρ 表示，观测伪距用 P 表示，则

$$\rho = P + c\Delta t_{rec} \tag{5-57}$$

5.2.6　多路径误差

在实际的测量中，GPS 天线接收到的信号主要是来自卫星的直接信号，但是，由于测站周围有反射物体的存在，卫星信号通过反射后仍然有可能被天线所接收，如图 5-5 所示，由卫星位置 S 点发出的信号一部分被天线接收，其路径为 SA，一部分被地面反射后也被天线接收，其路径为 SGA。前者是直接波，后者是反射波。由于地面的反射物不止一个，因此，同一个卫星所发射的信号的反射波也有多个，多个反射波被天线所接收，与直接波进行干涉，从而引起直接波的相位产生延迟。这就是多路径效应。由多路径效应产生的误差称为多路径误差。

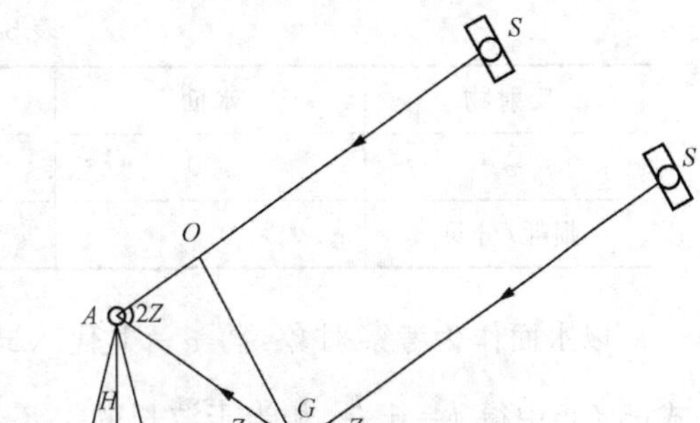

图 5-5　直线波与地面反射波

由图 5-5 可知，反射波与直接波相比，路径

长度变长了,其波程差为

$$\Delta = GA - OA = GA(1-\cos 2Z) = \frac{H}{\sin Z}(1-\cos 2Z) = 2H\sin Z \tag{5-58}$$

式中,H 为天线高。由于存在波程差 Δ,所以反射波和直接波之间存在一个相位延迟 θ,即

$$\theta = \Delta\frac{2\pi}{\lambda} = \frac{4\pi H\sin Z}{\lambda} \tag{5-59}$$

式中,λ 为载波波长。

设直接波的数学表达式为

$$S_{\mathrm{d}} = U\cos\omega t \tag{5-60}$$

式中,U 为信号振幅,ω 为信号的角频率。反射波的数学表达式为

$$S_{\mathrm{r}} = \alpha U\cos(\omega t + \theta) \tag{5-61}$$

式中,α 为反射系数。反射信号和直接信号叠加后的信号为

$$S = \beta U\cos(\omega t + \phi) \tag{5-62}$$

式中

$$\beta = (1 + \alpha^2 + 2\alpha\cos\theta)^{\frac{1}{2}} \tag{5-63}$$

$$\phi = \arctan\left(\frac{\alpha\sin\theta}{1+\alpha\cos\theta}\right) \tag{5-64}$$

显然,ϕ 就是直接波的相位延迟,由 ϕ 引起的误差就是多路径误差。

相位延迟 ϕ 是一个与反射系数 α 和反射波相位延迟 θ 有关的量。为了考察 ϕ 的最大值,对式(5-64)求导并令其等于 0,即

$$\begin{aligned}\frac{\mathrm{d}\phi}{\mathrm{d}\theta} &= \frac{1}{1+\left(\frac{\alpha\sin\theta}{1+\alpha\cos\theta}\right)}\frac{(1+\alpha\cos\theta)\alpha\cos\theta + \alpha^2\sin^2\theta}{(1+\alpha\cos\theta)^2} \\ &= \frac{\alpha\cos\theta + \alpha^2}{(1+\alpha\cos\theta)(1+\alpha\cos\theta+\alpha\sin\theta)} = 0\end{aligned} \tag{5-65}$$

得

$$\theta = \pm\arccos(-\alpha) \tag{5-66}$$

即当 $\theta = \pm\arccos(-\alpha)$ 时,ϕ 取得极大值,多路径影响最大。

现在来考察反射系数 α。反射系数表示对直接信号的反射能力,反射系数越大,反射信号越强。当 $\alpha=0$ 时,说明信号完全被反射物体所吸收,没有被反射。当 $\alpha=1$ 时表示信号被完全反射,没有被吸收。表 5-2 给出了不同反射物体表面对频率为 2 GHz 的载波信号的反射系数。

表 5-2 反射系数

反射物	水面	稻田	野地	森林山地
α	1.0	0.8	0.6	0.3
损耗/分贝	0	2	4	10

以水面作为考察对象,将 $\alpha=1$ 代入式(5-66)可得 $\theta=\pm 90°$。将 $\alpha=1,\theta=\pm 90°$ 代入式(5-64)中得 $\phi=\pm\frac{\pi}{4}$,相当于波长的 1/8。由此可得出多路径对载波相位的影响的结论:对 L1 为 2.4 cm,对 L2 为 3.0 cm。

实际上，可能会有多个反射信号同时进入接收机天线，此时多路径误差为

$$\phi = \arctan\left(\frac{\sum_{i=1}^{n}\alpha_i \sin\theta_i}{1+\sum_{i=1}^{n}\alpha_i \cos\theta_i}\right) \tag{5-67}$$

多路径对伪距的最大影响也可按码元宽度的 1/8 来计算，对 C/A 码的影响为 37.5 m，对 P 码的影响为 3.8 m。

多路径效应将严重损害 GPS 测量的精度，严重时还会引起信号的失锁，是 GPS 测量中的一种重要误差源，在 GPS 测量时必须采取一定的措施来削弱多路径的影响。根据前面的讨论，多路径效应的影响取决于反射物离测站的距离、反射系数及卫星信号的方向等，并且无法建立准确的误差改正模型。在测量工作中只能采取回避的方法：

(1)在天线中设置抑径板。抑径板的作用是阻止地面反射信号进入接收机天线。目前，所有的大地型接收机天线都设置了抑径板。

(2)选择合适的站址。在一些高精度的测量中，站址的选择十分重要。第一，测站周围地面的反射系数要尽量小。要尽量避免附近有大面积的水面，因为水面的反射系数几乎等于 1。灌木丛、草地和其他地面植被能较好地吸收微波信号的能量，反射很弱，是较为理想的设站地址。翻耕后的土地和其他粗糙不平的地面的反射能力也较弱，选址时也可采用。第二，在截止高度角以上不应出现阻挡信号的物体，如山体、建筑物。所谓截止高度角是对接收机天线设置的一个角度，当卫星的高度小于这个角度时，接收机天线将不会接收该卫星所发送的信号。如果某建筑物大于截止高度角，那么，该建筑物反射的信号就可能被天线收到从而产生多路径。小于截止高度角的物体反射的信号不会被接收机接收，当然也不可能产生多路径。

(3)适当延长观测时间。长时间观测时，卫星和地面物体之间的相对位置不停地变化，多路径效应也在变化，结果的平均值中会抵消其中一部分多路径的影响。实时动态(RTK)测量由于观测时间短(几秒钟)，如果周围环境不佳，则多路径的影响会比较大。

5.3　单点定位

利用 1 台 GPS 接收机对 4 颗以上的卫星进行观测，获取接收机天线到卫星之间的伪距观测值，从而解算接收机天线的三维空间直角坐标，这种定位方法叫作单点定位。因为只需要一个历元的观测就能定位，所以能够实时地解算测点的位置，所以单点定位适合动态的情形，被广泛用于导弹制导、飞机导航、车载导航中。根据使用的观测值的不同，GPS 提供两种定位服务：一种是标准定位服务(SPS)，它使用 C/A 码伪距观测值，精度较低；另一种是精密定位服务(PPS)，它使用 P 码伪距观测值，精度较高。

如果接收机静止在一个点上不动观测一段时间，利用多个历元的伪距观测值解算出接收机天线的三维空间直角坐标，这种定位方法叫作多历元单点定位，习惯上称为单点静态定位。由于观测时间长，单点静态定位的精度比单点定位精度高，但数据处理比单点定位复杂一些。

下面介绍单点定位的基本原理，包括伪距观测方程、观测方程的线性化、最小二乘解、精度衰减因子(DOP)等，是 GPS 所有定位方法的基础。

5.3.1　伪距的基本观测方程

在 5.2.1 小节中定义了卫星钟钟差和接收机钟钟差，即 t 表示信号接收时刻(GPS 时)；τ 表示从卫星到接收机的信号传播时间；t_r 表示信号接收时刻接收机钟的读数；δt_r 表示在 t 时刻接收机钟钟差(相对于 GPS 时)。于是信号的接收时刻可以写成

$$t = t_r - \delta t_r \tag{5-68}$$

t^s 表示信号发射时刻($t-\tau$)卫星钟的读数；δt^s 表示在信号发射时刻($t-\tau$)卫星钟钟差(相对于 GPS 时)。于是信号的发射时刻可以写成

$$t - \tau = t^s - \delta t^s \tag{5-69}$$

设 ρ_r^s 表示卫星(在信号发射时刻 $t-\tau$)和接收机(在信号接收时间 t)之间的几何距离，可以写成

$$\rho_r^s = c\tau \tag{5-70}$$

式中，c 是光在真空中的速度，c=299 792 458.0 m/s。

将 $\tau=t-(t-\tau)$ 代入式(5-70)中可得

$$\rho_r^s = ct - c(t-\tau) \tag{5-71}$$

将式(5-68)和式(5-69)代入，得

$$\rho_r^s = c(t_r - \delta t_r) - c(t^s - \delta t^s) = c(t_r - t^s) - c\delta t_r + c\delta t^s \tag{5-72}$$

用已知的调制在 GPS 载波上面的测距码，接收机能够得到伪距观测量为

$$P_r^s = c(t_r - t^s) \tag{5-73}$$

将式(5-73)代入式(5-72)，得

$$P_r^s = \rho_r^s + c\delta t_r - c\delta t^s \tag{5-74}$$

可以看出，几何距离 ρ_r^s 和观测伪距 P_r^s 之间存在接收机钟钟差和卫星钟钟差，这就是 P_r^s 被称为伪距的主要原因。

另外，根据 5.2 节，在伪距测量中，还存在着电离层折射和对流层折射，参看式(5-21)和式(5-47)，将它们也代入式(5-74)，得

$$P_r^s = \rho_r^s + c\delta t_r - c\delta t^s - I_r^s + T_r^s \tag{5-75}$$

就是伪距的基本观测方程。

5.3.2　几何距离的线性化

在式(5-75)中，ρ_r^s 是接收机天线到卫星的几何距离，忽略表示接收机标识的下标 r，并设卫星的编号为 j，ρ_r^s 可表示为

$$\rho^j = \sqrt{(x^j - x)^2 + (y^j - y)^2 + (z^j - z)^2} \tag{5-76}$$

式中，(x^j，y^j，z^j)表示卫星在协议地球坐标系中的直角坐标，是由导航电文或精密星历计算出来的，是已知量，(x，y，z)表示接收机在协议地球坐标系中的直角坐标，是待求量。

对式(5-76)进行泰勒级数展开，取一次项，得到线性化后的几何距离为

$$\rho^j = \rho_0^j + \left.\frac{\partial \rho^j}{\partial x}\right|_0 \delta x + \left.\frac{\partial \rho^j}{\partial y}\right|_0 \delta y + \left.\frac{\partial \rho^j}{\partial z}\right|_0 \delta z \tag{5-77}$$

式中

$$\rho_0^j = \sqrt{(x^j - x_0)^2 + (y^j - y_0)^2 + (z^j - z_0)^2} \tag{5-78}$$

计算偏导数，得

$$\left.\begin{aligned} \left.\frac{\partial \rho^j}{\partial x}\right|_0 &= \frac{x_0 - x^j}{\rho_0^j} \\ \left.\frac{\partial \rho^j}{\partial y}\right|_0 &= \frac{y_0 - y^j}{\rho_0^j} \\ \left.\frac{\partial \rho^j}{\partial z}\right|_0 &= \frac{z_0 - z^j}{\rho_0^j} \end{aligned}\right\} \tag{5-79}$$

上面式子中，0 表示接收机坐标的近似值，δx、δy、δz 表示近似值的改正数，令

$$\left.\begin{aligned} l^j &= \frac{x_0 - x^j}{\rho_0^j} \\ m^j &= \frac{y_0 - y^j}{\rho_0^j} \\ n^j &= \frac{z_0 - z^j}{\rho_0^j} \end{aligned}\right\} \tag{5-80}$$

于是，式(5-77)可以写成

$$\rho^j = l^j \delta x + m^j \delta y + n^j \delta z + \rho_0^j \tag{5-81}$$

这就是接收机到卫星的几何距离的线性化形式。式(5-81)中的 l、m、n 叫作接收机到卫星的方向余弦，并且有

$$l^2 + m^2 + n^2 = 1 \tag{5-82}$$

5.3.3 观测方程及参数求解

将式(5-81)代入伪距基本观测方程(5-75)中，得观测方程为

$$P^j = l^j \delta x + m^j \delta y + n^j \delta z + c\delta t + \rho_0^j - c\delta t^j - I^j + T^j \tag{5-83}$$

该方程中省去了表示接收机标识的下标 r。方程中有 4 个待求参数，分别是接收机的位置参数(δx，δy，δz)和接收机钟的钟差参数 δt。将该方程写成矩阵的形式，并且令 $\mathrm{d}T = c \cdot \delta t$，将待求参数放在方程的左侧，其他已知参数及改正数放在方程的右侧，则观测方程(5-83)变为

$$\begin{bmatrix} l^j & m^j & n^j & 1 \end{bmatrix} \begin{bmatrix} \delta x \\ \delta y \\ \delta z \\ \mathrm{d}T \end{bmatrix} = P^j + c\delta t^j + I^j - T^j - \rho_0^j \tag{5-84}$$

要计算出这 4 个待求参数，必须至少观测 4 个卫星。设仅观测了 4 个卫星，则对应的4 个观测方程为

$$\begin{bmatrix} l^1 & m^1 & n^1 & 1 \\ l^2 & m^2 & n^2 & 1 \\ l^3 & m^3 & n^3 & 1 \\ l^4 & m^4 & n^4 & 1 \end{bmatrix} \begin{bmatrix} \delta x \\ \delta y \\ \delta z \\ \mathrm{d}T \end{bmatrix} = \begin{bmatrix} P^1 + c\delta t^1 + I^1 - T^1 - \rho_0^1 \\ P^2 + c\delta t^2 + I^2 - T^2 - \rho_0^2 \\ P^3 + c\delta t^3 + I^3 - T^3 - \rho_0^3 \\ P^4 + c\delta t^4 + I^4 - T^4 - \rho_0^4 \end{bmatrix} \tag{5-85}$$

令

$$\boldsymbol{A}=\begin{bmatrix} l^1 & m^1 & n^1 & 1 \\ l^2 & m^2 & n^2 & 1 \\ l^3 & m^3 & n^3 & 1 \\ l^4 & m^4 & n^4 & 1 \end{bmatrix},\ \delta\boldsymbol{X}=\begin{bmatrix} \delta x \\ \delta y \\ \delta z \\ \mathrm{d}T \end{bmatrix},\ \boldsymbol{L}=\begin{bmatrix} P^1+c\delta t^1+I^1-T^1-\rho_0^1 \\ P^2+c\delta t^2+I^2-T^2-\rho_0^2 \\ P^3+c\delta t^3+I^3-T^3-\rho_0^3 \\ P^4+c\delta t^4+I^4-T^4-\rho_0^4 \end{bmatrix}$$

则方程(5-85)可写成

$$\boldsymbol{A}\delta\boldsymbol{X}=\boldsymbol{L} \tag{5-86}$$

于是可求出

$$\delta\boldsymbol{X}=\boldsymbol{A}^{-1}\boldsymbol{L} \tag{5-87}$$

之后,可计算接收机天线的三维空间直角坐标和接收机钟钟差为

$$\left.\begin{aligned} x &= x^0+\delta x \\ y &= y^0+\delta y \\ z &= z^0+\delta z \\ \delta t &= \mathrm{d}T/c \end{aligned}\right\} \tag{5-88}$$

因为只有4个卫星,而未知参数也只有4个,因此,在方程(5-85)中并没有多余的观测方程,于是,在解算未知参数时并没有使用最小二乘法。如果有4个以上的卫星,则出现了多余观测,则可以使用最小二乘法求解。

设卫星个数多于4个,于是将观测方程(5-84)写成误差方程的形式,即

$$v^j=\begin{bmatrix} l^j & m^j & n^j & 1 \end{bmatrix}\begin{bmatrix} \delta x \\ \delta y \\ \delta z \\ \mathrm{d}T \end{bmatrix}-(P^j+c\delta t^j+I^j-T^j-\rho_0^j) \tag{5-89}$$

式中,v^j 表示第 j 个卫星伪距观测值 P^j 的改正数,设 P^j 的平差值是 $\hat{P}^j$,则 $\hat{P}^j=P^j+v^j$,$(P^j+c\delta t^j+I^j-T^j-\rho_0^j)$是观测方程的自由项,即观测值加上各种改正数之后再减去近似值。

设共观测了 n^j 个卫星,把 n^j 个卫星的伪距观测方程写在一起,就构成了单点定位的函数模型,即

$$\begin{bmatrix} v^1 \\ v^2 \\ \vdots \\ v^{n^j} \end{bmatrix}=\begin{bmatrix} l^1 & m^1 & n^1 & 1 \\ l^2 & m^2 & n^2 & 1 \\ \vdots & \vdots & \vdots & \vdots \\ l^{n^j} & m^{n^j} & n^{n^j} & 1 \end{bmatrix}\begin{bmatrix} \delta x \\ \delta y \\ \delta z \\ \mathrm{d}T \end{bmatrix}-\begin{bmatrix} P^1+c\delta t^1+I^1-T^1-\rho_0^1 \\ P^2+c\delta t^2+I^2-T^2-\rho_0^2 \\ \vdots \\ P^{n^j}+c\delta t^{n^j}+I^{n^j}-T^{n^j}-\rho_0^{n^j} \end{bmatrix} \tag{5-90}$$

令

$$w^j=P^j+c\delta t^j+I^j-T^j-\rho_0^j$$

$$\boldsymbol{V}=\begin{bmatrix} v^1 \\ v^2 \\ \vdots \\ v^{n^j} \end{bmatrix},\ \boldsymbol{A}=\begin{bmatrix} l^1 & m^1 & n^1 & 1 \\ l^2 & m^2 & n^2 & 1 \\ \vdots & \vdots & \vdots & \vdots \\ l^{n^j} & m^{n^j} & n^{n^j} & 1 \end{bmatrix},\ \delta\boldsymbol{X}=\begin{bmatrix} \delta x \\ \delta y \\ \delta z \\ \mathrm{d}T \end{bmatrix},\ \boldsymbol{L}=\begin{bmatrix} w^1 \\ w^2 \\ \vdots \\ w^{n^j} \end{bmatrix}$$

可将方程(5-90)写成

$$\boldsymbol{V}=\boldsymbol{A}\delta\boldsymbol{X}-\boldsymbol{L} \tag{5-91}$$

式中,$\boldsymbol{V}$ 是伪距观测值的残差矩阵,$\boldsymbol{A}$ 是待估参数 $\delta\boldsymbol{X}$ 的系数矩阵,$\boldsymbol{L}$ 是自由项。

式(5-91)是标准的最小二乘误差方程，现假设观测值的权矩阵 $\boldsymbol{P}$ 为单位矩阵，于是，可组成法方程

$$(\boldsymbol{A}^{\mathrm{T}}\boldsymbol{A})\delta\boldsymbol{X} = \boldsymbol{A}^{\mathrm{T}}\boldsymbol{L} \tag{5-92}$$

进而解算法方程为

$$\delta\boldsymbol{X} = (\boldsymbol{A}^{\mathrm{T}}\boldsymbol{A})^{-1}\boldsymbol{A}^{\mathrm{T}}\boldsymbol{L} \tag{5-93}$$

最后根据式(5-88)计算接收机天线的坐标和钟差。

5.3.4 精度评定及精度衰减因子

根据最小二乘原理，参数的协因数矩阵为

$$\boldsymbol{Q}_{\boldsymbol{X}} = (\boldsymbol{A}^{\mathrm{T}}\boldsymbol{A})^{-1} = \begin{bmatrix} q_{xx} & q_{xy} & q_{xz} & q_{xt} \\ q_{yx} & q_{yy} & q_{yz} & q_{yt} \\ q_{zx} & q_{zy} & q_{zz} & q_{zt} \\ q_{tx} & q_{ty} & q_{tz} & q_{tt} \end{bmatrix} \tag{5-94}$$

则参数的方差-协方差矩阵为

$$\boldsymbol{D}_{\boldsymbol{X}} = \sigma_0^2\boldsymbol{Q}_{\boldsymbol{X}} = \begin{bmatrix} \sigma_x^2 & \sigma_{xy} & \sigma_{xz} & \sigma_{xt} \\ \sigma_{yx} & \sigma_y^2 & \sigma_{yz} & \sigma_{yt} \\ \sigma_{zx} & \sigma_{zy} & \sigma_z^2 & \sigma_{zt} \\ \sigma_{tx} & \sigma_{ty} & \sigma_{tz} & \sigma_t^2 \end{bmatrix} \tag{5-95}$$

显然

$$\left.\begin{aligned} \sigma_x &= \sigma_0\sqrt{q_{xx}} \\ \sigma_y &= \sigma_0\sqrt{q_{yy}} \\ \sigma_z &= \sigma_0\sqrt{q_{zz}} \\ \sigma_t &= \sigma_0\sqrt{q_{tt}} \end{aligned}\right\} \tag{5-96}$$

就是由单点定位所确定的接收机天线的三维空间直角坐标中误差和时间的中误差。

用三维直角坐标的误差考察点位精度不直观，故总是将其转换为站心坐标系下北方向、东方向和高程方向的误差，即 σ_N、σ_E、σ_V。设点 P 在空间直角坐标系中有坐标增量 $(\Delta x,\Delta y,\Delta z)$，将其转换为以 P 点为坐标原点的站心直角坐标系中的坐标增量 $(\Delta N,\Delta E,\Delta V)$ 的公式为

$$\begin{bmatrix} \Delta N \\ \Delta E \\ \Delta V \end{bmatrix} = \begin{bmatrix} -\sin B\cos L & -\sin B\sin L & \cos B \\ -\sin L & \cos L & 0 \\ \cos B\cos L & \cos B\sin L & \sin B \end{bmatrix} \begin{bmatrix} \Delta x \\ \Delta y \\ \Delta z \end{bmatrix} \tag{5-97}$$

式中，B、L 为 P 点的大地纬度和大地经度。令

$$\boldsymbol{R} = \begin{bmatrix} -\sin B\cos L & -\sin B\sin L & \cos B \\ -\sin L & \cos L & 0 \\ \cos B\cos L & \cos B\sin L & \sin B \end{bmatrix} \tag{5-98}$$

根据协因数传播律，将 $\boldsymbol{Q}_X$ 中与 x、y、z 有关的前三行和前三列转换为本地坐标系下的协因数 $\boldsymbol{Q}_B$，即

$$Q_B = RQ_XR^T = \begin{bmatrix} q_{NN} & q_{NE} & q_{NV} \\ q_{EN} & q_{EE} & q_{EV} \\ q_{VN} & q_{VE} & q_{VV} \end{bmatrix} \tag{5-99}$$

显然

$$\left.\begin{aligned} \sigma_N &= \sigma_0\sqrt{q_{NN}} \\ \sigma_E &= \sigma_0\sqrt{q_{EE}} \\ \sigma_V &= \sigma_0\sqrt{q_{VV}} \end{aligned}\right\} \tag{5-100}$$

就是接收机天线在北方向、东方向和高程方向的中误差。

在卫星定位时,经常用精度衰减因子(dilution of precision,DOP)来考察卫星分布对定位结果的影响。

用前面的一系列公式可以计算 σ_x、σ_y、σ_z、σ_N、σ_E、σ_V、σ_t,于是,点的平面误差(σ_H)、高程误差(σ_V)、三维空间误差(σ_P)、时间误差(σ_t)、几何误差(包括空间和时间)(σ_G)分别为

$$\left.\begin{aligned} \sigma_H &= \sqrt{\sigma_N^2+\sigma_E^2} = \sigma_0\sqrt{q_{NN}+q_{EE}} \\ \sigma_V &= \sigma_0\sqrt{q_{VV}} \\ \sigma_P &= \sqrt{\sigma_x^2+\sigma_y^2+\sigma_z^2} = \sigma_0\sqrt{q_{xx}+q_{yy}+q_{zz}} \\ \sigma_t &= \sigma_0\sqrt{q_{tt}} \\ \sigma_G &= \sqrt{\sigma_x^2+\sigma_y^2+\sigma_z^2+\sigma_t^2} = \sigma_0\sqrt{q_{xx}+q_{yy}+q_{zz}+q_{tt}} \end{aligned}\right\} \tag{5-101}$$

于是,分别定义水平精度衰减因子(HDOP)、垂直精度衰减因子(VDOP)、位置精度衰减因子(PDOP)、时间精度衰减因子(TDOP)、几何精度衰减因子(GDOP)来考察卫星分布对定位结果的影响,即

$$\left.\begin{aligned} HDOP &= \sqrt{q_{NN}+q_{EE}} \\ VDOP &= \sqrt{q_{VV}} \\ PDOP &= \sqrt{q_{xx}+q_{yy}+q_{zz}} \\ TDOP &= \sqrt{q_{tt}} \\ GDOP &= \sqrt{q_{xx}+q_{yy}+q_{zz}+q_{tt}} \end{aligned}\right\} \tag{5-102}$$

DOP 跟接收机上空的卫星分布有关:卫星的分布均匀,DOP 就小,定位精度就高;卫星的分布不均匀,DOP 就大,定位精度就低。在将 GPS 用于高精度的测量时,要确保 DOP 小于规定的限值。表 5-3 表示卫星分布情况与 PDOP 的近似关系。

表 5-3 卫星分布与 PDOP

情形	卫星分布图	说明	PDOP 值
1	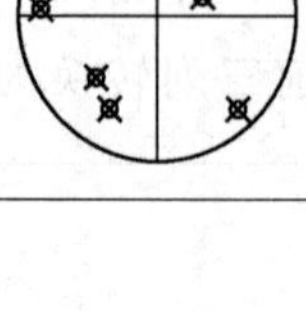	8 颗卫星分布于四个象限	1.7

续表

情形	卫星分布图	说　　明	PDOP 值
2	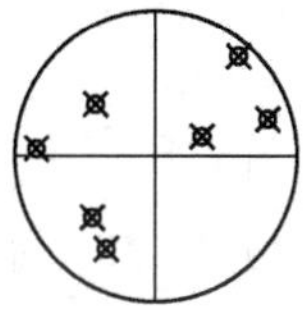	7 颗卫星分布于三个象限	2.1
3	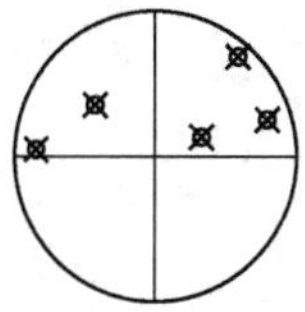	5 颗卫星分布于两个象限	3.1
4	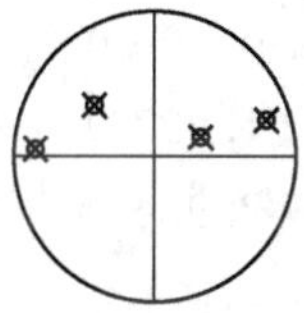	4 颗卫星分布于两个象限	3.4
5	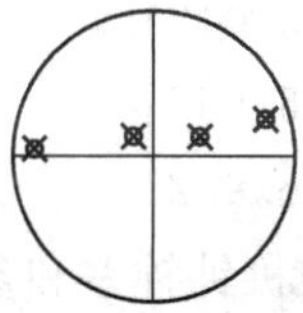	4 颗卫星趋于一条直线	12.9
6	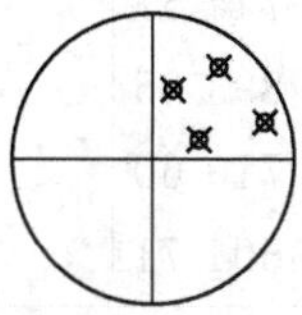	4 颗卫星分布在一个象限	22.6

目前，GPS 在轨卫星数已经达到 30 颗以上，在理想的净空条件下一般都能接收到8 颗以上的卫星，在这么多卫星中总有 4 颗以上卫星的分布是比较理想的，DOP 能满足要求。但是，在特殊环境中，例如在楼房林立的城市街道上或在树林中，就不一定能满足要求了。这时，如果能够联合其他导航系统(如北斗和 GLONASS)进行联合定位，则可以获取很好的结果。

例 5-4　根据表 5-4(单位为 m)的伪距观测数据及卫星在某一时刻的坐标数据计算接收机在 WGS-84 坐标系中的坐标和各种 DOP 值。已知伪距测量的中误差是 3.0 m，接收机的近似坐标是 $X_p=-2\,148\,748$ m、$Y_p=4\,426\,654$m，$Z_p=4\,044\,666$m。试估算对应项目的中误差。

表 5-4　卫星近似坐标和伪距观测值

卫星号	X_s/m	Y_s/m	Z_s/m	伪距/m
PRN07	14 567 189.107	19 740 228.094	10 822 893.248	23 845 304.944
PRN11	−15 061 431.733	11 561 077.682	18 623 636.549	20 924 513.930
PRN31	−21 857 452.037	−2 420 193.541	14 879 264.914	23 693 218.965
PRN15	−12 671 590.461	−9 281 428.193	21 168 041.883	24 511 633.530

注意:这里的卫星坐标已经加上地球自转改正,伪距观测值中已经加上了电离层、对流层、卫星钟钟差改正,各种 DOP 值是指 HDOP、VDOP、PDOP、TDOP、GDOP。

解:

(1)首先计算误差方程系数矩阵和常数项向量

$$\boldsymbol{A}=\begin{bmatrix}-0.7065 & -0.6472 & -0.2865 & 1\\ 0.6226 & -0.3440 & -0.7029 & 1\\ 0.8383 & 0.2912 & -0.4609 & 1\\ 0.4325 & 0.5635 & -0.7039 & 1\\ -0.3217 & -0.5034 & -0.8019 & 1\end{bmatrix},\boldsymbol{L}=\begin{bmatrix}183\,680.538\\ 183\,641.607\\ 183\,627.950\\ 183\,630.478\\ 183\,656.359\end{bmatrix}$$

(2)计算法方程系数矩阵和常数项

$$\boldsymbol{N}=\boldsymbol{A}^{\mathrm{T}}\boldsymbol{A}=\begin{bmatrix}1.8801 & 0.8929 & -0.6680 & 0.8652\\ 0.8929 & 1.1929 & 0.3000 & -0.6399\\ -0.6680 & 0.3000 & 1.9270 & -2.9560\\ 0.8652 & -0.6399 & -2.9560 & 5.0000\end{bmatrix},$$

$$\boldsymbol{W}=\boldsymbol{A}^{\mathrm{T}}\boldsymbol{L}=\begin{bmatrix}158\,845.319\\ -117\,545.042\\ -542\,856.557\\ 918\,236.932\end{bmatrix}$$

(3)解算法方程,计算接收机位置坐标改正数、接收机钟钟差和参数协因数矩阵

$$\delta\hat{\boldsymbol{x}}=\begin{bmatrix}\delta\hat{x}\\ \delta\hat{y}\\ \delta\hat{z}\\ c\,\delta t_T\end{bmatrix}=\begin{bmatrix}-19.744\,57\\ -15.893\,35\\ 21.710\,60\\ 183\,661.604\,71\end{bmatrix},$$

$$\boldsymbol{Q}_{\hat{x}}=\begin{bmatrix}1.2798 & -1.1116 & 0.6314 & 0.0096\\ -1.1116 & 1.8941 & -0.1435 & 0.3499\\ 0.6314 & -0.1435 & 6.0613 & 3.4558\\ 0.0096 & 0.3499 & 3.4558 & 2.2862\end{bmatrix}$$

接收机钟钟差

$$\delta t_T=\frac{c\,\delta t_T}{c}=\frac{183\,661.604\,71}{3\times10^8}=6.122\times10^{-4}(\mathrm{s})$$

(4)计算接收机位置坐标平差值及其精度

$$\hat{\boldsymbol{X}}=\boldsymbol{X}_0+\delta\hat{\boldsymbol{x}}=\begin{bmatrix}-2\,148\,748.000\\ 4\,426\,654.000\\ 4\,044\,666.000\end{bmatrix}+\begin{bmatrix}-19.745\\ -15.893\\ 21.711\end{bmatrix}=\begin{bmatrix}-2\,148\,767.745\\ 4\,426\,638.107\\ 4\,044\,687.711\end{bmatrix}$$

已知单位权中误差 $\hat{\sigma}_0=3$ m,则有

$$\hat{\sigma}_{\hat{x}}=\hat{\sigma}_0\sqrt{q_{\hat{x}\hat{x}}}=3\times\sqrt{1.2798}=3.394(\mathrm{m})$$

$$\hat{\sigma}_{\hat{y}}=\hat{\sigma}_0\sqrt{q_{\hat{y}\hat{y}}}=3\times\sqrt{1.8941}=4.129(\mathrm{m})$$

$$\hat{\sigma}_{\hat{z}}=\hat{\sigma}_0\sqrt{q_{\hat{z}\hat{z}}}=3\times\sqrt{6.0613}=7.386(\mathrm{m})$$

(5)计算接收机位置的大地坐标(近似值)和 Q_B 矩阵

$$B = 39°36'32'', L = 115°53'33''$$

$$\boldsymbol{R} = \begin{bmatrix} 0.278\ 41 & -0.573\ 54 & 0.770\ 42 \\ -0.899\ 61 & -0.436\ 69 & 0.000\ 00 \\ -0.336\ 43 & 0.693\ 08 & 0.637\ 54 \end{bmatrix}, \boldsymbol{Q}_B = \begin{bmatrix} 5.072\ 6 & -0.673\ 9 & 1.599\ 6 \\ -0.673\ 9 & 0.523\ 5 & 0.021\ 6 \\ 1.599\ 6 & 0.021\ 6 & 3.639\ 0 \end{bmatrix}$$

(6)计算 DOP 值

$$HDOP = \sqrt{5.072\ 6 + 0.523\ 5} = 2.36$$

$$VDOP = \sqrt{3.639\ 0} = 1.91$$

$$PDOP = \sqrt{1.279\ 8 + 1.894\ 1 + 6.061\ 3} = 3.04$$

$$TDOP = \sqrt{2.286\ 2} = 1.51$$

$$GDOP = \sqrt{1.279\ 8 + 1.894\ 1 + 6.061\ 3 + 2.286\ 2} = 3.39$$

5.4　相对静态定位

相对定位是 GPS 测量中的一种最重要的定位方式,其基本方法是将两台接收机安置在一条测线的两个端点上同时对相同的卫星进行跟踪和观测,获取载波相位观测值,目的是计算两个端点之间的三维坐标增量。该测线被称为基线,三维坐标增量被称为基线向量。如果一个端点的坐标已知,则利用基线向量可算出另一个端点的坐标。因为两台接收机同时观测相同的卫星,许多误差是相同的或相近的,这些误差在计算过程中得以抵消或削弱,因此,计算出来的基线向量有很高的精度。

GPS 相对定位一般指相对静态定位,即接收机放在测点上静止不动观测一段时间。根据观测时间的长短,还分为静态和快速静态两种模式。这两种模式分别使用不同的方法来解算整周模糊度,分别适用于长基线和短基线。相对静态定位的相对误差一般小于10^{-6},甚至小于10^{-8},因此,这种方法在地形控制测量、工程控制测量、国家级大地控制网的建立、洲际联测、坐标系统的维护中得到广泛应用。

本节介绍的相对静态定位原理以及算法也是相对动态定位的基础,例如 RTK 和网络 RTK,因此具有重要的意义。

5.4.1　载波相位基本观测方程

相对定位使用载波相位观测值而不使用伪距,因为载波相位观测值的精度大大高于伪距。尽管伪距不直接用于定位计算,但是,它用于计算卫星信号传播时间等其他数据,是不可缺少的。

利用式(5-6)可推导出载波相位进行距离测量的公式为

$$\rho_r^s = \frac{c}{f}[\phi_r^s(t) + n_r^s] \tag{5-103}$$

式中,$\phi_r^s(t) = Int(\phi_t) + F_r(\phi_t)$,根据式(5-2)可得

$$\rho_r^s = \frac{c}{f}[\Phi(t) - \Phi(t-\tau) + n_r^s] \tag{5-104}$$

于是有

$$\Phi(t)-\Phi(t-\tau)+n_r^s=\frac{f}{c}\rho_r^s \tag{5-105}$$

将式(5-68)和式(5-69)代入,得

$$\Phi(t_r-\delta t_r)-\Phi(t^s-\delta t^s)+n_r^s=\frac{f}{c}\rho_r^s \tag{5-106}$$

利用泰勒级数可以写出

$$\left.\begin{aligned}\Phi(t_r-\delta t_r)&=\Phi(t_r)-f\delta t_r\\ \Phi(t^s-\delta t^s)&=\Phi(t^s)-f\delta t^s\end{aligned}\right\} \tag{5-107}$$

代入式(5-106),得

$$[\Phi(t_r)-\Phi(t^s)]-f\delta t_r+f\delta t^s+n_r^s=\frac{f}{c}\rho_r^s \tag{5-108}$$

用 GPS 接收机可以测量出 $\Phi(t_r)-\Phi(t^s)$,令 $\Phi(t_r)-\Phi(t^s)=\varphi_r^s$,于是载波相位观测的基本方程为

$$\varphi_r^s=\frac{\rho_r^s}{\lambda}+f\delta t_r-f\delta t^s-n_r^s \tag{5-109}$$

等式两边同乘以波长 λ,得到用距离表示的相位观测值

$$L_r^s=\rho_r^s+c\delta t_r-c\delta t^s-\lambda n_r^s \tag{5-110}$$

考虑电离层和对流层的折射,参看式(5-20)、式(5-47),式(5-109)和式(5-110)可以改写为

$$\varphi=\frac{f}{c}\rho+f\delta t_r-f\delta t^s+\frac{f}{c}I+\frac{f}{c}T-n \tag{5-111}$$

$$L=\rho+c\delta t_r-c\delta t^s+I+T-\lambda n \tag{5-112}$$

式(5-111)为载波相位的基本观测方程。式(5-112)为测相伪距的基本观测方程,与测码伪距的基本观测方程(5-75)比较可以看出,式(5-112)的右侧中多了一个整周模糊度项 λn,并且电离层折射 I 的符号由"－"变为"＋",这是因为电离层对伪距和相位的折射大小相等符号相反。

5.4.2　观测值的求差运算

为了消除或减弱观测值中包含的误差以及消去观测方程中的某些参数,在进行相对定位时,一般要对观测值进行求差运算,即对载波相位观测值做减运算。将两个原始观测值相减,称为单差;对单差观测值再求差,称为双差;对双差观测值再求差,称为三差。其结果分别称为单差观测值、双差观测值和三差观测值。类似地,将没有经过求差处理的原始观测值称为零差观测值。

求差方式有接收机间求差、卫星间求差和历元间求差三种,分别用符号 Δ、∇和 δ 表示。设接收机 1 和接收机 2 分别在 t_i 和 t_{i+1} 时刻对卫星 j 和 k 进行了载波相位观测,如图 5-6 所示,所得的观测值为 $\varphi_1^j(t_i)$、$\varphi_1^k(t_i)$、$\varphi_2^j(t_i)$、$\varphi_2^k(t_i)$、$\varphi_1^j(t_{i+1})$、$\varphi_1^k(t_{i+1})$、$\varphi_2^j(t_{i+1})$和 $\varphi_2^k(t_{i+1})$,那么,可以定义单差、双差和三差。

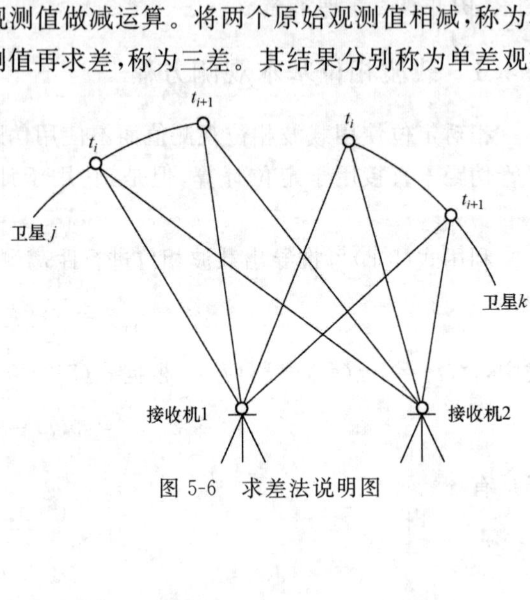

图 5-6　求差法说明图

1. **单差观测值**

常用的单差观测值是在接收机间进行的。对某时刻接收机 1 和接收机 2 对卫星 j 的载波相位观测值求差，就得到接收机间(站际)对 j 卫星的一次差分观测值为

$$\Delta\varphi_{12}^{j} = \varphi_{2}^{j} - \varphi_{1}^{j} \tag{5-113}$$

同样，对 k 卫星，t 时刻站间一次差分观测值为

$$\Delta\varphi_{12}^{k} = \varphi_{2}^{k} - \varphi_{1}^{k} \tag{5-114}$$

将 L1 载波相位的基本观测方程(5-111)代入式(5-113)，可得单差的基本观测方程为

$$\begin{aligned}\Delta\varphi_{12}^{j} = &\frac{f}{c}(\rho_{2}^{j} - \rho_{1}^{j}) + f(\delta t_{2} - \delta t_{1}) - (n_{2}^{j} - n_{1}^{j}) + \\ &\frac{f}{c}(I_{2}^{j} - I_{1}^{j}) + \frac{f}{c}(T_{2}^{j} - T_{1}^{j})\end{aligned} \tag{5-115}$$

令

$$\Delta\rho_{12}^{j} = \rho_{2}^{j} - \rho_{1}^{j},\ \Delta t_{12} = \delta t_{2} - \delta t_{1},\ \Delta n_{12}^{j} = n_{2}^{j} - n_{1}^{j}$$
$$\Delta I_{12}^{j} = I_{2}^{j} - I_{1}^{j},\ \Delta T_{12}^{j} = T_{2}^{j} - T_{1}^{j}$$

则式(5-115)可写成

$$\Delta\varphi_{12}^{j} = \frac{f}{c}\Delta\rho_{12}^{j} + f\Delta t_{12} - \Delta n_{12}^{j} + \frac{f}{c}\Delta I_{12}^{j} + \frac{f}{c}\Delta T_{12}^{j} \tag{5-116}$$

式中，Δn_{12}^{j} 叫作单差整周模糊度。可见，卫星的钟差参数已经被消除。在 5.2.1 小节中曾指出，即使加上卫星钟的钟差改正，残余的钟误差还有 6～20 ns，显然，使用测站间求差的方法可以彻底消除卫星钟误差，这是站际单差的一个突出优点。另外，如果两个测站之间距离不远(小于 15 km)，卫星到两个测站之间的路径相同，$\Delta I_{12}^{j} \approx 0$，$\Delta T_{12}^{j} \approx 0$，因此，在短基线上，通过单差可以很好削弱电离层和对流层的影响。

类似于式(5-116)，可以写出对卫星 k 的站间单差基本观测方程为

$$\Delta\varphi_{12}^{k} = \frac{f}{c}\Delta\rho_{12}^{k} + f\Delta t_{12} - \Delta n_{12}^{k} + \frac{f}{c}\Delta I_{12}^{k} + \frac{f}{c}\Delta T_{12}^{k} \tag{5-117}$$

2. **双差观测值**

常用的双差观测值是星站双差，即对站际单差再在卫星间求差。例如对 t 时刻 j、k 卫星观测值的站间单差观测值 $\Delta\varphi_{12}^{j}$ 和 $\Delta\varphi_{12}^{k}$ 求差，就得到星站二次差分 $\nabla\Delta\varphi_{12}^{jk}$，即双差观测值为

$$\nabla\Delta\varphi_{12}^{jk} = \Delta\varphi_{12}^{k} - \Delta\varphi_{12}^{j} \tag{5-118}$$

将式(5-116)和式(5-117)代入得双差的基本观测方程为

$$\begin{aligned}\nabla\Delta\varphi_{12}^{jk} = &\frac{f}{c}(\Delta\rho_{12}^{k} - \Delta\rho_{12}^{j}) - (\Delta n_{12}^{k} - \Delta n_{12}^{j}) + \\ &\frac{f}{c}(\Delta I_{12}^{k} - \Delta I_{12}^{j}) + \frac{f}{c}(\Delta T_{12}^{k} - \Delta T_{12}^{j})\end{aligned} \tag{5-119}$$

令

$$\nabla\Delta\rho_{12}^{jk} = \Delta\rho_{12}^{k} - \Delta\rho_{12}^{j},\ \nabla\Delta n_{12}^{jk} = \Delta n_{12}^{k} - \Delta n_{12}^{j}$$
$$\nabla\Delta I_{12}^{jk} = \Delta I_{12}^{k} - \Delta I_{12}^{j},\ \nabla\Delta T_{12}^{jk} = \Delta T_{12}^{k} - \Delta T_{12}^{j}$$

则式(5-119)可写成

$$\nabla\Delta\varphi_{12}^{jk} = \frac{f}{c}\nabla\Delta\rho_{12}^{jk} - \nabla\Delta n_{12}^{jk} + \frac{f}{c}\nabla\Delta I_{12}^{jk} + \frac{f}{c}\nabla\Delta T_{12}^{jk} \tag{5-120}$$

式中,$\nabla\Delta n_{12}^{jk}$叫作双差整周模糊度。其中不再包含接收机钟钟差参数,因此,接收机钟钟差的误差随即被消除,这是卫星间求差的一个突出优点。因此,双差既不包含卫星钟钟差参数,也不包含接收机钟钟差参数。

3. 三差观测值

常用的三差观测值是对双差观测值在历元之间求差。例如,将 t_1 时刻接收机 1、2 对卫星 k、j 的双差观测值$\nabla\Delta\varphi_{12}^{kj}(t_1)$与 t_2 时刻接收机 1、2 对卫星 k、j 的双差观测值$\nabla\Delta\varphi_{12}^{kj}(t_2)$再求差,便得到三次差分观测值为

$$\delta\nabla\Delta\varphi_{12}^{kj}(t_1,t_2)=\nabla\Delta\varphi_{12}^{kj}(t_2)-\nabla\Delta\varphi_{12}^{kj}(t_1) \tag{5-121}$$

根据式(5-120)可写出在 t_1 和 t_2 上的双差基本观测方程为

$$\nabla\Delta\varphi_{12}^{jk}(t_1)=\frac{f}{c}\nabla\Delta\rho_{12}^{jk}(t_1)-\nabla\Delta n_{12}^{jk}+\frac{f}{c}\nabla\Delta I_{12}^{jk}(t_1)+\frac{f}{c}\nabla\Delta T_{12}^{jk}(t_1) \tag{5-122}$$

$$\nabla\Delta\varphi_{12}^{jk}(t_2)=\frac{f}{c}\nabla\Delta\rho_{12}^{jk}(t_2)-\nabla\Delta n_{12}^{jk}+\frac{f}{c}\nabla\Delta I_{12}^{jk}(t_2)+\frac{f}{c}\nabla\Delta T_{12}^{jk}(t_2) \tag{5-123}$$

式中,双差整周模糊度与历元无关。将式(5-122)和式(5-123)代入三差定义式(5-121)中,则得三差的基本观测方程为

$$\begin{aligned}\delta\nabla\Delta\varphi_{12}^{jk}(t_1,t_2)=&\frac{f}{c}[\nabla\Delta\rho_{12}^{jk}(t_2)-\nabla\Delta\rho_{12}^{jk}(t_1)]+\frac{f}{c}[\nabla\Delta I_{12}^{jk}(t_2)-\nabla\Delta I_{12}^{jk}(t_1)]+\\&\frac{f}{c}[\nabla\Delta T_{12}^{jk}(t_2)-\nabla\Delta T_{12}^{jk}(t_1)]\end{aligned} \tag{5-124}$$

令

$$\begin{aligned}\delta\nabla\Delta\rho_{12}^{jk}(t_1,t_2)&=\nabla\Delta\rho_{12}^{jk}(t_2)-\nabla\Delta\rho_{12}^{jk}(t_1)\\\delta\nabla\Delta I_{12}^{jk}(t_1,t_2)&=\nabla\Delta I_{12}^{jk}(t_2)-\nabla\Delta I_{12}^{jk}(t_1)\\\delta\nabla\Delta T_{12}^{jk}(t_1,t_2)&=\nabla\Delta T_{12}^{jk}(t_2)-\nabla\Delta T_{12}^{jk}(t_1)\end{aligned}$$

则式(5-124)可写成

$$\delta\nabla\Delta\varphi_{12}^{jk}(t_1,t_2)=\frac{f}{c}\delta\nabla\Delta\rho_{12}^{jk}(t_1,t_2)+\frac{f}{c}\delta\nabla\Delta I_{12}^{jk}(t_1,t_2)+\frac{f}{c}\delta\nabla\Delta T_{12}^{jk}(t_1,t_2) \tag{5-125}$$

即消去了整周模糊度的影响,这是历元间求差的一个突出优点。

例 5-5 在测站 A、B 同步观测得到 PRN11、PRN19、PRN02 三颗卫星在相邻三个历元的 L1 载波相位观测值,见表 5-5(单位为周)。

表 5-5 载波相位观测值

测站	卫星	t_1历元	t_2历元	t_3历元
A	PRN11	901 227.758	899 214.575	897 218.529
	PRN19	638 082.076	649 289.590	660 509.179
	PRN02	105 092.752	88 990.175	72 886.976
B	PRN11	1 041 815.500	1 041 940.938	1 042 090.007
	PRN19	391 913.629	405 268.562	418 642.089
	PRN02	628 400.178	614 440.896	600 487.611

试求:①t_1历元测站 A、B 的站间单差观测值;②t_1历元测站 A、B 的站星间双差观测值(以

PRN11 为参考卫星)；③t_1、t_2 历元测站 A、B 的站星历元间三差观测值(以 PRN11 为参考卫星)。

解：

(1)t_1 历元测站 A、B 的站间单差观测值

$$\Delta\varphi_{AB}^{11}(t_1) = \varphi_B^{11}(t_1) - \varphi_A^{11}(t_1) = 1041\,815.500 - 901\,227.785 = 140\,587.715(\text{周})$$

$$\Delta\varphi_{AB}^{19}(t_1) = \varphi_B^{19}(t_1) - \varphi_A^{19}(t_1) = 391\,913.629 - 638\,082.076 = -246\,168.447(\text{周})$$

$$\Delta\varphi_{AB}^{02}(t_1) = \varphi_B^{02}(t_1) - \varphi_A^{02}(t_1) = 628\,400.178 - 105\,092.752 = 523\,307.426(\text{周})$$

(2)t_1 历元测站 A、B 的站星间双差观测值(以 PRN11 为参考卫星)

$$\nabla\Delta\varphi_{AB}^{11,19}(t_1) = \Delta\varphi_{AB}^{19}(t_1) - \Delta\varphi_{AB}^{11}(t_1) = -246\,168.447 - 140\,587.715 = -386\,756.162(\text{周})$$

$$\nabla\Delta\varphi_{AB}^{11,02}(t_1) = \Delta\varphi_{AB}^{02}(t_1) - \Delta\varphi_{AB}^{11}(t_1) = 523\,307.426 - 140\,587.742 = 382\,719.684(\text{周})$$

(3)t_2 历元测站 A、B 的站间单差观测值

$$\Delta\varphi_{AB}^{11}(t_2) = \varphi_B^{11}(t_2) - \varphi_A^{11}(t_2) = 1\,041\,940.938 - 899\,214.575 = 142\,726.363(\text{周})$$

$$\Delta\varphi_{AB}^{19}(t_2) = \varphi_B^{19}(t_2) - \varphi_A^{19}(t_2) = 405\,268.562 - 649\,289.590 = -244\,021.028(\text{周})$$

$$\Delta\varphi_{AB}^{02}(t_2) = \varphi_B^{02}(t_2) - \varphi_A^{02}(t_2) = 614\,440.896 - 88\,990.175 = 525\,450.721(\text{周})$$

t_2 历元测站 A、B 的站星间双差观测值(以 PRN11 为参考卫星)

$$\nabla\Delta\varphi_{AB}^{11,19}(t_2) = \Delta\varphi_{AB}^{19}(t_2) - \Delta\varphi_{AB}^{11}(t_2) = -244\,021.028 - 142\,726.363 = -386\,747.391(\text{周})$$

$$\nabla\Delta\varphi_{AB}^{11,02}(t_2) = \Delta\varphi_{AB}^{02}(t_2) - \Delta\varphi_{AB}^{11}(t_2) = 525\,450.721 - 142\,726.363 = 382\,724.358(\text{周})$$

t_1、t_2 历元测站 A、B 的站星历元间三差观测值(以 PRN11 为参考卫星)

$$\delta\nabla\Delta\varphi_{AB}^{11,19}(t_1,t_2) = \nabla\Delta\varphi_{AB}^{11,19}(t_2) - \nabla\Delta\varphi_{AB}^{11,19}(t_1) = -386\,747.391 - (-386\,756.162) = 8.771(\text{周})$$

$$\delta\nabla\Delta\varphi_{AB}^{11,02}(t_1,t_2) = \nabla\Delta\varphi_{AB}^{11,02}(t_2) - \nabla\Delta\varphi_{AB}^{11,02}(t_1) = 382\,724.358 - 382\,719.684 = 4.678(\text{周})$$

5.4.3　双差观测方程

双差观测值中既不包含卫星钟钟差，也不包含接收机钟钟差，电离层和对流层的误差也被大大削弱，其他与整周模糊度无法分离的硬件误差也被大大抵消，因此，双差整周模糊度呈现出整数特性。并且相邻历元的双差观测值在数学上不相关，因此，大多数的 GPS 数据处理软件使用双差来进行基线解算。

接收机 1、2 上观测卫星 j、k 的双差观测方程为式(5-120)，以接收机 1 为参考点(坐标已知)，考虑

$$\nabla\Delta\rho_{12}^{jk} = \Delta\rho_{12}^{k} - \Delta\rho_{12}^{j} = \rho_2^k - \rho_1^k - \rho_2^j + \rho_1^j$$

则方程(5-120)可以写成

$$\nabla\Delta\varphi_{12}^{jk} = \frac{f}{c}(\rho_2^k - \rho_2^j) - \nabla\Delta n_{12}^{jk} + \frac{f}{c}\nabla\Delta I_{12}^{jk} + \frac{f}{c}\nabla\Delta T_{12}^{jk} - \frac{f}{c}(\rho_1^k - \rho_1^j) \tag{5-126}$$

将线性化后的几何距离式(5-81)代入，就得到双差观测方程为

$$\nabla\Delta\varphi_{12}^{jk} = \frac{f}{c}\begin{bmatrix}\nabla l_2^{jk} & \nabla m_2^{jk} & \nabla n_2^{jk}\end{bmatrix}\begin{bmatrix}\delta x_2\\ \delta y_2\\ \delta z_2\end{bmatrix} - \nabla\Delta n_{12}^{jk} + \frac{f}{c}(\rho_{20}^k - \rho_{20}^j - \rho_1^k + \rho_1^j) + \frac{f}{c}\nabla\Delta I_{12}^{jk} + \frac{f}{c}\nabla\Delta T_{12}^{jk} \tag{5-127}$$

式中,$\nabla l_2^{jk}=l_2^k-l_2^j$、$\nabla m_2^{jk}=m_2^k-m_2^j$、$\nabla n_2^{jk}=n_2^k-n_2^j$ 为方向余弦 l、m、n 的卫星间差分,δx_2、δy_2、δz_2 为接收机 2 的近似坐标改正数。下标"0"表示近似值。

将式(5-127)写成误差方程的形式为

$$v_{12}^{jk}=\frac{f}{c}\begin{bmatrix}\nabla l_2^{jk} & \nabla m_2^{jk} & \nabla n_2^{jk}\end{bmatrix}\begin{bmatrix}\delta x_2\\ \delta y_2\\ \delta z_2\end{bmatrix}-\nabla\Delta n_{12}^{jk}-\nabla\Delta w_{12}^{jk} \tag{5-128}$$

式中,自由项为

$$\nabla\Delta w_{12}^{jk}=\nabla\Delta\varphi_{12}^{jk}-\frac{f}{c}\nabla\Delta I_{12}^{jk}-\frac{f}{c}\nabla\Delta T_{12}^{jk}-\frac{f}{c}(\rho_{20}^k-\rho_{20}^j-\rho_1^k+\rho_1^j)$$

式(5-128)就是双差观测值的观测方程。

当同步观测的卫星数为 n^j 时,则同一历元上可以构造 n^j-1 个双差观测值。以某一卫星为基准卫星,其他卫星与基准卫星之间求差。为此,假设第 1 颗卫星为基准卫星,则在一个历元上的双差误差方程为

$$\begin{bmatrix}v_{12}^{12}\\ v_{12}^{13}\\ \vdots\\ v_{12}^{1n^j}\end{bmatrix}=\frac{f}{c}\begin{bmatrix}\nabla l_2^{12} & \nabla m_2^{12} & \nabla n_2^{12}\\ \nabla l_2^{13} & \nabla m_2^{13} & \nabla n_2^{13}\\ \vdots & \vdots & \vdots\\ \nabla l_2^{1n^j} & \nabla m_2^{1n^j} & \nabla n_2^{1n^j}\end{bmatrix}\begin{bmatrix}\delta x_2\\ \delta y_2\\ \delta z_2\end{bmatrix}-\begin{bmatrix}\nabla\Delta n_{12}^{12}\\ \nabla\Delta n_{12}^{13}\\ \vdots\\ \nabla\Delta n_{12}^{1n^j}\end{bmatrix}-\begin{bmatrix}\nabla\Delta w_{12}^{12}\\ \nabla\Delta w_{12}^{13}\\ \vdots\\ \nabla\Delta w_{12}^{1n^j}\end{bmatrix} \tag{5-129}$$

式中,包含两类未知数:一类是待定点的坐标改正数 δx_2、δy_2、δz_2,有 3 个;另一类是整周模糊度$\nabla\Delta n_{12}^{jk}$,有 n^j-1 个。显然,用 n^j-1 个观测值来求解 n^j+2 个未知数是不可以的,为此,需要观测多个历元。

当观测了 n_t 个历元时,则可写出所有观测值的误差方程,这里假定卫星没有升降,n_t 历元上全部都观测相同的 n^j 个卫星,并且在观测过程中没有发生周跳,则第 t_i 个历元上的观测方程为

$$\begin{bmatrix}v_{12}^{12}(t_i)\\ v_{12}^{13}(t_i)\\ \vdots\\ v_{12}^{1n^j}(t_i)\end{bmatrix}=\frac{f}{c}\begin{bmatrix}\nabla l_2^{12}(t_i) & \nabla m_2^{12}(t_i) & \nabla n_2^{12}(t_i)\\ \nabla l_2^{13}(t_i) & \nabla m_2^{13}(t_i) & \nabla n_2^{13}(t_i)\\ \vdots & \vdots & \vdots\\ \nabla l_2^{1n^j}(t_i) & \nabla m_2^{1n^j}(t_i) & \nabla n_2^{1n^j}(t_i)\end{bmatrix}\begin{bmatrix}\delta x_2\\ \delta y_2\\ \delta z_2\end{bmatrix}-$$

$$\begin{bmatrix}1 & & \\ & 1 & \\ & & \ddots & \\ & & & 1\end{bmatrix}\begin{bmatrix}\nabla\Delta n_{12}^{12}\\ \nabla\Delta n_{12}^{13}\\ \vdots\\ \nabla\Delta n_{12}^{1n^j}\end{bmatrix}-\begin{bmatrix}\nabla\Delta w_{12}^{12}(t_i)\\ \nabla\Delta w_{12}^{13}(t_i)\\ \vdots\\ \nabla\Delta w_{12}^{1n^j}(t_i)\end{bmatrix} \tag{5-130}$$

令

$$\boldsymbol{V}(t_i)=\begin{bmatrix}v_{12}^{12}(t_i)\\ v_{12}^{13}(t_i)\\ \vdots\\ v_{12}^{1n^j}(t_i)\end{bmatrix},\ \boldsymbol{A}(t_i)=\frac{f}{c}\begin{bmatrix}\nabla l_2^{12}(t_i) & \nabla m_2^{12}(t_i) & \nabla n_2^{12}(t_i)\\ \nabla l_2^{13}(t_i) & \nabla m_2^{13}(t_i) & \nabla n_2^{13}(t_i)\\ \vdots & \vdots & \vdots\\ \nabla l_2^{1n^j}(t_i) & \nabla m_2^{1n^j}(t_i) & \nabla n_2^{1n^j}(t_i)\end{bmatrix},\ \delta\boldsymbol{X}=\begin{bmatrix}\delta x_2\\ \delta y_2\\ \delta z_2\end{bmatrix}$$

$$\Delta\nabla\boldsymbol{N}=\begin{bmatrix}\nabla\Delta n_{12}^{12}\\\nabla\Delta n_{12}^{13}\\\vdots\\\nabla\Delta n_{12}^{1n^j}\end{bmatrix},\ \boldsymbol{L}(t_i)=\begin{bmatrix}\nabla\Delta w_{12}^{12}(t_i)\\\nabla\Delta w_{12}^{13}(t_i)\\\vdots\\\nabla\Delta w_{12}^{1n^j}(t_i)\end{bmatrix},\ \boldsymbol{E}=\begin{bmatrix}1&&&\\&1&&\\&&\ddots&\\&&&1\end{bmatrix}$$

则式(5-130)可写为

$$\boldsymbol{V}(t_i)=\boldsymbol{A}(t_i)\delta\boldsymbol{X}-\boldsymbol{E}\,\nabla\Delta\boldsymbol{N}-\boldsymbol{L}(t_i)\tag{5-131}$$

于是，n_t 历元的所有观测方程为

$$\boldsymbol{V}=\boldsymbol{A}\delta\boldsymbol{X}+\boldsymbol{B}\,\nabla\Delta\boldsymbol{N}-\boldsymbol{L}\tag{5-132}$$

式中

$$\boldsymbol{A}=\begin{bmatrix}\boldsymbol{A}(t_1)\\\boldsymbol{A}(t_2)\\\vdots\\\boldsymbol{A}(t_{n_t})\end{bmatrix},\ \boldsymbol{B}=\begin{bmatrix}-\boldsymbol{E}\\-\boldsymbol{E}\\\vdots\\-\boldsymbol{E}\end{bmatrix},\ \boldsymbol{L}=\begin{bmatrix}\boldsymbol{L}(t_1)\\\boldsymbol{L}(t_2)\\\vdots\\\boldsymbol{L}(t_{n_t})\end{bmatrix}$$

5.4.4　双差观测值的权

为了便于公式的推导，假设所有的零差载波相位观测值为等精度观测，其方差为 σ_0^2，其权矩阵为单位矩阵。这种假设在很多数据处理时是可行的。

首先推导单差观测值的方差-协方差矩阵和权矩阵。设在某一历元上，接收机 1、2 对三颗卫星 i、j、k 进行了同步观测，观测值为

$$\underset{6\times1}{\boldsymbol{y}}=[\varphi_1^i(t)\quad\varphi_1^j(t)\quad\varphi_1^k(t)\quad\varphi_2^i(t)\quad\varphi_2^j(t)\quad\varphi_2^k(t)]^{\mathrm{T}}$$

其方差-协方差矩阵为

$$\boldsymbol{D}(\underset{6\times1}{\boldsymbol{y}})=\sigma_0^2\underset{6\times6}{\boldsymbol{E}}\tag{5-133}$$

式中，$\boldsymbol{E}$ 是单位矩阵。根据式(5-116)构造单差观测值为

$$\underset{3\times1}{\boldsymbol{y}'}=\begin{bmatrix}\Delta\varphi_{12}^i\\\Delta\varphi_{12}^j\\\Delta\varphi_{12}^k\end{bmatrix}=\begin{bmatrix}-1&0&0&1&0&0\\0&-1&0&0&1&0\\0&0&-1&0&0&1\end{bmatrix}\underset{6\times1}{\boldsymbol{y}}=\begin{bmatrix}\underset{3\times3}{\boldsymbol{E}}&\underset{3\times3}{\boldsymbol{E}}\end{bmatrix}\underset{6\times1}{\boldsymbol{y}}\tag{5-134}$$

于是，根据协方差传播率，得单差观测值的方差-协方差矩阵为

$$\boldsymbol{D}(\underset{3\times1}{\boldsymbol{y}'})=\begin{bmatrix}-\underset{3\times3}{\boldsymbol{E}}&\underset{3\times3}{\boldsymbol{E}}\end{bmatrix}\boldsymbol{D}(\underset{6\times1}{\boldsymbol{y}})\begin{bmatrix}-\underset{3\times3}{\boldsymbol{E}}\\\underset{3\times3}{\boldsymbol{E}}\end{bmatrix}=2\sigma_0^2\underset{3\times3}{\boldsymbol{E}}\tag{5-135}$$

推广到 n^j 个卫星的情况，可写出

$$\boldsymbol{D}(\boldsymbol{y}')=2\sigma_0^2\underset{n^j\times n^j}{\boldsymbol{E}}\tag{5-136}$$

于是，单差观测值的权矩阵为

$$\boldsymbol{P}(\boldsymbol{y}')=\frac{1}{2}\underset{n^j\times n^j}{\boldsymbol{E}}\tag{5-137}$$

表明在一个历元内的单差观测值是独立观测值，其权矩阵为对角矩阵，方差为零差观测值的 2 倍。

在相邻历元间的单差观测值不具有数学相关性，也是独立的。

现在推导双差观测值的方差-协方差矩阵和权矩阵。以卫星 i 为基准卫星，根据式(5-126)构造双差观测值为

$$\underset{2\times1}{\boldsymbol{y}''}=\begin{bmatrix}\nabla\Delta\varphi_{12}^{ij}\\ \nabla\Delta\varphi_{12}^{ik}\end{bmatrix}=\begin{bmatrix}-1 & 1 & 0\\ -1 & 0 & 1\end{bmatrix}\underset{3\times1}{\boldsymbol{y}'}=\begin{bmatrix}-\boldsymbol{I}_2 & \underset{2\times2}{\boldsymbol{E}}\end{bmatrix}\underset{3\times1}{\boldsymbol{y}'} \tag{5-138}$$

式中,$\boldsymbol{I}$ 是全 1 矩阵。根据协方差传播率,得双差观测值的方差-协方差矩阵为

$$\boldsymbol{D}(\underset{2\times1}{\boldsymbol{y}''})=\begin{bmatrix}-\boldsymbol{I}_2 & \underset{2\times2}{\boldsymbol{E}}\end{bmatrix}\boldsymbol{D}(\underset{3\times1}{\boldsymbol{y}'})\begin{bmatrix}-\boldsymbol{I}_2^{\mathrm{T}}\\ \underset{2\times2}{\boldsymbol{E}}\end{bmatrix}=2\sigma_0^2\begin{bmatrix}\underset{2\times2}{\boldsymbol{I}}+\underset{2\times2}{\boldsymbol{E}}\end{bmatrix} \tag{5-139}$$

推广到 n^j 个卫星的情况为

$$\boldsymbol{D}(\boldsymbol{y}'')=2\sigma_0^2(\underset{(n^j-1)\times(n^j-1)}{\boldsymbol{I}}+\underset{(n^j-1)\times(n^j-1)}{\boldsymbol{E}}) \tag{5-140}$$

对应的权矩阵是

$$\boldsymbol{P}(\boldsymbol{y}'')=\frac{1}{2n^j}(n^j\underset{(n^j-1)\times(n^j-1)}{\boldsymbol{E}}-\underset{(n^j-1)\times(n^j-1)}{\boldsymbol{I}}) \tag{5-141}$$

展开得

$$\boldsymbol{P}(\boldsymbol{y}'')=\frac{1}{2n^j}\begin{bmatrix}n^j-1 & -1 & \cdots & -1\\ -1 & n^j-1 & \cdots & -1\\ \vdots & \vdots & & \vdots\\ -1 & -1 & \cdots & n^j-1\end{bmatrix} \tag{5-142}$$

表明双差观测值在历元内是数学相关的。另外,双差观测值的方差是零差观测值的 4 倍。

5.4.5　单差、双差、三差模型的比较

从理论上,单差、双差和三差模型都可以计算出待定点的坐标,但是,在解算的效率和精度上却存在着较大的差别。从单差到三差,函数模型从复杂到简单,但是随机模型却从简单到复杂。

单差的函数模型中尽管消去了卫星钟钟差项,但是却保留了接收机钟钟差项和整周模糊度项,顺便指出,三差观测值不仅历元内相关,而且相邻历元间也是相关的,因此,在数据处理时就非常麻烦。一般可以忽略历元之间的相关性,但是数据计算的结果会有偏差,因此不推荐使用三差模型来解算基线,但是三差模型在探测和解算周跳时是一种很好的方法。

5.4.6　双差最小二乘解算方法

利用式(5-132)和式(5-142)可以建立每个历元上双差观测的函数模型和随机模型。于是,根据最小二乘平差方法就可以求解观测方程中的未知数了。

假设在 n_t 个历元的观测过程中,卫星没有变化,也没有发生周跳,这意味着整周模糊度未知数的个数和数值都是不变的,于是,根据式(5-132)和式(5-142)可写出最小二乘的数学模型为

$$\boldsymbol{V}=\boldsymbol{A}\delta\boldsymbol{X}+\boldsymbol{B}\,\nabla\Delta\boldsymbol{N}-\boldsymbol{L},\ \boldsymbol{P} \tag{5-143}$$

式中

$$\boldsymbol{P}=\begin{bmatrix}\boldsymbol{P}(t_1) & & & \\ & \boldsymbol{P}(t_2) & & \\ & & \ddots & \\ & & & \boldsymbol{P}(t_{n_t})\end{bmatrix}$$

由于卫星数没有发生变化,所以,$\boldsymbol{P}(t_1)=\boldsymbol{P}(t_2)=\cdots=\boldsymbol{P}(t_{n_t})$。

根据最小二乘平差,可写出式(5-143)对应的法方程为

$$\begin{bmatrix} A^{T}PA & A^{T}PB \\ B^{T}PA & B^{T}PB \end{bmatrix} \begin{bmatrix} \delta X \\ \nabla\Delta N \end{bmatrix} = \begin{bmatrix} A^{T}PL \\ B^{T}PL \end{bmatrix} \tag{5-144}$$

由此可解算坐标参数和整周模糊度参数为

$$\begin{bmatrix} \delta X \\ \nabla\Delta N \end{bmatrix} = \begin{bmatrix} A^{T}PA & A^{T}P \\ PA & P \end{bmatrix}^{-1} \begin{bmatrix} A^{T}PL \\ PL \end{bmatrix} \tag{5-145}$$

但是，实际情况并不是这样的，在观测过程中卫星有升有降，并且还伴随着周跳，因此，观测值的个数在变化，整周模糊度参数的个数也在发生变化，在探测到周跳的历元及其后的历元上，要设置新的整周模糊度参数，因此要根据每个历元的实际卫星个数构造函数模型和随机模型。实际计算总是使用序贯平差的方法进行计算。

5.5　周跳探测和整周模糊度固定

在 5.1.2 小节中已经介绍过周跳的概念，而整周模糊度则贯穿了相对定位的所有内容。在载波相位的观测过程中，周跳是不可避免的。1 周的周跳可能会导致基线向量大于 10 cm 的偏差，因此在数据处理之前必须探测周跳的位置并予以修复。但是，探测周跳的位置容易，确定周跳的具体整数值比较困难。因此，一般情况下，人们总是说“尽量修复”，如果实在无法确定周跳的具体数值，则只能在发生周跳的历元上重新设置整周模糊度参数进行解算了。但是，通过最小二乘平差或序贯最小二乘平差等解算出来的整周模糊度是带有小数点的浮点数，而整周模糊度实际上是整数。因此，要尽量将整周模糊度固定为整数。

周跳和整周模糊度的解算效果与观测值的差分形式有很大的关系。零差观测值由于包含接收机钟钟差、卫星钟钟差、电离层偏差、对流层折射以及硬件延迟等太多的误差，想要精确地固定周跳和整周模糊度就比较困难。而双差观测值中由于基本消除了上述误差，解算起来就比较容易。周跳和整周模糊度的解算效果还与接收机的频率多少有关系。双频接收机提供了两个频率的观测值，这样就可以对两个频率的观测值进行一定的组合，组合后的观测值具有某种特殊的优点，便于探测周跳和解算整周模糊度。

5.5.1　周跳探测方法

周跳的探测方法有很多，这里介绍最常用的方法。

1. 屏幕扫描法

这种方法适用于探测大周跳。以观测历元为横轴，载波相位观测值为纵轴，画出载波相位随时间变化的曲线，如果载波相位在某一历元发生了跳跃，则认为出现了周跳。如图 5-7 所示。

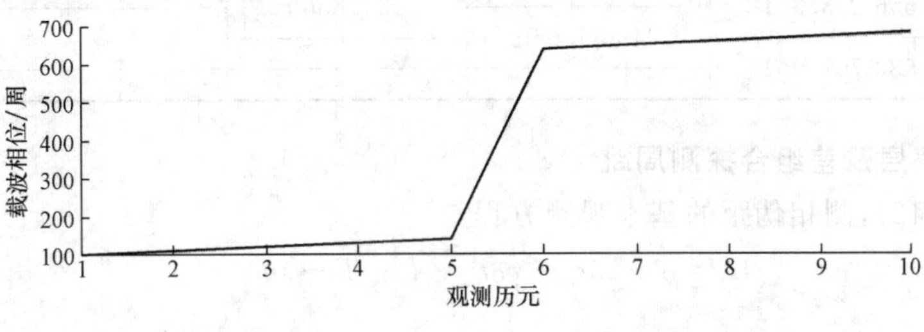

图 5-7　屏幕扫描法探测周跳

2. 低阶多项式法

该方法基于这样的前提:在几分钟的时间间隔内载波相位的变化满足一个低阶多项式。设在 6 个历元内应该满足二阶多项式,于是可以用前 5 个历元的数据拟合一个二阶多项式,即

$$\varphi(t) = a_0 + a_1(t - t_1) + a_2\,(t - t_1)^2 \tag{5-146}$$

则预测第 6 个历元的数据为

$$\varphi(t_6) = a_0 + a_1(t_6 - t_1) + a_2(t_6 - t_1)^2 \tag{5-147}$$

用预测的数据与实测的数值相比,如果相差很大,则认为有周跳。如果相差很小,则时间窗口往前移动一个历元,继续拟合和预测,直到最后。

3. 高次差法

相邻观测历元之间的载波相位求差称为一次差,对一次差再求差称为二次差,对二次差再求差称为三次差,对三次差再求差称为四次差。如果载波相位观测值满足的是一个二阶多项式,那么三次差(相当于求三阶导数)及更高次差的数值中仅包含偶然误差了,如果载波相位观测值满足的是一个三阶多项式,那么四次差(相当于求四阶导数)及更高次差的数值中也仅包含偶然误差了。如果三次差中包含一个{$+S$, $-2S$, $+S$}或四次差中包含一个{$+S$, $-3S$, $+3S$, $-S$}的子序列,那么 S 就是周跳。

表 5-6 是四次差探测周跳的计算过程。从表中可看出,三次差中包含一个子序列{99.681,－203.173,96.231},四次差中包含一个子序列{101.018,－302.854,299.404,－95.250},则可以判断出在第 6 个观测历元上有大约 100 周的周跳。

表 5-6　四次差探测周跳

观测历元	载波相位	一次差	二次差	三次差	四次差
1	361 515.910				
		24 188.965			
2	385 704.875		42.984		
		24 231.949		－2.632	
3	409 936.824		40.352		1.295
		24 272.301		－1.337	
4	434 209.125		39.015		101.018
		24 311.316		99.681	
5	458 520.441		138.696		－302.854
		24 450.012		－203.173	
6	482 970.453		－64.477		299.404
		24 385.535		96.231	
7	507 355.988		31.754		－95.250
		24 417.289		0.981	
8	531 773.277		32.735		0.920
		24 450.024		1.901	
9	556 223.301		34.636		
		24 484.660			
10	580 707.961				

4. 基于电离层残差组合探测周跳

按照式(5-112),测相伪距的基本观测方程是

$$L = \rho + c\delta t_r - c\delta t^s + I + T - \lambda n \tag{5-148}$$

则

$$L_1 = \rho + c\delta t_r - c\delta t^s + I_1 + T - \lambda_1 n_1 \tag{5-149}$$

$$L_2 = \rho + c\delta t_r - c\delta t^s + \frac{f_1^2}{f_2^2} I_1 + T - \lambda_2 n_2 \tag{5-150}$$

两式相减，结合式(5-26)得

$$L_4 = L_1 - L_2 = -(\lambda_1 n_1 - \lambda_2 n_2) + \left(1 - \frac{f_1^2}{f_2^2}\right) I_1 \tag{5-151}$$

式中，不包含几何距离 ρ，所以将其称为无几何距离组合，并且与钟差、对流层也无关。其中只包含电离层延迟残差，因此，无几何距离组合也被称为电离层残差组合。

如果 n_1 和 n_2 不发生变化，则式(5-151)中右边第一项是固定值，变化的只是最后一项，即电离层残差项，但是一般情况下电离层残差的变化是缓慢的和连续的，因此只要在该组合的时间序列中发现有突然的变化，就可以认为存在周跳。但是，究竟是 L_1 上有周跳还是 L_2 上有周跳，单独用 L_4 还无法判定。

5.5.2　整周模糊度固定方法

本节介绍三种整周模糊度解算策略：搜索法、西格马(sigma)法和兰布达(lambda)法。

1. 搜索法

搜索法也叫整周模糊度的快速算法(FARA)，是 1990 年由弗雷(E. Frei)和博伊特勒(G. Beutler)提出来的。这个方法要使用最初的最小二乘平差的信息：

(1) $\boldsymbol{p} = [p_1 \quad \cdots \quad p_u]^{\mathrm{T}}$，是实数整周模糊度的解向量，$u$ 是整周模糊度的个数；

(2) $\boldsymbol{Q}$ 为对应的协因数矩阵；

(3) σ_0^2 为验后方差因子。

具体做法如下：

(1) 从验后方差因子和对应的协因数矩阵中，可以计算整周模糊度参数 p_i 的均方差 σ_i，即

$$\sigma_i = \sigma_0 \sqrt{Q_{ii}} \tag{5-152}$$

选择一个置信水平 $1-\alpha$，用 t 分布计算备选整数 p_{Ai} 的区间，即

$$p_i - \xi \cdot \sigma_i \leqslant p_{Ai} \leqslant p_i + \xi \cdot \sigma_i \quad (i = 1,2,\cdots,u) \tag{5-153}$$

式中，$\xi = t_{f,(1-\alpha)/2}$ 可根据自由度 f 和置信水平 $(1-\alpha)$ 从 t 分布的数值表中查取。例如，当自由度为 40，$(1-\alpha)$ 为 99.9%时，$\xi = 3.55$。这样，每个整周模糊度都有一组备选整数，即

$$\left.\begin{aligned} &p_1 : p_{A1,1}, p_{A1,2}, \cdots, p_{A1,h_1} \\ &p_2 : p_{A2,1}, p_{A2,2}, \cdots, p_{A2,h_2} \\ &\vdots \\ &p_u : p_{Au,1}, p_{Au,2}, \cdots, p_{Au,h_u} \end{aligned}\right\}$$

如在一组中选择一个整数进行全组合，如 $\{p_{A1,1}, p_{A2,1}, \cdots, p_{Au,1}\}$、$\{p_{A1,1}, p_{A2,1}, \cdots, p_{Au,2}\}$，则可以形成 N 组可选的整周模糊度向量，记作 $\{p_{Ah}\}$，$h = 1,2,\cdots,N$，$N = \prod_{i=1}^{u}(h_i)$。例如，有 7 个整周模糊度参数，各个整周模糊度的备选个数均为 5，则 $N = 5^7 = 78\ 125$。显然，将这么多组合作为已知数代入观测方程中重新进行平差会非常耗时，因此，需要做进一步的处理。

(2) 对每组中的整数之差进行下面的检验，将没有通过下式检验的整数从备选整数中删掉，即

$$|p_{jk}-p_{Ajk,mn}|\leqslant\xi\cdot\sigma_{jk} \tag{5-154}$$

式中，$p_{jk}=p_j-p_k$(其中，$j,k=1,2,\cdots,u,j\neq k$)为整周模糊度实数之差，$p_{Ajk,mn}=p_{Aj,m}-p_{Ak,n}$(其中，$m=1,2,\cdots,h_m;n=1,2,\cdots,h_n$)为整周模糊度备选值之差，$\sigma_{jk}=\sigma_0\sqrt{Q_{jk}}$，$Q_{jk}=Q_{jj}-2Q_{jk}+Q_{kk}$。利用这项检验可以将绝大多数不正确的组合删除掉，留下少部分组合作为已知数代入到观测方程中重新进行平差，并计算单位权中误差。单位权中误差最小的那组整周模糊度即为正确的整周模糊度。

(3)对于双频观测值，通过前面(1)和(2)两步的操作，L1和L2的备选整周模糊度为

$$\text{L1}:\begin{cases}p_1^1: p_{A1,1}^1,p_{A1,2}^1,\cdots,p_{A1,s_1}^1\\ p_2^1: p_{A2,1}^1,p_{A2,2}^1,\cdots,p_{A2,s_2}^1\\ \vdots\\ p_u^1: p_{Au,1}^1,p_{Au,2}^1,\cdots,p_{Au,s_u}^1\end{cases},\quad \text{L2}:\begin{cases}p_1^2: p_{A1,1}^2,p_{A1,2}^2,\cdots,p_{A1,z_1}^2\\ p_2^2: p_{A2,1}^2,p_{A2,2}^2,\cdots,p_{A2,z_2}^2\\ \vdots\\ p_u^2: p_{Au,1}^2,p_{Au,2}^2,\cdots,p_{Au,z_u}^2\end{cases}$$

令

$$p_i^{12}=p_i^1-\frac{\lambda_2}{\lambda_1}p_i^2\quad(i=1,2,\cdots,u) \tag{5-155}$$

$$p_{Aijk}^{12}=p_{Ai,j}^1-\frac{\lambda_2}{\lambda_1}p_{Ai,k}^2\quad(j=1,2,\cdots,s_i;k=1,2,\cdots,z_i) \tag{5-156}$$

检验下式是否成立

$$|p_i^{12}-p_{Aijk}^{12}|\leqslant\xi\cdot\sigma_{p_i^{12}} \tag{5-157}$$

将没有通过检验的备选整周模糊度去掉。

(4)将通过上述检验的整数组合作为已知值重新进行平差计算，求得每一个组合对应的坐标参数和标准差。标准差最小(等于σ_w)的那组整数向量$\{p_{Aw}\}$被认为是最后的解，除非出现下面的情况：

情况一：标准差与整周模糊度实数解的标准差σ_0不相容(比值σ_w/σ_0太大)。

情况二：有另外一个向量$\{p_{Aq}\}$产生一个与σ_w几乎一样的标准差，即次小的标准差与最小标准差的比值近似相等，即$Ratio=\sigma_q/\sigma_w\approx1$。

如果出现上面的情形，则可以认为解算不成功，整周模糊度不能固定为整数。其原因可能是观测时间太短。比值$Ratio$是衡量基线计算成功与否的一个重要指标，比值越大，表示解算越成功。

在快速静态模式下，几乎必须使用搜索策略。如果两个频率(L1和L2观测值被处理)被提供的话，通常几分钟的数据就足够用来解算整周模糊度，并且精度大约为厘米级。如果仅提供一个频率的数据，那么观测时间就不得不长一些(通常大约30分钟的数据就足够了)。在快速静态模式下，通常仅用处理短基线(最大几千米)。

2. sigma法

这是一种传统的算法。令p_i是整周模糊度参数，在初始的最小二乘平差中，对于每个参数p_i，计算验后的中误差，即

$$\sigma_i=\sigma_0\sqrt{Q_{ii}}$$

式中，Q_{ii}是协因数矩阵中对应的元素。

将整周模糊度按照中误差的大小进行排列，中误差小的排在前面，中误差大的排在后面。如果排在前面的k_1个整周模糊度满足下面的条件：

条件一：对应的验后中误差 σ_i 与 σ_0 兼容（$\sigma_i < \sigma_{\max}$）。

条件二：在置信区间（$p_i - \xi \cdot m_i, p_i + \xi \cdot m_i$）确实只有一个整数。

于是就将这 k_1 个整数作为前面 k 个整周模糊度的解。将这 k_1 个整周模糊度作为已知量代入观测方程中，重新进行基线的解算，同时算出剩余的整周模糊度浮点解和对应的中误差，此时，剩余整周模糊度中的一部分（k_2 个）的置信区间中必然只有一个整数，将以上固定的这些整数（k_1 个 $+ k_2$ 个）作为已知值再代入观测方程中，重新进行基线计算。重复上面的步骤，直到将所有的整周模糊度被固定。

sigma 算法可用于短基线，也可用于长基线，可用于单频观测，也可用于双频观测。但是，需要观测较长的时间。

3．lambda 法

lambda 法是荷兰代尔夫特（Delft）大学的托伊尼森（Teunissen）教授 1994 年提出来的，用于短基线快速解算整周模糊度效果很好。

1）基本原理

线性化的双差载波相位观测方程可概括为

$$\boldsymbol{y} = \boldsymbol{A}\boldsymbol{a} + \boldsymbol{B}\boldsymbol{b} + \boldsymbol{e} \tag{5-158}$$

式中，$\boldsymbol{y}$ 为双差整周模糊度观测矢量，$\boldsymbol{a}$ 为待估的双差整周模糊度矢量，$\boldsymbol{b}$ 为待求的基线矢量，$\boldsymbol{A}$、$\boldsymbol{B}$ 分别为整周模糊度与基线矢量设计矩阵，$\boldsymbol{e}$ 为观测误差矢量。

利用最小二乘法求解该线性估计问题，即求解满足下式的 $\boldsymbol{a}$ 与 $\boldsymbol{b}$

$$\min_{\boldsymbol{a},\boldsymbol{b}} \| \boldsymbol{A}\boldsymbol{a} + \boldsymbol{B}\boldsymbol{b} + \boldsymbol{e} \|^2 \quad (\boldsymbol{a} \in \mathbf{Z}^m, \boldsymbol{b} \in \mathbf{R}^n) \tag{5-159}$$

式中，$\mathbf{Z}^m$ 表示 m 维整数空间，$\mathbf{R}^n$ 表示 n 维实数空间。上述最小二乘估计包含了待估参数为整数的约束条件，称为整数最小二乘估计。求其解通常可分为两步进行：

（1）忽略 $\boldsymbol{a}$ 的整数约束，利用普通最小二乘法估计出 $\boldsymbol{a}$ 与 $\boldsymbol{b}$ 的浮动解 $\hat{\boldsymbol{a}}$ 和 $\hat{\boldsymbol{b}}$ 及其协方差矩阵，即

$$\begin{bmatrix} \hat{\boldsymbol{a}} \\ \hat{\boldsymbol{b}} \end{bmatrix}, \begin{bmatrix} \boldsymbol{Q}_{\hat{a}} & \boldsymbol{Q}_{\hat{a}\hat{b}} \\ \boldsymbol{Q}_{\hat{b}\hat{a}} & \boldsymbol{Q}_{\hat{b}} \end{bmatrix} \quad (\hat{\boldsymbol{a}} \in \mathbf{R}^m, \hat{\boldsymbol{b}} \in \mathbf{R}^m)$$

（2）搜索使目标函数最小的 $\boldsymbol{a}$ 为整周模糊度固定解 $\check{\boldsymbol{a}}$，即

$$\boldsymbol{z} = \min\,(\hat{\boldsymbol{a}} - \boldsymbol{a})^{\mathrm{T}} \boldsymbol{Q}_{\hat{a}}^{-1} (\hat{\boldsymbol{a}} - \boldsymbol{a}) \quad (\boldsymbol{a} \in \mathbf{Z}^m) \tag{5-160}$$

继而得到基线参量固定解

$$\check{\boldsymbol{b}} = \hat{\boldsymbol{b}} - \boldsymbol{Q}_{\hat{b}\hat{a}} \boldsymbol{Q}_{\hat{a}}^{-1} (\hat{\boldsymbol{a}} - \check{\boldsymbol{a}}) \tag{5-161}$$

对式（5-160）进行搜索时，搜索空间表示为

$$(\hat{\boldsymbol{a}} - \boldsymbol{a})^{\mathrm{T}} \boldsymbol{Q}_{\hat{a}}^{-1} (\hat{\boldsymbol{a}} - \boldsymbol{a}) \leqslant \chi^2 \tag{5-162}$$

其是一个以 $\hat{\boldsymbol{a}}$ 为中心的 m 维超椭球体，χ^2 和 $\boldsymbol{Q}_{\hat{a}}$ 分别控制其大小和方向。最理想的情况是各整周模糊度之间互不相关，$\boldsymbol{Q}_{\hat{a}}$ 为对角矩阵，此时搜索椭球退化为球体，只需对 $\hat{\boldsymbol{a}}$ 就近取整即为固定解 $\check{\boldsymbol{a}}$。但在动态定位或快速定位的应用中，较短的观测时间及双差观测模式使得各整周模糊度间高度相关，$\boldsymbol{Q}_{\hat{a}}$ 远非对角矩阵，此时搜索椭球被拉得很长，搜索过程异常复杂。搜索椭球被拉长的程度可用整周模糊度协方差矩阵的条件数来表征，它等于矩阵最大特征值与最小特征值的比值，条件数越大则搜索椭球被拉得越长，越小则搜索椭球越接近球体。整周模糊度间相关程度可用去相关数表征，它介于 0 和 1 之间，去相关数越接近 0 表明整周模糊度相关性越强，越接近 1 表明整周模糊度间相关性越弱，可由下式求得

$$\boldsymbol{R}_{\hat{a}} = [\operatorname{diag}(\boldsymbol{Q}_{\hat{a}})]^{-\frac{1}{2}} \boldsymbol{Q}_{\hat{a}} [\operatorname{diag}(\boldsymbol{Q}_{\hat{a}})]^{-\frac{1}{2}} \tag{5-163}$$

$\operatorname{diag}(\boldsymbol{Q}_{\hat{a}})$是由$\boldsymbol{Q}_{\hat{a}}$的对角元素组成的对角矩阵。

$$r_{\hat{a}} = [\det(\boldsymbol{R}_{\hat{a}})]^{\frac{1}{2}} \quad (0 \leqslant r_{\hat{a}} \leqslant 1) \tag{5-164}$$

式中,$r_{\hat{a}}$ 即为矩阵的去相关数。

为加快整周模糊度固定解的搜索,要对原始整周模糊度做 Z 变换,以降低其相关性,使搜索椭球更接近球体。基本原理如下:

(1)寻找一个 $\boldsymbol{Z}$ 矩阵满足:$\boldsymbol{Z}$ 中所有元素为整数,$\det(\boldsymbol{Z})=\pm 1$。

(2)对原始整周模糊度进行如下变换

$$\left.\begin{aligned} \boldsymbol{z} &= \boldsymbol{Z}\boldsymbol{a} \\ \hat{\boldsymbol{z}} &= \boldsymbol{Z}\hat{\boldsymbol{a}} \\ \boldsymbol{Q}_{\hat{z}} &= \boldsymbol{Z}\boldsymbol{Q}_{\hat{a}}\boldsymbol{Z}^{\mathrm{T}} \end{aligned}\right\} \tag{5-165}$$

(3)搜索使目标达到最小的 $\boldsymbol{z}$,作为变换后的整周模糊度的固定解 $\check{\boldsymbol{z}}$,即

$$\boldsymbol{z} = \min (\hat{\boldsymbol{z}} - \boldsymbol{z})^{\mathrm{T}} \boldsymbol{Q}_{\hat{z}}^{-1} (\hat{\boldsymbol{z}} - \boldsymbol{z}) \tag{5-166}$$

(4)反变换得到原始整周模糊度的固定解。

2)整数的 Z 变换算法

整数的 Z 变换采用如下迭代算法:

(1)对对称正定矩阵 $\boldsymbol{Q}_{\hat{a}}$ 进行 $\boldsymbol{LDL}^{\mathrm{T}}$ 分解,其中,$\boldsymbol{L}$ 为单位下三角矩阵,$\boldsymbol{D}$ 为对角矩阵,令 $\boldsymbol{Q}_0=\boldsymbol{Q}_{\hat{a}}$,则

$$\boldsymbol{Q}_0 = \boldsymbol{L}_1 \boldsymbol{D} \boldsymbol{L}_1^{\mathrm{T}} \tag{5-167}$$

$$\boldsymbol{Q}_m = [\boldsymbol{L}_1^{-1}] \boldsymbol{Q}_0 [\boldsymbol{L}_1^{-\mathrm{T}}] \tag{5-168}$$

式中,[·]表示对矩阵的每个元素四舍五入取整。

(2)对对称正定矩阵 $\boldsymbol{Q}_m$ 进行 $\boldsymbol{UDU}^{\mathrm{T}}$ 分解,其中,$\boldsymbol{U}$ 为单位上三角矩阵,$\boldsymbol{D}$ 为对角矩阵,则

$$\boldsymbol{Q}_m = \boldsymbol{U}_1 \boldsymbol{D} \boldsymbol{U}_1^{\mathrm{T}} \tag{5-169}$$

$$\boldsymbol{Q}_f = [\boldsymbol{U}_1^{-1}] \boldsymbol{Q}_m [\boldsymbol{U}_1^{-\mathrm{T}}] \tag{5-170}$$

(3)为尽量降低整周模糊度间的相关性,重复步骤(1)、(2),直到某次分解的$\boldsymbol{U}_i^{-1}$ 和$\boldsymbol{L}_i^{-1}$ 为单位矩阵时停止。假设迭代了 n 次,最终 Z 变换矩阵为

$$\boldsymbol{Z} = [\boldsymbol{U}_n^{-1}][\boldsymbol{L}_n^{-1}][\boldsymbol{U}_{n-1}^{-1}][\boldsymbol{L}_{n-1}^{-1}]\cdots[\boldsymbol{U}_1^{-1}][\boldsymbol{L}_1^{-1}] \tag{5-171}$$

5.6 多系统的数据融合

随着 GNSS 的快速发展,卫星星座越来越丰富,现在许多 GNSS 接收机可以接收 GPS、BDS、GLONASS 和 Galileo 四种卫星信号,有的接收机还能够接收 QZSS 和 IRNSS 两个系统的信号。多系统的并存,必将促进多模 GNSS 兼容、互操作与融合应用。在多系统条件下,可用观测量更多、卫星几何构型更强、平差系统多余观测更多,多系统可以提高单点精密定位的精确性、可用性和可靠性,可以有效缩短初始化时间。但是,多系统也存在卫星类型、系统参考时间、坐标系统和硬件延迟差异。因此,多系统单点精密定位会受到更多系统性偏差的影响,此类偏差的稳定性分析和处理方法是需要解决的科学问题。

GNSS 各系统间在卫星、轨道、载波频率、调制方式、时间基准、坐标系统等方面均有不同,

其中与定位密切相关的主要是频率和时空基准的差异。GNSS各系统间频率既有所不同，但又相互兼容。时空基准虽然不同，但可以互相转换，在定位或导航时可以统一为系统的时空参考基准。

5.6.1 频率差异及兼容性

GNSS各系统间频率和调制方式有所不同，第4章已经给出了四种卫星导航系统信号的调制方式，GPS和Galileo是靠每颗卫星所发射的伪随机码不同来识别不同的卫星的，即码分多址(CDMA)，不同的卫星使用不同的伪随机码，但其频率是相同的；BDS卫星发射信号采用QPSK调制方式；GLONASS是让不同的卫星用不同的频率向空间发射信号，即所谓的频分多址(FDMA)，不同的卫星频率不同，但其伪随机码相同。

GPS目前有三个载频：L1的频率 $f_1 = 1\ 575.42$ MHz，L2的频率 $f_2 = 1\ 227.60$ MHz，L5的频率 $f_5 = 1\ 176.45$ MHz。Galileo有六个载频：E5a的频率 $f_{E5a} = 1\ 176.450$ MHz，E5b的频率 $f_{E5b} = 1\ 207.140$ MHz，E6c的频率 $f_{E6c} = 1\ 268.520$ MHz，E6p的频率 $f_{E6p} = 1\ 288.980$ MHz，L1f的频率 $f_{L1f} = 1\ 560.075$ MHz，L1p的频率 $f_{L1p} = 1\ 590.763$ MHz。BDS中：北斗一代卫星有两个频率，Tx的频率为 $f_{Tx} = 1\ 616$ MHz，Rx的频率为 $f_{Rx} = 2\ 492$ MHz；北斗二代卫星有三个频率，B1的频率 $f_{B1} = 1\ 561.098$ MHz，B2的频率 $f_{B2} = 1\ 207.14$ MHz，B3的频率 $f_{B3} = 1\ 268.52$ MHz；北斗三代卫星的B1c频率为 $f_{B1c} = 1\ 575.42$ MHz和B2频率为 $f_{B2a} = 1\ 176.45$ MHz。

GLONASS各卫星频率不同，每颗卫星发播的L1、L2载波信号的频率互不相同，按照下式计算频率

$$\left.\begin{aligned} f_{k1} &= 1\ 602 + 0.5625 \times K \\ f_{k2} &= 1\ 246 + 0.4375 \times K \end{aligned}\right\} \tag{5-172}$$

式中，K 为GLONASS频率的通道号，单位为MHz。

国际电信联盟规定了各系统空间信号频率配置，详见第1章空间信号段图1-5。为了保证Galileo与GPS、GLONASS的兼容性，Galileo的E2-L1-E1频段选用了GPS L1频段，E5a频段选用了GPS L5频段，E5b频段选用了GLONASS L3频段。通过中心频率的方式来实现协同工作，而利用不同信号结构和不同码序列，使频率部分重叠，从而实现各系统的互操作。利用不同的调制体系，达到不同系统信号的频谱分离。

5.6.2 时间基准的统一

在第2章已经介绍了时间系统，GPS的时间系统为GPST，GLONASS的时间系统为GLOT，Galileo的时间系统为GST，BDS的时间系统为BDT。

1. GPST与GLOT之间的转换

GPST属于原子时系统，其秒长与原子时相同，但与国际原子时有一个19 s的偏差，如式(2-26)所示。GLOT属于世界协调时UTC(SU)系统，与UTC相差3 h，即

$$GLOT = UTC + 3^h \tag{5-173}$$

GLOT与GPST之间除存在3 h的整数偏差外，还存在一个偏差($1^s \times n - 19^s$)。另外，UTC(SU)与UTC(USNO)之间也存在数十纳秒的差别，俄罗斯计划在新一代卫星GLONASS-M的导航电文中增加关于GPS和GLONASS时间差异的参数。

在GPS与GLONASS组合测量中,只能使用系统记录和处理观测数据。如果不考虑两个时间系统的差异,在数据处理中会引起定位解的系统偏差。因此要求在组合定位的观测方程中,将时间系统的差异作为一个未知数进行解算,也可以将时间系统的差异作为卫星钟钟差的一部分加以考虑。差分定位可以有效地消除它的影响。研究表明,短基线测量中,时间系统差异引起的误差可以忽略。GPST和GLOT之间的转换公式为

$$GLOT = GPST - 1^{s} \times n + 19^{s} + 3^{h} \tag{5-174}$$

2. GPST与GST之间的转换

GST和GPST之间有数十纳秒的时间偏差,导致两个系统伪距观测值产生缓慢变化的误差。如果想要提高最终导航解的精度,就必须对这种偏移进行处理。对于用户来说,接收机把这个偏差作为未知参数进行求解,这就是说除了计算三维位置参数、接收机钟差以外,增加一个时间偏差,因此至少需要5颗卫星来确定用户位置。GPST与GST之间的转换公式为

$$GPST = GST + GGTO \tag{5-175}$$

式中,$GGTO$是两个时间系统的偏差。

3. BDT与GPST之间的转换

BDT和GPST都采用国际制单位秒为基本单位联系累计,不闰秒。但起始历元不同,BDS的起始历元为2006年1月1日UTC零时,GPST的起始历元为1980年1月6日UTC零时,两者都采用周和周内秒计算。北斗导航电文提供了A_{0GPS}和A_{1GPS}两个同步参数,GPST和BDT之间的转换公式为

$$GPST = BDT - (A_{0GPS} + A_{1GPS} \times BDT) \tag{5-176}$$

5.6.3 坐标基准的统一

目前,GPS使用的是WGS-84坐标系统,属于ITRF系统;GLONASS使用的是PZ-90坐标系统,目前使用的是PZ-90.02系统;BDS使用的是CGCS2000坐标系统,与WGS-84和ITRF坐标系统兼容;Galileo使用的是GTRF坐标系统,GTRF与WGS-84和ITRF坐标系统兼容。但是,WGS-84、PZ-90.02、CGCS2000、GTRF、ITRF两两之间都存在差异。在做不同GNSS系统数据联合处理时,必须将所有的坐标系统统一到同一坐标系统中,否则无法处理。

1. PZ-90.02与ITRF的转换

PZ-90.02与ITRF之间的差值小于5cm。PZ-90.02与ITRF2000的关系只存在原点的平移,即与ITRF三个轴的定向是一致的,因此两者有简单的转换关系

$$\begin{bmatrix} X \\ Y \\ Z \end{bmatrix}_{ITRF2000} = \begin{bmatrix} -0.36 \\ 0.08 \\ 0.18 \end{bmatrix} + \begin{bmatrix} U \\ V \\ W \end{bmatrix}_{PZ-90.02} \tag{5-177}$$

式中,$[U \quad V \quad W]^{T}$为在PZ-90.02坐标系下的坐标,$[X \quad Y \quad Z]^{T}$为转换到ITRF2000框架下的坐标,历元为2007年8月31日。

2. PZ-90与WGS-84的转换

目前,PZ-90.02与WGS-84坐标系之间的转换参数尚未公布。俄罗斯选取了境内的8个观测站进行为期一个月的GPS、GLONASS观测,利用最小二乘方法求出7个转换参数,求解

得出坐标转换公式如下

$$\begin{bmatrix} X \\ Y \\ Z \end{bmatrix}_{\text{WGS-84}} = \begin{bmatrix} -1.1 \\ -0.3 \\ -0.9 \end{bmatrix} + (1-0.12\times10^{-6}) \begin{bmatrix} 1 & 0.82\times10^{-6} & 0 \\ 0.82\times10^{-6} & 1 & 0 \\ 0 & 0 & 1 \end{bmatrix} \begin{bmatrix} U \\ V \\ W \end{bmatrix}_{\text{PZ-90.02}} \tag{5-178}$$

该转换参数的转换精度优于 1 m，转换参数可以在俄罗斯及周边地区应用。

1997 年，俄罗斯利用全球激光跟踪测轨数据，计算了 PZ-90 与 WGS-84 之间的坐标转换参数，被公认为是目前最精确的坐标转换参数，其转换公式为

$$\begin{aligned} \begin{bmatrix} X \\ Y \\ Z \end{bmatrix}_{\text{WGS-84}} = & \begin{bmatrix} -0.47 \\ -0.51 \\ -1.56 \end{bmatrix} \\ & + (1-0.22\times10^{-6}) \begin{bmatrix} 1 & 1.7282\times10^{-6} & 0.017\times10^{-6} \\ 1.7282\times10^{-6} & 1 & -0.016\times10^{-6} \\ 0.017\times10^{-6} & -0.016\times10^{-6} & 1 \end{bmatrix} \begin{bmatrix} U \\ V \\ W \end{bmatrix}_{\text{PZ-90}} \end{aligned} \tag{5-179}$$

3. WGS-84 与 GTRF 的转换

WGS-84 与 GTRF 的差别在几个厘米之内，这种精度对于导航用户需求已足够。

4. WGS-84 与 CGCS2000 的转换

从 WGS-84 与 CGCS2000 坐标系定义可以看出，两个坐标系的原点、尺度、定向都是相同的，参考椭球非常接近，只有扁率有一点区别，影响很小，一般情况下不需要进行坐标转换。

习题与思考题

1. 电离层折射与载波频率有什么关系？
2. 伪距观测值和载波相位观测值中包含的电离层折射项是正值还是负值？
3. 对流层折射对伪距的影响和对载波相位的影响是不是相同的？其是正值还是负值？
4. 伪距和载波相位观测值的偶然误差有哪些？
5. 钟的稳定度和钟的精度是一个概念吗？
6. 卫星导航电文中给出了卫星钟钟差的三个系数，这些系数是怎么算出来的？
7. 接收机钟和卫星钟如何保持同步？
8. 已知测站点的地理坐标为 $\lambda_S=120°$，$\varphi_S=35°$，测站到卫星的截止高度角 $el=60°$，测站到卫星的方位角 $\alpha=60°$，观测时刻的世界时 $UT=4$ h，电离层模型的 4 个 α 系数为 0.1676×10^{-7}、0.2235×10^{-7}、-0.1192×10^{-6}、-0.1192×10^{-6}，电离层模型的 4 个 β 系数为 0.1208×10^{6}、0.1310×10^{6}、-0.1310×10^{6}、-0.1966×10^{6}。请根据电离层模型计算电离层折射改正。
9. 已知测站上的温度为 26℃，大气压为 740 mmHg，大气的相对湿度为 60%，测站的高程为 50 m，卫星的截止高度角为 50°，请利用萨斯塔莫伊宁模型和霍普菲尔德模型分别计算对流层折射。

10. 多路径误差是系统误差吗?如何探测多路径误差?多路径误差能否采用测站间求差的方法消除?

11. 在单点定位时,如果只有4颗卫星,能不能使用公式 $\delta \boldsymbol{X}=(\boldsymbol{A}^{\mathrm{T}}\boldsymbol{A})^{-1}\boldsymbol{A}^{\mathrm{T}}\boldsymbol{L}$ 计算未知参数?难道必须使用 $\delta \boldsymbol{X}=\boldsymbol{A}^{-1}\boldsymbol{L}$ 吗?

12. 计算DOP时要不要考虑观测值的权?

13. 如果两个卫星的载波频率相同,那么通过单差(测站间求差)就能消去卫星钟钟差参数,再通过卫星间求差(双差)就能消除接收机钟钟差参数。那么,如果两个卫星的载波频率不一样(如GLONASS),采用同样的求差方法能够消除钟差参数吗?

14. 双差固定解、双差浮动解、三差解哪个更准确?

15. 周跳和整周模糊度有什么关系?

16. 利用三差能否探测周跳?

17. 在测站 A、B 同步观测得到PRN11、PRN19、PRN02三颗卫星在相邻三个历元的L1载波相位观测值,见表5-7(单位为周)。

表5-7 载波相位观测值

测站	卫星	t_1历元	t_2历元	t_3历元
A	PRN11	901 227.758	899 214.575	897 218.529
	PRN19	638 082.076	649 289.590	660 509.179
	PRN02	105 092.752	88 990.175	72 886.976
B	PRN11	1 041 815.500	1 041 940.938	1 042 090.007
	PRN19	391 913.629	405 268.562	418 642.089
	PRN02	628 400.178	614 440.896	600 487.611

试求:①t_3历元测站 A、B 的站间单差观测值;②t_3历元测站 A、B 的站星间双差观测值(以PRN11为参考卫星);③t_1、t_3历元测站 A、B 的站星历元间三差观测值(以PRN11为参考卫星)。

第6章 动态定位与导航

将 GNSS 接收机装在运动载体上，通过测定 GNSS 接收机天线中心的位置来计算载体的运动轨迹，这种定位方式叫作动态定位。如果接收机能够一边进行数据采集，一边立刻解算并输出定位结果，这样的动态定位叫作实时动态定位。实践中实时测定运动物体的位置更具有应用价值，因此，动态定位一般是指实时动态定位。

仅仅使用一台 GNSS 接收机进行观测，直接获取该接收机天线的空间位置，这种动态定位称为单点动态定位。

若使用两台 GNSS 接收机，一台位于基准站上静止不动，另一台位于流动站上处于运动状态，通过计算基准站和流动站之间的相对位置从而获取流动站的空间位置，这种定位方式叫作相对动态定位。相对动态定位通常采用差分模式，称为差分定位。

刻画载体运动轨迹要求定位间隔越小越好。若要求每隔 10 m 对载体定位一次，则载体速度为 1 m/s 时接收机只需每隔 10 s 测量一次，载体速度是 1 000 m/s 时，需每隔 0.01 s 测量一次。载体速度不同对接收机性能要求也不同。根据载体运动速度，动态定位又可分为：①低动态定位，运动速度从每秒几米到几十米；②中动态定位，运动速度为 100～1 000 m/s；③高动态定位，运动速度大于 1 000 m/s。

本章以 GPS 为例介绍单点动态定位、差分定位、实时动态定位技术、连续运行基准站系统和 GPS 增强系统等。

6.1 单点动态定位

在进行 GPS 单点动态定位时，接收机天线处于运动状态，瞬时观测值很少，缺乏多余观测，定位中的各种误差得不到充分消除，定位结果精度较低，只能达到 10 m 量级，仅可用于精度要求不高的载体导航。

单点动态定位通常使用伪距进行解算。设在第 1 历元共观测了 n^j 个卫星，则根据式(5-85)，可以写出 n^j 个伪距的误差方程

$$\begin{bmatrix} v^1 \\ v^2 \\ \vdots \\ v^{n^j} \end{bmatrix}_1 = \begin{bmatrix} l^1 & m^1 & n^1 & 1 \\ l^2 & m^2 & n^2 & 1 \\ \vdots & \vdots & \vdots & \vdots \\ l^{n^j} & m^{n^j} & n^{n^j} & 1 \end{bmatrix}_1 \begin{bmatrix} \delta x_1 \\ \delta y_1 \\ \delta z_1 \\ \mathrm{d}T_1 \end{bmatrix} - \begin{bmatrix} P^1 + c\delta t^1 + I^1 - T^1 - \rho_0^1 \\ P^2 + c\delta t^2 + I^2 - T^2 - \rho_0^2 \\ \vdots \\ P^{n^j} + c\delta t^{n^j} + I^{n^j} - T^{n^j} - \rho_0^{n^j} \end{bmatrix}_1 \tag{6-1}$$

令

$$w^j = P^j + c\delta t^j + I^j - T^j - \rho_0^j$$

$$\boldsymbol{V}_1 = \begin{bmatrix} v^1 \\ v^2 \\ \vdots \\ v^{n^j} \end{bmatrix}_1, \boldsymbol{A}_1 = \begin{bmatrix} l^1 & m^1 & n^1 & 1 \\ l^2 & m^2 & n^2 & 1 \\ \vdots & \vdots & \vdots & \vdots \\ l^{n^j} & m^{n^j} & n^{n^j} & 1 \end{bmatrix}_1, \delta\boldsymbol{X}_1 = \begin{bmatrix} \delta x_1 \\ \delta y_1 \\ \delta z_1 \\ \mathrm{d}T_1 \end{bmatrix}, \boldsymbol{L}_1 = \begin{bmatrix} w^1 \\ w^2 \\ \vdots \\ w^{n^j} \end{bmatrix}_1$$

可将方程(6-1)写成

$$\boldsymbol{V}_1 = \boldsymbol{A}_1 \delta \boldsymbol{X}_1 - \boldsymbol{L}_1 \tag{6-2}$$

式中,$\boldsymbol{V}_1$ 是伪距观测值的残差矩阵,$\boldsymbol{A}_1$ 是待估参数$\delta\boldsymbol{X}_1$ 的系数矩阵,$\boldsymbol{L}_1$ 是自由项。

式(6-2)是标准的最小二乘误差方程,现假设所有的观测值为等精度观测,权均为1,于是,可组成法方程

$$(\boldsymbol{A}_1^{\mathrm{T}}\boldsymbol{A}_1)\delta\boldsymbol{X}_1 = \boldsymbol{A}_1^{\mathrm{T}}\boldsymbol{L}_1 \tag{6-3}$$

进而解算法方程

$$\delta\boldsymbol{X}_1 = (\boldsymbol{A}_1^{\mathrm{T}}\boldsymbol{A}_1)^{-1}\boldsymbol{A}_1^{\mathrm{T}}\boldsymbol{L}_1 \tag{6-4}$$

最后计算接收机天线的坐标和钟差为

$$\left.\begin{aligned} x_1 &= x_1^0 + \delta x_1 \\ y_1 &= y_1^0 + \delta y_1 \\ z_1 &= z_1^0 + \delta z_1 \end{aligned}\right\} \tag{6-5}$$

这样就计算出了第1历元的定位结果。

实际计算时,因为接收机天线的近似坐标(x_1^0,y_1^0,z_1^0)未知,因此,一般要进行迭代运算。初次迭代时,令 $x_1^0=0$,$y_1^0=0$,$z_1^0=0$,一般迭代2~3次就能够使改正数 δx_1、δy_1 和 δz_1 的数值控制在10 m以下,此时可以终止迭代。

在第2历元,也可以按照与第1历元的步骤解算,只不过第2历元的近似值可以直接取第1历元的定位结果,即 $x_2^0=x_1$,$y_2^0=y_1$,$z_2^0=z_1$,而不需要迭代,这样就可以节省时间,提高解算速度。

用同样的方法解算以后各历元的定位结果。

使用伪距作观测值进行单点动态定位,计算模型简单,作业方便,但由于所用伪距观测精度不高,其定位效果较差。

6.2 差分定位

差分定位的基本思路是:在基准站上安置一台接收机,在流动站上安置一台接收机,同时观测相同的卫星,获得两台接收机到卫星的伪距、载波相位以及导航电文等信息。同时,基准站还安装有无线电发射机,将基准站上的有关信息实时发送给流动站。流动站接收机根据接收到的信息计算出流动站的位置。

基准站的有关信息包括三种:①位置差,即实测坐标与基准站已知坐标之差;②伪距差,即接收机到卫星的实测伪距与已知距离之差;③载波相位差,即接收机到卫星的实测载波相位与已知载波相位之差。这些信息统称为差分信息。根据差分信息的不同,差分定位可以分为位置差分、伪距差分和载波相位差分三种。

6.2.1 位置差分

如图6-1所示,基准站1与流动站2同时观测相同的卫星,同时假设基准站和流动站相距不远,因此,基准站与流动站到相同的卫星有近似平行的方向。基准站1的已知坐标为

(X_{10}, Y_{10}, Z_{10})。基准站接收机通过采集基准站到多个卫星的伪距观测值，采用单点定位模式，可以获取基准站的测量值(X_1, Y_1, Z_1)，从而计算出位置之差为

$$\left.\begin{aligned}\Delta X_1 &= X_{10} - X_1\\ \Delta Y_1 &= Y_{10} - Y_1\\ \Delta Z_1 &= Z_{10} - Z_1\end{aligned}\right\} \tag{6-6}$$

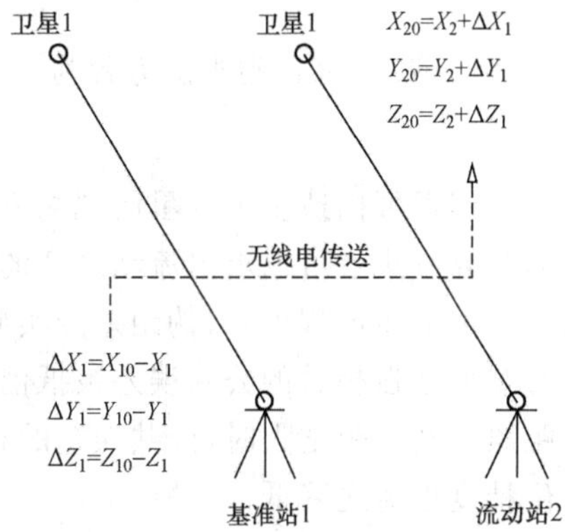

图 6-1　位置差分

$(\Delta X_1, \Delta Y_1, \Delta Z_1)$实际上是由于基准站上的各种误差引起的，包括轨道误差、时钟误差、电离层误差、对流层误差等。由于基准站距离流动站比较近，可以近似认为流动站的误差和基准站的误差是相同的，因此，流动站的坐标改正也相同。于是，流动站根据其观测伪距获得其坐标测量值(X_2, Y_2, Z_2)后，再进行坐标改正，就得到了它的正确坐标，即

$$\left.\begin{aligned}X_{20} &= X_2 + \Delta X_1\\ Y_{20} &= Y_2 + \Delta Y_1\\ Z_{20} &= Z_2 + \Delta Z_1\end{aligned}\right\} \tag{6-7}$$

由于流动站2上的误差经过了改正，因此，流动站的坐标精度得到了提高。但是，由于式(6-7)不是严格的成立，因此，流动站的坐标精度也不高。

6.2.2 伪距差分

如图6-2所示，基准站1与流动站2同时观测相同的卫星，同时假设基准站和流动站相距不远，因此，基准站到相同的卫星有近似平行的方向。基准站1的已知坐标为(X_{10}, Y_{10}, Z_{10})。在基准站1上测得其到卫星1的伪距观测方程为

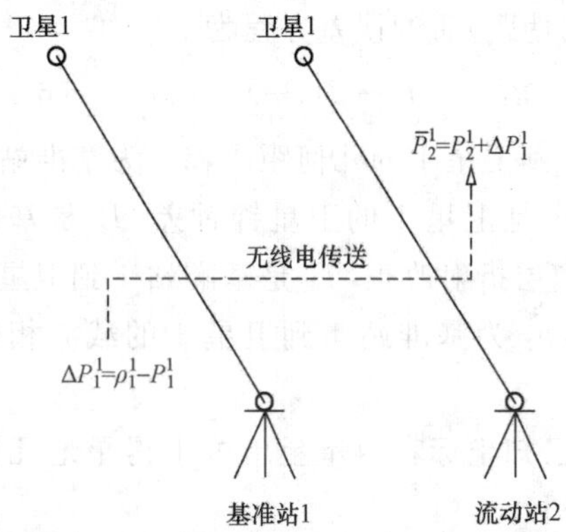

图 6-2　伪距差分

$$P_1^1 = \rho_1^1 + c\delta t_1 - c\delta t^1 - I_1^1 + T_1^1 + \mathrm{d}\rho_1^1 \tag{6-8}$$

式中，δt_1为基准站1的接收机钟钟差，δt^1是卫星1的卫星钟钟差，I_1^1是基准站1到卫星1的电离层折射改正，T_1^1是基准站1到卫星1的对流层折射改正，$\mathrm{d}\rho_1^1$是卫星1的星历误差。

由基准站精确的已知坐标和卫星星历可计算出星地几何距离ρ_1^1为

$$\rho_1^1 = \sqrt{(X^1 - X_{10})^2 + (Y^1 - Y_{10})^2 + (Z^1 - Z_{10})^2} \tag{6-9}$$

式中，(X^1, Y^1, Z^1)为卫星1的坐标。于是，由式(6-8)得

$$\Delta P_1^1 = \rho_1^1 - P_1^1 = -c\delta t_1 + c\delta t^1 + I_1^1 - T_1^1 - \mathrm{d}\rho_1^1 \tag{6-10}$$

在流动站上，接收机测得流动站2到卫星1的伪距观测方程为

$$P_2^1 = \rho_2^1 + c\delta t_2 - c\delta t^1 - I_2^1 + T_2^1 + \mathrm{d}\rho_2^1 \tag{6-11}$$

将P_2^1加上ΔP_1^1后构成了新的伪距观测量$\overline{P}_2^1$，考虑到流动站2距离基准站1不太远，可以认为电离层折射$I_1^1 = I_2^1$，对流层折射$T_1^1 = T_2^1$，星历误差$\mathrm{d}\rho_1^1 = \mathrm{d}\rho_2^1$，因此

$$\overline{P}_2^1 = \rho_2^1 + c\delta t_2 - c\delta t_1 = \rho_2^1 + c(\delta t_2 - \delta t_1) \tag{6-12}$$

令 $\delta t_{12} = \delta t_2 - \delta t_1$,则观测方程为

$$\overline{P}_2^1 = \rho_2^1 + c\delta t_{12} \tag{6-13}$$

同理可构造多个卫星的观测方程,在所有的观测方程中,只有 4 个未知数,利用单点定位的解算方法就可以求出流动站 2 的坐标。

由上述过程可知,伪距差分实质上是在测站间求伪距观测值的一次差,求差过程中流动站与基准站强相关的公共误差被抵消,因而提高了定位精度。公共误差相关度决定于两站间的距离。站间距增大时,公共误差的相关度将降低,通过求差即难以抵消公共误差,流动站的定位精度也随之降低。

6.2.3 载波相位差分

载波相位差分定位是应用广泛的实时动态(real time kinematic,RTK)定位方法。如果基准站发送给流动站的差分数据是基准站的载波相位修正量,可以使用修正法来计算;如果基准站发送给流动站的信号不是差分数据,而是基准站的载波相位观测值,可以使用求差法来计算。

1. 修正法

如图 6-3 所示,基准站 1 与流动站 2 同时观测相同的卫星,同时假设基准站和流动站相距不远,因此,基准站到相同的卫星有近似平行的方向。基准站 1 的已知坐标为(X_{10}, Y_{10}, Z_{10})。

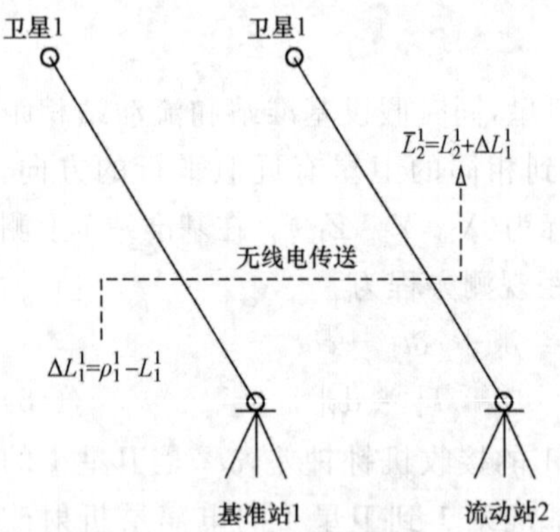

图 6-3 载波相位差分的修正法

在某历元上,将基准站 1 对卫星 1 的载波相位观测值化算为距离(测相伪距)后的误差方程为

$$L_1^1 = \rho_1^1 + c\delta t_1 - c\delta t^1 + I_1^1 + T_1^1 - \lambda n_1^1 \tag{6-14}$$

式中,ρ_1^1 是基准站 1 到卫星 1 的几何距离,δt_1 为基准站 1 的接收机钟钟差,δt^1 是卫星 1 的卫星钟钟差,I_1^1 是基准站 1 到卫星 1 的电离层折射改正,T_1^1 是基准站 1 到卫星 1 的对流层折射改正,n_1^1 为基准站 1 到卫星 1 的载波相位的初始整周模糊度。

利用基准站的已知坐标和卫星星历可求得星地几何距离 ρ_1^1,则基准站的测相伪距改正数为

$$\Delta L_1^1 = \rho_1^1 - L_1^1 = -c\delta t_1 + c\delta t^1 - I_1^1 - T_1^1 + \lambda n_1^1 \tag{6-15}$$

即为修正法中的差分数据。

在流动站 2 上,流动站接收机也观测了卫星 1 的测相伪距,其观测方程为

$$L_2^1 = \rho_2^1 + c\delta t_2 - c\delta t^1 + I_2^1 + T_2^1 - \lambda n_2^1 \tag{6-16}$$

将 L_2^1 加上 ΔL_1^1 后构成了新的伪距观测量$\overline{L}_2^1$,即

$$\begin{aligned}\overline{L}_2^1 = L_2^1 + \Delta L_1^1 = \rho_2^1 + c(\delta t_2 - \delta t_1) + (I_2^1 - I_1^1) + \\ (T_2^1 - T_1^1) - \lambda(n_2^1 - n_1^1)\end{aligned} \tag{6-17}$$

考虑到流动站 2 距离基准站 1 不太远,可以认为电离层折射 $I_1^1 = I_2^1$,对流层折射 $T_1^1 = T_2^1$,并且

令 $\delta t_{12}=\delta t_2-\delta t_1$，$n_{12}^1=n_2^1-n_1^1$，则

$$\overline{L}_2^1=\rho_2^1+c\delta t_{12}-\lambda n_{12}^1 \tag{6-18}$$

设基准站 1 和流动站 2 同步观测了 k 个卫星，则可构造出 k 个观测方程。这些方程中包含流动站 2 的 3 个位置参数(x_2,y_2,z_2)、1 个接收机钟钟差参数 δt_{12}、k 个初始整周模糊度参数$(n_{12}^1,n_{12}^2,\cdots,n_{12}^k)$，一共 $k+4$ 个参数。可以使用前几个历元的数据解算出整周模糊度参数$(n_{12}^1,n_{12}^2,\cdots,n_{12}^k)$，这个过程叫作初始化。在以后的观测中，就仅有$(x_2,y_2,z_2)$和 δt_{12} 4 个参数了，这些参数可以即时解算得到，从而实现实时定位的目的。

由于修正后的观测值中消去了大多数的误差，因此，利用这种方法得到的结果精度非常高。

2. 求差法

如图 6-4 所示，基准站 1 与流动站 2 同时观测相同的卫星 j 和 k，同时假设基准站和流动站相距不远。基准站 1 的已知坐标为(X_{10},Y_{10},Z_{10})。基准站 1 将其观测得到的载波相位观测值发送给流动站 2，流动站 2 用自身观测的载波相位观测值与基准站 1 的同步载波相位观测值进行求差处理，形成双差观测值。利用双差模型实时解算出流动站的三维坐标。

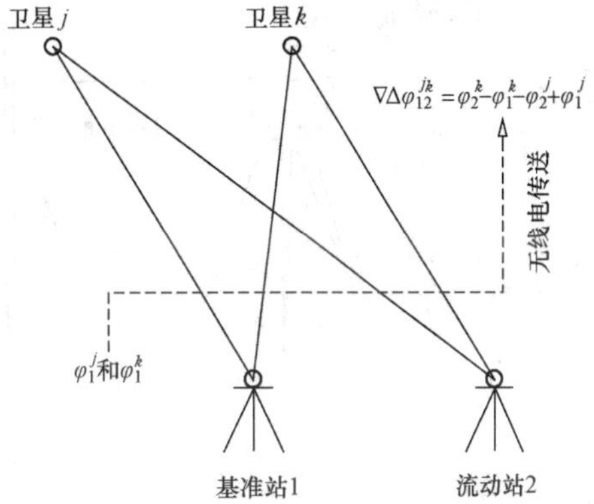

图 6-4　载波相位差分的求差法

设基准站 1 和流动站 2 在同一观测历元同步观测了卫星 k 和卫星 j，根据 5.4 节的推导，可得载波相位的双差观测值方程为

$$\nabla\Delta\varphi_{12}^{jk}=\frac{f}{c}\nabla\Delta\rho_{12}^{jk}-\nabla\Delta n_{12}^{jk}+\frac{f}{c}\nabla\Delta I_{12}^{jk}+\frac{f}{c}\nabla\Delta T_{12}^{jk} \tag{6-19}$$

式中，各符号和参数的含义同式(5-120)。因为流动站 2 距基准站 1 相距不远，可以认为$\nabla\Delta I_{12}^{jk}=0$，$\nabla\Delta T_{12}^{jk}=0$，于是方程(6-19)可写为

$$\nabla\Delta\varphi_{12}^{jk}=\frac{f}{c}\nabla\Delta\rho_{12}^{jk}-\nabla\Delta n_{12}^{jk} \tag{6-20}$$

设基准站 1 和流动站 2 同步观测了 m 个卫星，则可构造出 $m-1$ 个观测方程。这些方程中包含 3 个位置参数(x_2,y_2,z_2)、$m-1$ 个初始整周模糊度参数$(\nabla\Delta n_{12}^{12},\nabla\Delta n_{12}^{13},\cdots,\nabla\Delta n_{12}^{1m})$，一共 $m+2$ 个参数。可以使用前几个历元的数据解算出整周模糊度参数$(\nabla\Delta n_{12}^{12},\nabla\Delta n_{12}^{13},\cdots,\nabla\Delta n_{12}^{1m})$，这个过程叫作初始化。在以后的观测中，就仅有$(x_2,y_2,z_2)$3 个参数了，这些参数可以立即解算得到，从而实现实时定位的目的。

与修正法相比，由于双差观测值中消去了接收机钟钟差参数，因此，利用这种方法得到的结果精度更高。

6.2.4　整周模糊度的在航解算

从载波相位差分原理可以看出，要想达到实时定位的目的，必须首先确定初始整周模糊度，这个过程称为初始化。由于流动站接收机始终处于运动状态，因此把在运动中解算初始整周模糊度的方法称为整周模糊度的在航解(on the fly，OTF)算法。实时定位要求快速解算出整周模糊度，因此，确定初始整周模糊度始终是载波相对动态定位中的关键问题。第 5 章中介绍

的解算初始整周模糊度的搜索法和 lambda 法都可作为 OTF 算法使用。

6.2.5 RTK 定位设备

单基站载波相位实时动态(RTK)定位系统由 GNSS 接收机、差分数据传输系统设备、电子手簿、数据处理软件等构成,如图 6-5 所示。

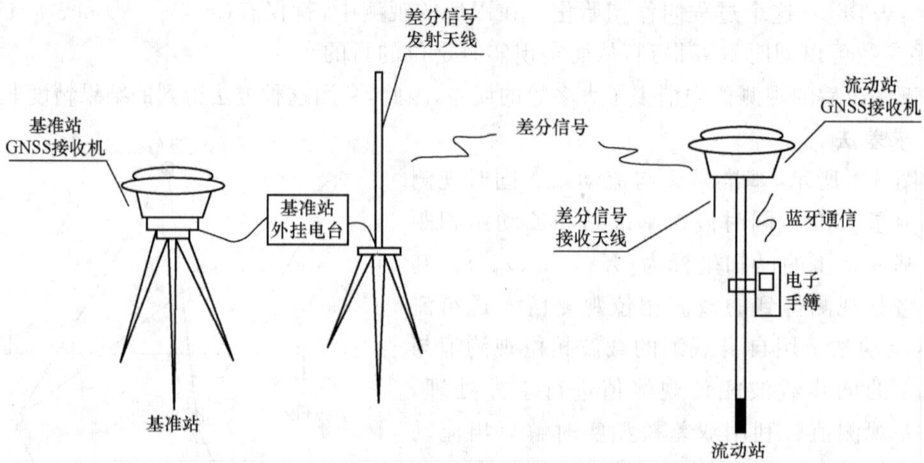

图 6-5 RTK 定位系统配置

GNSS 载波动态测量接收设备的最小配置为 1+1 组合,即 1 台基准站接收机拖 1 台流动站接收机,接收机可通过工作模式切换使用。

基准站接收机除具备接收 GNSS 卫星信号功能外,还应有差分信号数据链发射端设备。数据链发射端设备由调制解调器、信号发射电台、发射天线、电台和电池等组成。发射端的电台有内置于 GNSS 接收机内的内置式电台和可独立使用的外挂式电台两种。差分数据由调制解调器编码和调制,然后由无线电台发射出去。

流动站接收机除具备接收 GNSS 卫星信号功能外,还应有差分数据链接收端设备。接收端设备主要由接收差分信号的接收电台、调制解调器、接收天线等构成。接收差分信号后,由调制解调器还原并输入 GNSS 接收机中参加载波相位差分动态定位解算。具有网络 RTK 功能的接收机还应配有接插 SIM 卡(用户识别模块)的插槽。

电子手簿是对 GNSS 基准站和流动站接收机进行设置和控制的设备,用于接收机设置、动态定位解算、坐标转换参数计算、工作文件建立、流动站测量过程控制、动态测量结果存储、接收机工作状态监控,一般通过蓝牙通信实现与接收机的通信连接。

动态测量的软件系统一般固化或预安装于接收机或电子手簿中,也有单独用于事后差分解算的软件和其他辅助计算软件。实时动态测量的软件系统具有下列功能:①快速解算整周模糊度;②根据卫星信号和差分信号实时解算流动站的地心三维坐标,计算坐标转换参数,进行坐标转换;③解算质量分析与精度评定;④测量结果显示与绘图。

6.2.6 RTK 定位成果的转换

卫星导航定位结果所采用的坐标系为系统本身所采用的地心参考系。在目前可进行定位的卫星导航系统中,GPS 采用 WGS-84 坐标系统,GLONASS 采用 PZ-90 坐标系统,北斗采用

CGCS2000 坐标系统。多系统兼容的接收机定位结果一般采用 WGS-84 坐标系统。实际应用中所使用的坐标系统一般为地方坐标系统或当地工程坐标系统，这就需要将定位成果（源坐标系统成果）转换为当地所用坐标系统（目标坐标系统）成果。下面以 GPS-RTK 为例来讲解坐标系统的转换，即如何将测量得到的坐标转换为目标坐标系统的坐标。

1. WGS-84 到本地空间直角坐标系统的转换

在 RTK 测量之前，要创建一个工程，还必须定义该工程所使用的坐标系统。这样，RTK 定位时输出的结果就是所定义坐标系统中的坐标。如果定义一个工程使用的是 CGCS2000 坐标系统，那么 RTK 将会输出基于 CGCS2000 坐标系统的空间直角坐标。这个过程实际上是使用布尔莎（Bursa）七参数模型将 GPS 的缺省坐标系 WGS-84 转换为 CGCS2000，在定义坐标系时要输入七个转换参数：三个平移参数、三个旋转参数和一个尺度参数。

布尔莎七参数转换模型为

$$\begin{bmatrix} x \\ y \\ z \end{bmatrix}_{\mathrm{T}} = \begin{bmatrix} x \\ y \\ z \end{bmatrix}_{\text{WGS-84}} + \begin{bmatrix} x_0 \\ y_0 \\ z_0 \end{bmatrix} + m \begin{bmatrix} x \\ y \\ z \end{bmatrix}_{\text{WGS-84}} + \begin{bmatrix} 0 & \varepsilon_z & -\varepsilon_y \\ -\varepsilon_z & 0 & \varepsilon_x \\ \varepsilon_y & -\varepsilon_x & 0 \end{bmatrix} \begin{bmatrix} x \\ y \\ z \end{bmatrix}_{\text{WGS-84}} \tag{6-21}$$

式中，七个转换参数分别是平移参数（x_0、y_0、z_0）、旋转参数（ε_x、ε_y、ε_z）、尺度参数 m。

2. 空间直角坐标到大地坐标的转换

定义 RTK 工程的坐标系统时，总是要输入椭球参数，一般要求输入两个几何元素：椭球长半轴 a 和椭球的扁率 f，这是为了将空间三维直角坐标转换为大地坐标。空间三维直角坐标转换为大地坐标的公式应用式(2-13)。

3. 大地坐标到平面坐标的投影变换

创建 RTK 工程时除了要定义坐标系统（即输入七参数和椭球参数）之外，还要定义投影的方式，目的是将大地坐标投影到平面上，其实就是将大地坐标转换为平面坐标。在我国通常使用高斯投影。定义高斯投影时要输入中央子午线经度等参数。将大地坐标转换为高斯平面坐标的公式为

$$\left.\begin{aligned} x &= X + \frac{N}{2}\sin B\cos B \cdot l^2 + \frac{N}{24}\sin B\cos^3 B(5 - t^2 + 9\eta^2 + 4\eta^4)l^4 + \\ &\quad \frac{N}{720}\sin B\cos^5 B(61 - 58t^2 + t^4)l^6 \\ y &= N\cos B \cdot l + \frac{N}{6}\cos^3 B(1 - t^2 + \eta^2)l^3 + \\ &\quad \frac{N}{120}\cos^5 B(5 - 18t^2 + t^4 + 14\eta^2 - 58\eta^2 t^2)l^5 \end{aligned}\right\} \tag{6-22}$$

式中，$l=L-L^0$，L^0 为中央子午线经度，$N=a\,(1-e^2\sin^2 B)^{-\frac{1}{2}}$，$t=\tan B$，$a$、$e$、$e'$分别为地球椭球长半轴、第一偏心率和第二偏心率。$X$ 为中央子午线弧长，其计算公式为

$$X = a_0 B - \frac{a_2}{2}\sin 2B + \frac{a_4}{4}\sin 4B - \frac{a_4}{6}\sin 4B + \frac{a_8}{8}\sin 8B \tag{6-23}$$

式中，$a_0 = m_0 + \frac{m_2}{2} + \frac{3}{8}m_4 + \frac{5}{16}m_6 + \frac{35}{128}m_8$，$a_2 = \frac{m_2}{2} + \frac{m_4}{2} + \frac{15}{32}m_6 + \frac{7}{16}m_8$，$a_4 = \frac{m_4}{8} + \frac{3}{16}m_6 + \frac{7}{32}m_8$，$a_6 = \frac{m_6}{32} + \frac{m_8}{16}$，$a_8 = \frac{m_8}{128}$，$m_0 = a(1-e^2)$，$m_2 = \frac{3}{2}e^2 m_0$，$m_4 = \frac{5}{4}e^2 m_2$，$m_6 = \frac{7}{6}e^2 m_4$，$m_8 = \frac{9}{8}e^2 m_6$。

4. 高程的转换

创建RTK工程时还要定义工程的高程系统。有两种高程系统可供选择,一种是大地高,一种是正常高。当使用大地高作为工程的高程系统时,RTK将会输出基于所定义椭球的大地高;当使用正常高作为工程的高程系统时,RTK将会使用内置的全球大地水准面模型(EGM)计算高程异常,从而得到正常高。大地水准面模型的形式为

$$\zeta=\frac{GM}{r\gamma}\sum_{n=2}^{n_{\max}^{\mathrm{EGM}}}\left(\frac{a}{r}\right)^{n}\sum_{m=0}^{n}(\overline{C}_{nm}\cos m\lambda+\overline{S}_{nm}\sin m\lambda)\overline{P}_{nm}\cos\theta \tag{6-24}$$

式中,ζ为高程异常,n和m为球谐系数的阶和次,$n_{\max}^{\mathrm{EGM}}$表示级数展开式的最高阶数,GM为地心引力常数,a为对应参考椭球的长半轴,γ是在参考椭球表面的正常重力,$\overline{C}_{nm}$和$\overline{S}_{nm}$为完全规格化位系数,$\overline{P}_{nm}\cos\theta$是完全规格化的连带勒让德(associated Legendre)函数,坐标组(r,θ,λ)表示地面点的向径、地心纬度和经度。

正常高的计算公式为

$$h=H-\zeta \tag{6-25}$$

式中,H为大地高。

5. 点校正

使用上述公式计算出流动站的平面坐标和高程之后,只是完成了RTK在原理层面上的坐标转换,实际上,由于从WGS-84到本地空间直角坐标系的转换时使用的七参数不准确,以及基准站位置的偏差,导致计算出来的坐标和高程与测区所在区域的实际坐标和高程存在较为明显的系统性偏差。对系统性偏差进行纠正以便与实地坐标系统保持一致的过程叫作点校正。

点校正分为平面坐标校正和高程校正两部分。平面坐标校正一般使用四参数模型,即

$$\begin{bmatrix}X\\Y\end{bmatrix}_{\mathrm{T}}=\begin{bmatrix}\Delta X\\\Delta Y\end{bmatrix}+(1+m)\begin{bmatrix}\cos\theta & \sin\theta\\-\sin\theta & \cos\theta\end{bmatrix}\begin{bmatrix}X\\Y\end{bmatrix}_{\mathrm{O}} \tag{6-26}$$

式中,带有下标O的坐标表示观测坐标,带有下标T的坐标表示实地坐标。ΔX、ΔY为平移参数,m为尺度参数,θ为旋转参数。在测区内的3～4个已知实地坐标的控制点(公共点)上分别进行RTK测量,获取这些点的观测坐标,按照式(6-25)可以列出6～8个观测方程,使用最小二乘法计算四个转换参数,从而实现坐标的校正。

高程的校正一般采用线性模型,即

$$h_{\mathrm{T}}(x,y)-h_{\mathrm{O}}(x,y)=a_0+a_1x+a_2y \tag{6-27}$$

式中,带有下标O的高程表示观测高程,带有下标T的高程表示实地高程,a_0、a_1、a_2是三个转换参数,x、y是点的平面坐标或者是大地坐标,也可以是点位坐标与测区平均坐标之差。在测区内的4～5个已知实地高程控制点(公共点)上分别进行RTK测量,获取这些点的观测高程,按照式(6-26)可以列出4～5个观测方程,使用最小二乘法计算三个转换参数,从而实现高程的校正。

用于转换参数计算的公共点坐标应有较高的精度,源坐标系统坐标可用静态定位方法测定,目标坐标系统坐标成果应经检验合格;还应留有足够的检核点供检;公共点位置应位于动态定位作业区域,且均匀地控制整个测区。

6.3　网络 RTK 定位技术

6.3.1　概　述

单基站的常规 RTK 对基准站与流动站间的距离有较强的敏感性。距离较小时，与时空强相关的误差，如电离层、对流层误差，可在载波双差解算中较彻底地消除，故在短距离定位中有良好表现。但距离增大时，定位效果就会受影响，而且常规 RTK 作业时，用户要自备基准站、流动站和差分数据链，使用设备较多，采用超高频（UHF）或甚高频（VHF）数据链，信号只能在站间准直线传播，且在测量环境复杂时，数据链通信也会受影响。

基于多基站的网络 RTK 系统依据基准站多、分布广的优势，区分误差源建立误差模型改正各项定位误差，或不区别误差源采用综合内插方法消减误差，使定位精度对基站与流动站间的距离不再有敏感性；由于使用移动互联网传输差分信号，在网络 RTK 模式下定位时，用户仅需携带一台流动站即可进行高精度动态定位，有效地解决了常规 RTK 系统的不足。

在一个区域内建立三个或三个以上固定的 GNSS 基准站形成区域基准站网状覆盖，以基准站网中的一个或多个基准站为基准，为区域内 GNSS 用户实时高精度定位提供载波相位差分信息，这种定位技术叫作网络 RTK 定位技术。

网络 RTK 系统由基准站网、数据处理中心、数据播发中心、数据通信链和用户部分（流动站）组成：

（1）基准站网：安置有双频全波长 GNSS 接收机、数据通信设备和气象观测设备，基准站的精确坐标一般采用长时间 GNSS 静态观测确定。基准站接收机按一定采样率连续观测，观测数据通过数据传送链实时传送到数据处理中心。

（2）数据处理中心：对各基准站传送来的数据进行预处理和质量分析，并对整个基准站网数据进行统一解算，实时估计出基准站网内电离层误差、对流层误差、轨道误差改正数，并按一定规则对误差进行模型化处理。

（3）数据播发中心：网络 RTK 系统的数据通信方式有单向和双向数据通信两种。①单向数据通信：数据中心直接通过数据播发设备把差分数据广播出去，流动站接收后根据自己所在位置和误差改正模型计算误差改正数，并实时解出流动站自己的高精度坐标。②双向数据通信：数据处理中心实时侦听流动站的服务请求，接收流动站发来的近似坐标，根据流动站的近似位置和误差模型分类求出流动站处的各项误差，直接播发改正数或虚拟观测值给用户。

（4）数据通信链：基准站与数据处理中心的数据通信采用数字数据网（digital data network，DDN）或无线通信方式进行；数据处理中心与流动站的通信采用移动互联网（如 GSM、GPRS、CDMA 等模式）进行。

（5）流动站：接收差分数据后处理并解算出流动站三维坐标。

网络 RTK 系统的构成与运行如图 6-6 所示。

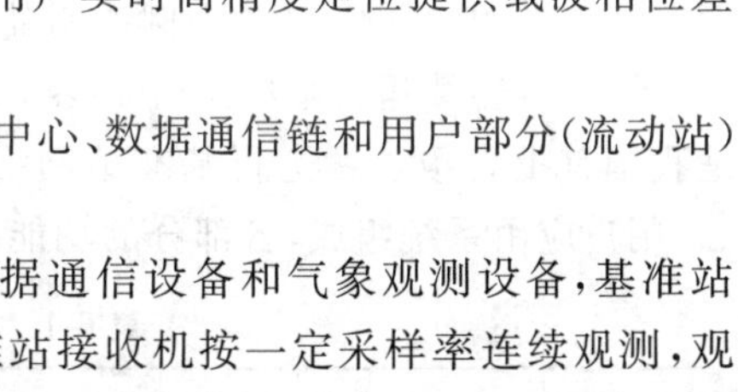

图 6-6　网络 RTK 系统

6.3.2 连续运行基准站系统

连续运行基准站(continuously operating reference station,CORS)系统是网络RTK的最主要应用形式,是GNSS定位的一次革命性成果。CORS系统是一个集GNSS、计算机、数据通信和互联网技术于一体,在一个大的作用区域,如一个国家、一个省或市,根据需要按一定距离建立起来的,由若干个固定且连续运行的基准站组成的网络,能向用户流动站提供全天候和连续的定位信息的系统。

CORS系统中可有一个或多个数据处理中心,基准站与数据处理中心间有网络连接,基准站采集的数据由数据处理中心用专用软件进行处理,然后通过移动互联网向不同类型用户自动发布各类型导航定位数据和分类误差改正数。

CORS系统中的基准站是常年连续运行的,基准站网构成了新型的国家或城市大地测量动态框架体系,可服务于各种测绘、基准需求,以及中短期高精度天气状况数值预报、变形监测、地震监测、地球动力学研究等。用户最简化配置为一台具有网络功能的GNSS接收机,可进行全天候的毫米至米级实时、准实时快速定位或事后定位。

CORS系统的基准站间距一般为30～70 km,我国已经有许多地区建立了省级或市级区域的CORS系统,国外还建设了国家级CORS系统,提出了洲际CORS系统建设的设想。下面以江苏省的CORS系统为例说明其系统结构、基站分布等内容。

江苏省连续运行基准站(Jiangsu continuously operating reference station,JSCORS)网络是我国首批省级连续运行基准站网络系统,由基准站网络、控制中心、数字通信系统、数据中心、用户应用系统组成,各部分的功能见表6-1。

表6-1 JSCORS各部分的功能和设备

系统名称	主要工作内容	设备构成	技术实现
基准站网络	卫星信号的捕获、跟踪、采集与传输;设备完好性监测	单个基准站,含GPS接收机、计算机、不间断电源(UPS)等	一个中心
控制中心	数据分流与处理;系统管理与维护;服务生成与用户管理	计算机、网络设备、数据通信设备、电源设备	一个中心
数据通信系统	把基准站GPS观测数据传输至系统控制中心	气象专网、同步数字系列(SDH)等	有线网络
	把系统差分信息传输至用户	公众移动通信网	GSM、GPRS
数据中心	管理各播发站;差分信息编码;形成差分信息队列	计算机、软件	软件实现
用户应用系统	按照用户需求进行不同精度定位	GPS接收设备、数据通信终端、软件系统	适于DGPS、RTK等

JSCORS的网络体系是遍布江苏省的,以控制中心为中心节点的星形网络。系统组成简图如图6-7所示。

JSCORS由51个必建基准站和3个可选基准站组成,平均站间距约53 km。

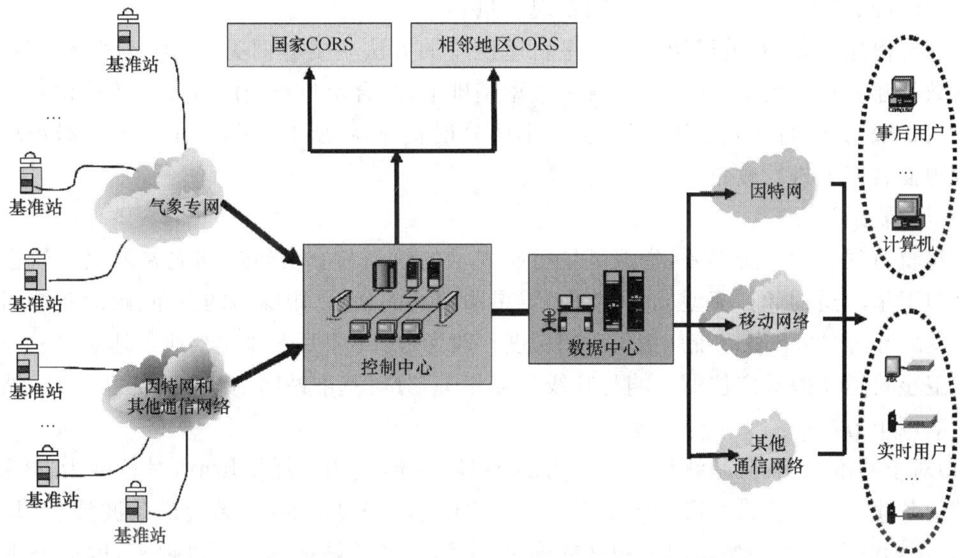

图 6-7　JSCORS 系统组成简图

6.3.3　网络 RTK 定位中的误差及处理方法

1. 网络 RTK 定位中的误差

网络 RTK 与常规 RTK 一样，都采用载波双差模型进行定位解算，载波相位双差观测方程为

$$\nabla\Delta\varphi_{rk}^{ij}=\frac{f}{c}(\Delta\rho_{rk}^{j}-\Delta\rho_{rk}^{i})-(\Delta n_{rk}^{j}-\Delta n_{rk}^{i})+\frac{f}{c}(\Delta I_{rk}^{j}-\Delta I_{rk}^{i})+\frac{f}{c}(\Delta T_{rk}^{j}-\Delta T_{rk}^{i}) \tag{6-28}$$

将式中右边的各双差项用双差算子$\nabla\Delta$表示，简化上下标，并写成全误差影响形式，即

$$\nabla\Delta\varphi\lambda=\nabla\Delta\rho-\nabla\Delta n\lambda+\nabla\Delta d+\nabla\Delta I+\nabla\Delta T+\nabla\Delta M+\nabla\Delta V \tag{6-29}$$

式中，$\nabla\Delta\varphi$ 为载波相位双差观测值，λ 为载波波长，$\nabla\Delta n$ 为双差后初始整周模糊度组合，所含误差项为$\nabla\Delta d$、$\nabla\Delta I$、$\nabla\Delta T$、$\nabla\Delta M$、$\nabla\Delta V$，分别为双差后残余轨道误差、电离层误差、对流层误差、多路径效应和双差载波相位观测值噪声，这些都是影响网络 RTK 定位结果的误差项。

基准站与流动站的载波相位观测值经双差处理后，在所有影响定位精度的误差中：卫星钟钟差、接收机钟钟差已通过载波双差模型消除；$\nabla\Delta M$ 一般只能通过选择合适的测量环境减小其影响；载波相位测量噪声的双差残差$\nabla\Delta V$ 与载波相位观测值的质量有关，与测距码伪距噪声相比甚小；剩余误差都是与基线长度相关的误差，包括电离层误差、对流层误差和卫星轨道误差，这些误差是影响网络 RTK 定位的主要误差。

2. 网络 RTK 误差处理

根据上面的分析可知，网络 RTK 定位中载波相位观测值所含的各类误差经双差处理后只有与基线长度相关电离层误差、对流层误差和卫星轨道误差是主要的，其他误差已消除或不构成对定位的主要影响。

在网络 RTK 误差处理时，基准站网和基准站-流动站网（简称流动站）对误差处理的方法是有区别的，主要原因是两种网的基线长度有差别，站点的坐标精度不一样，接收机观测时长不一样,基准站还可获得气象参数等辅助观测量。

处理电离层误差、对流层误差和卫星轨道误差的方法主要有两类:一类是区分误差源,根据观测数据建立误差模型,在建立的误差模型基础上,结合定位点处的气象参数或位置参数计算误差改正数,并进行误差改正;另一类是不区分误差源,将所有误差放在一起根据距离或位置参数内插其误差进行改正。

1)卫星轨道误差

卫星轨道误差即星历误差,指卫星星历所表示的轨道与真实轨道间之差。卫星轨道误差的大小与卫星轨道的计算模型、计算软件、卫星跟踪网的规模、跟踪站的分布、跟踪观测时间的长短有关。目前GNSS各系统广播星历的精度一般为10 m,事后精密星历则可达到3~5 cm的精度。卫星轨道误差对定位的影响与基线长度相关,分对基准站网基线和基准站-流动站网基线的影响两个方面。

(1)对于基准站网,其基线长度一般为30~150 km,使用广播星历时,对长度为50 km的基准站网基线星历误差最大影响为2.5 cm,影响值远小于GNSS各系统的载波波长(均大于15 cm),不影响基站间初始整周模糊度的确定,也满足基准站网基线精度要求,因此基准站网基线长度在50 km以下时,广播星历即可满足系统要求。当基线长度大于50 km时,轨道误差影响将大于2.5 cm,加上电离层误差、对流层误差的联合影响,将导致基准站间初始整周模糊度难以确定,此时需采用精密星历。

(2)对于基准站-流动站网,对与基线长度相关的误差一般采取不区分误差源一并处理的方法消除或减弱。基本过程是用多个基准站数据把与距离相关的误差模型化,根据观测条件把影响基准站-流动站网基线长度的误差估算出来加以改正,也可以用内插方法单独求解轨道误差改正数。

2)对流层误差

对于对流层误差,主要采用模型改正,也用其他方法改正。经过多年研究,学者们提出了许多适合的对流层误差计算模型,如霍普菲尔德(Hopfield)模型、萨斯塔莫伊宁(Saastamoinen)模型、布莱克(Black)模型等。

在网络RTK基准站网数据处理中,由于基准站坐标已知且有长期稳定的观测数据,温度、大气压等气象参数都可测定,利用上述模型可计算出厘米级精度的对流层延迟改正数。当基准站间距较小时,还可直接使用标准大气参数计算对流层延迟改正数;当遇到基准站间距较大,气象参数又未知的特殊情况时,则需要在计算基准站整周模糊度的同时计算对流层延迟参数。

在网络RTK流动站网数据处理中,由于流动站到基准站的距离较短,一般小于15 km,可用标准大气参数和对流层误差计算模型直接改正,也可用基准站网数据建立对流层误差改正模型改正,还可用基准站数据进行内插求定误差改正数进行改正。

3)电离层误差

对于基准站网,载波相位双差观测值模型中电离层误差的残差项与基线长度相关,站间距越小,残差越小,一般可通过缩小基线长度来减弱其影响,也可通过观测电离层参数用模型计算改正数消除或减弱其影响。

在网络RTK流动站网数据处理中,一般是利用基准站网数据建立电离层误差改正模型进行改正,或者与其他误差如对流层误差一起通过内插处理进行改正。

4)误差内插法

网络 RTK 误差处理的关键技术是综合误差内插法。网络 RTK 定位中的多种误差在主辅站之间存在较强的线性相关,因此可不区分误差源而用综合误差模型表示双差观测方程中所有系统误差的综合影响。综合误差内插法即是基于这种综合误差理念计算误差改正数。

如图 6-8 所示,主站 r 和辅站 k 对卫星 i、j 在 t 历元的载波双差方程为

$$\nabla\Delta\varphi_{rk}^{ij}\lambda = \nabla\Delta\rho_{rk}^{ij} - \nabla\Delta n_{rk}^{ij}\lambda + \nabla\Delta I_{rk}^{ij} + \nabla\Delta T_{rk}^{ij} + \nabla\Delta M_{rk}^{ij} + \nabla\Delta d_{rk}^{ij} + \nabla\Delta\varepsilon_{rk}^{ij} + \nabla\Delta V_{rk}^{ij} \tag{6-30}$$

式中,$\nabla\Delta\varepsilon_{rk}^{ij}$ 为双差残余非模型误差,其他参数的含义同式(6-29)。因双差相位观测噪声 $\nabla\Delta V_{rk}^{ij}$ 微小,可忽略,将剩余误差视作综合误差,并用 $\nabla\Delta\sigma_{rk}^{ij}$ 表示,即

$$\nabla\Delta\sigma_{rk}^{ij} = \nabla\Delta I_{rk}^{ij} + \nabla\Delta T_{rk}^{ij} + \nabla\Delta M_{rk}^{ij} + \nabla\Delta d_{rk}^{ij} + \nabla\Delta\varepsilon_{rk}^{ij} \tag{6-31}$$

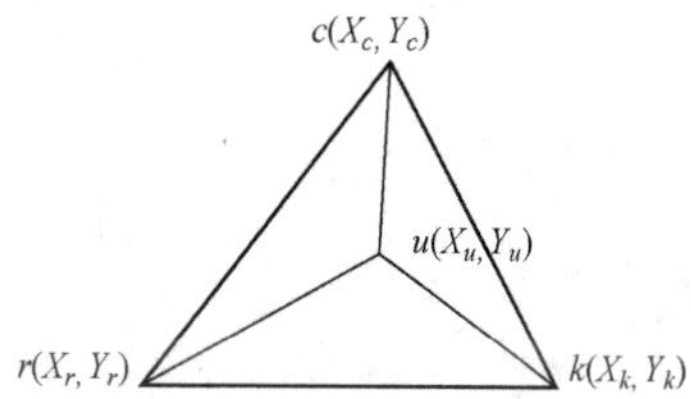

图 6-8　测站分布示例

代入双差观测值方程,并经简单变换后可得基准站综合误差公式为

$$\nabla\Delta\sigma_{rk}^{ij} = \nabla\Delta\varphi_{rk}^{ij}\lambda - \nabla\Delta\rho_{rk}^{ij} + \nabla\Delta n_{rk}^{ij}\lambda \tag{6-32}$$

定位时,图 6-8 中流动站 u 与三个基准站构网,则流动站 u 的误差内插公式为

$$\nabla\Delta\sigma_{ru}^{ij} = \begin{bmatrix} X_u - X_r & Y_u - Y_r \end{bmatrix} \begin{bmatrix} X_k - X_r & Y_k - Y_r \\ X_c - X_r & Y_c - Y_r \end{bmatrix}^{-1} \begin{bmatrix} \nabla\Delta\sigma_{rk}^{ij} \\ \nabla\Delta\sigma_{rc}^{ij} \end{bmatrix} \tag{6-33}$$

式中,$\nabla\Delta\sigma_{rc}^{ij}$ 为主站 r 与辅站 c 对卫星 i、j 的双差综合误差,可仿式(6-32)写出。各基准站坐标为高斯投影平面坐标。

6.3.4　网络 RTK 系统服务技术

1. 虚拟参考站技术

虚拟参考站(virtual reference station,VRS)的概念由赫伯特·兰道(Herbert Landau)等于 2001 年提出,是当前网络 RTK 的主流技术之一,如图 6-9 所示,其实现分三步:

(1)网络 RTK 数据处理和控制中心完成所有基站的信息融合与误差源模型化;

(2)流动站作业时,先进行单点定位,生成流动站的概略坐标,并发送概略坐标给系统数据处理和控制中心,系统数据处理和控制中心根据流动站概略坐标生成虚拟参考站观测值,并发送给流动站;

(3)流动站利用虚拟参考站数据和自身观测数据进行实时高精度载波相位差分解算,获得流动站高精度的定位结果。

虚拟参考站定位中,数据处理中心通常将虚拟站设在流动站概略坐标位置,与流动站真实位置差可能有数十米,然后对流动站单点定位结果进行一次差分改正,此时虚拟站离流动站真实位置仅数米或更近,虚拟站最后设在差分改正后的位置上。

虚拟参考站关键技术有两个,一是流动站误差计算,二是虚拟观测值生成。其中最关键的是生成虚拟观测值,现介绍虚拟站观测值的生成方法。

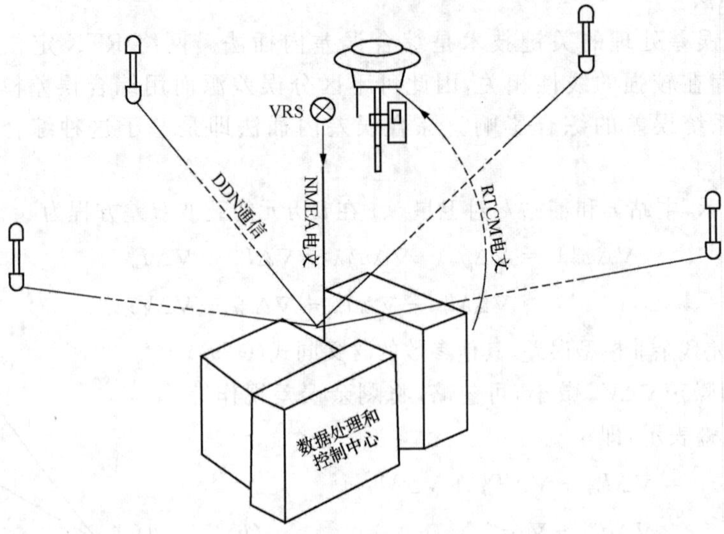

图 6-9　虚拟参考站作业

设 r 为网络 RTK 系统主站，k 为流动站，i、j 分别为参考卫星与观测卫星，流动站与主站的双差值为

$$\nabla\Delta\varphi_{rk}^{ij}=(\varphi_k^j-\varphi_r^j)-(\varphi_k^i-\varphi_r^i) \tag{6-34}$$

式中，φ_k^j、φ_r^j、φ_k^i、φ_r^i 分别为测站 k、r 与卫星 i、j 的载波相位观测值，又设 $\nabla\Delta\delta_{kr}^{ij}$ 为流动站处某卫星的双差改正数，则加双差改正数 $\nabla\Delta\delta_{rk}^{ij}$ 后的双差观测值为

$$\nabla\Delta\hat{\varphi}_{rk}^{ij}=\nabla\Delta\varphi_{rk}^{ij}+\nabla\Delta\delta_{rk}^{ij} \tag{6-35}$$

将式(6-34)代入式(6-35)

$$\nabla\Delta\hat{\varphi}_{rk}^{ij}=[\varphi_k^j-(\varphi_r^j-\nabla\Delta\delta_{rk}^{ij})]-[\varphi_k^i-(\varphi_r^i-0)] \tag{6-36}$$

数据处理与控制中心生成的虚拟站观测值基于非差观测值计算；按综合误差内插法计算出来的流动站改正数基于双差观测值，必须转化为改正后的非差观测数据，设基准站卫星 i、j 改正后的非差观测值为

$$\left.\begin{aligned}\hat{\varphi}_r^i&=\varphi_r^i-0\\ \hat{\varphi}_r^j&=\varphi_r^j-\nabla\Delta\delta_{rk}^{ij}\end{aligned}\right\} \tag{6-37}$$

使用新的非差观测值组成的双差观测值为

$$\nabla\Delta\hat{\varphi}_{rk}^{ij}=(\varphi_k^j-\hat{\varphi}_r^j)-(\varphi_k^i-\hat{\varphi}_r^i) \tag{6-38}$$

为使传输数据看起来像来自不同位置(虚拟)，必须进行几何移动。设卫星到接收机几何距离为 $R_r(t)$，虚拟参考站处的几何距离的近似值为 $\hat{R}_v(t)$，虚拟参数站处的伪距为

$$\hat{\rho}_v=\rho_r+(\hat{R}_v-R_v) \tag{6-39}$$

式中，R_v 为虚拟参考站处的精确伪距，则新的虚拟位置的几何平移距为

$$\Delta R=R_v-R_r \tag{6-40}$$

设参考站的载波相位方程为

$$(\hat{\varphi}_r+n_r)\lambda=R_r+\delta_r \tag{6-41}$$

式中，$\hat{\varphi}_r$ 为加了改正数的非差载波相位观测值，R_r 为几何距，δ_r 为电离层、对流层误差的综合影响。在式(6-41)两边加几何平移距，有

$$(\hat{\varphi}_r + n_r)\lambda + \Delta R = R_r + \delta_r + \Delta R \tag{6-42}$$

即

$$(\hat{\varphi}_r + \Delta R/\lambda)\lambda + n_r\lambda + \Delta R = R_v + \delta_r \tag{6-43}$$

则虚拟观测值 φ_v 可表示为

$$\varphi_v = \hat{\varphi}_r + \Delta R/\lambda \tag{6-44}$$

2. 主辅站技术

主辅站(master-auxiliary concept，MAC)技术的核心是将所有相关的、代表整周模糊度水平的观测数据作为网络的改正数据传送给流动站。

主辅站技术网络单元的构成：如图 6-10 所示，在作业区，系统选择距流动站最近的一个有效参考站作为主站(如 A 站)，在有效的半径范围内至少有两个有效参考站作为辅站(如 $B,C,D,\cdots,X$ 站)，主辅站和数据处理中心自动组成一个网络单元进行网解算，并传输差分数据给流动站。

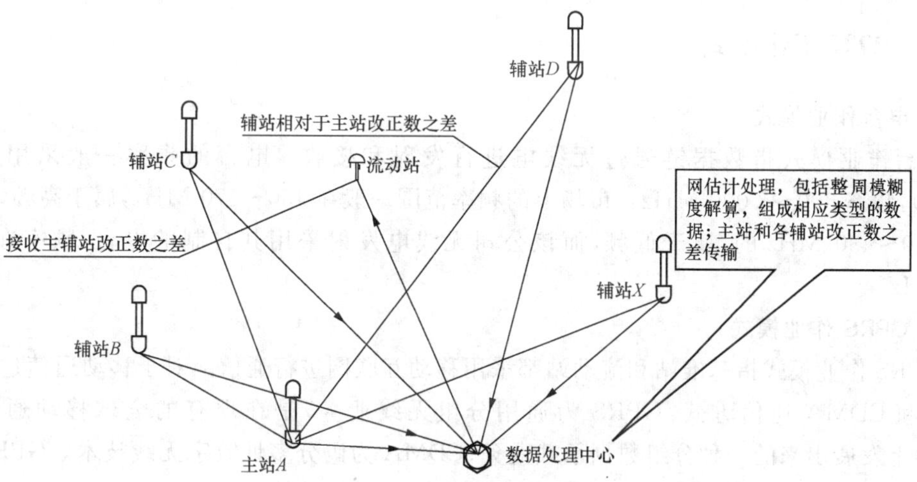

图 6-10　主辅站的概念

主辅站作业过程：数据处理中心先进行基准站网数据处理，如解算初始整周模糊度，计算辅站相对主站改正数之差，然后把主站改正数和主辅站改正数之差发送给流动站，流动站用接收的差分数据对自身数据进行加权改正获得高精度定位成果。

6.4　RTK 测量作业流程

使用 RTK 进行测量不仅速度快，而且精度高，因此在各种测量作业中被广泛使用。根据前面的介绍，RTK 有两种方式，一种是单机站 RTK，一种是网络 RTK。在网络 RTK 出现之前，单机站 RTK 也叫作 GNSS-RTK，数据采用无线电传输，而目前单机站 RTK 也有采用 GPRS 模式进行传输的。网络 RTK 的主要形式就是 CORS，因此网络 RTK 经常被称为 CORS-RTK。早在 2007 年发布的 GB 50026—2007《工程测量规范》中明确规定：可以采用

GPS-RTK测绘地形图,但是在控制网的布设中应顾及参考站点的分布及位置;可以采用GPS-RTK方法直接测定图根点的坐标和高程;GPS-RTK方法的作业半径不宜超过5 km,对每个图根点均应进行同一参考站或不同参考站下的两次独立测量,其点位较差不得大于图上0.1 mm,高程较差不应大于基本等高距的1/10。经过长时间的CORS-RTK实践后,各地相继制定了CORS-RTK测量的规范,如在《宁波CORS网络RTK测量技术规定(试行)》中就规定,宁波CORS网络RTK平面测量等级分为一级、图根和碎部,测量的技术要求应符合表6-2的规定。

表6-2 宁波CORS网络RTK平面测量技术要求

等级	时段数	总测回数	观测历元数	同一时段测回间平面互差	时段间平面互差
一级	2	4	≥30	≤2 cm	≤4 cm
图根	1	2	≥10	≤5 cm	—
碎部	1	1	≥5	—	—

下面以某公司生产的一款GNSS接收机为例,介绍RTK作业流程。

6.4.1 RTK工作模式

1. 电台作业模式

电台作业模式指数据链通过无线电进行发射和接收。电台的频率一般采用超高频(UHF),频率300~3 000 MHz。市场上的频率范围一般在450~470 MHz,属于高频,当然也有用410~430 MHz的,属于低频,而该公司无线电发射采用其自制的电台,频率在450~470 MHz。

2. GPRS作业模式

GPRS作业模式指基准站和流动站都采用移动互联网进行通信。对于移动通信过去常用GPRS和CDMA通信方式:GPRS为通用分组无线业务,是在现有的全球移动通信系统(GSM)上发展出来的一种分组数据承载业务;CDMA为码分多址数字无线技术。GPRS基准站和流动站可通过GPRS或CDMA移动互联网进行通信。

3. CORS作业模式

CORS系统采用的是网络RTK技术,如虚拟参考站技术、主辅站技术以及区域改正数(FKP)等。CORS移动站一般也是通过GPRS或CDMA移动网络进行数据通信,从而获得CORS数据处理中心提供的差分信号进行差分。

6.4.2 电台作业模式的操作

1. 基准站的架设

基准站脚架和天线脚架之间应该保持至少3 m的距离,避免电台干扰GNSS信号。基准站应架设在地势较高、视野开阔的地方,避免高压线、变电器等强磁场,以利于超高频无线信号的传送和卫星信号的接收。若移动站距离较远,还需要增设电台加长杆。基准站若是架设在已知点上,要做严格的对中整平。基准站架设如图6-11所示。

将电源和电台用电台电源线连接起来，将电台和接收机用电台数传线连接起来，如图6-12所示。如需架高天线，则使用加长杆，如图 6-13 所示。

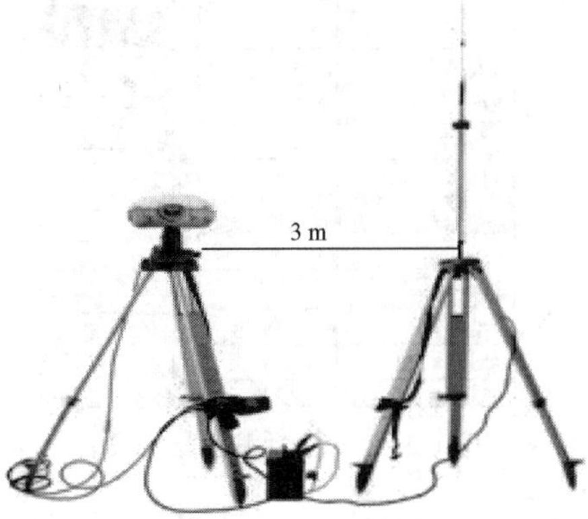

图 6-11　基准站架设

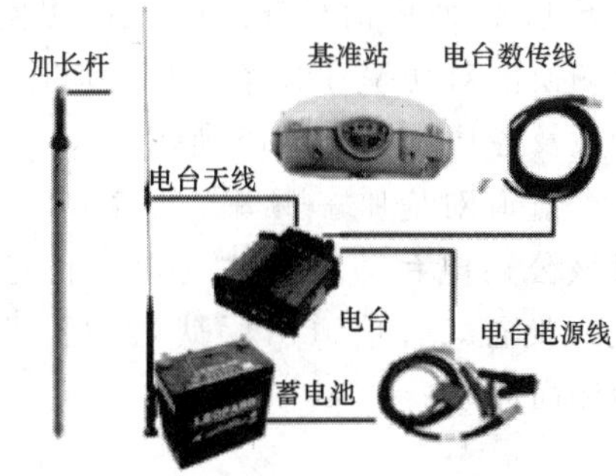

图 6-12　电台模式整体连接

2. **手簿与蓝牙连接**

将手簿与 GNSS 接收机通过蓝牙进行连接，这样，通过手簿就可以对接收机进行操作。

打开手簿，单击桌面蓝牙标志，确保蓝牙是打开状态。

打开接收机软件，单击【配置】→【手簿端口配置】。连接类型选择【蓝牙】，单击左下角【配置】，如图 6-14 所示。蓝牙连接成功之后退出。

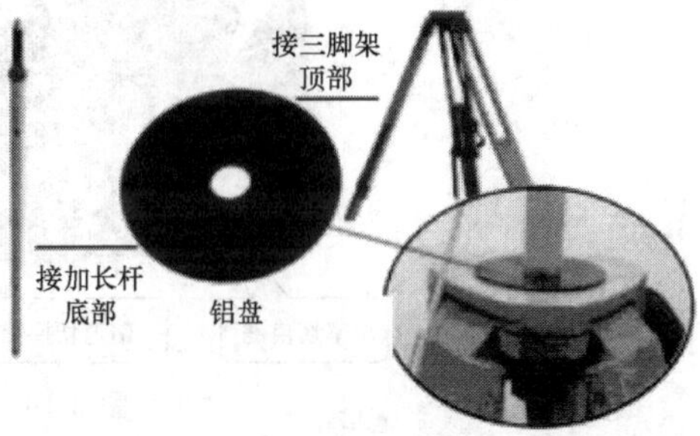

图 6-13　加长杆连接

3. **基准站设置**

1）工作模式设置

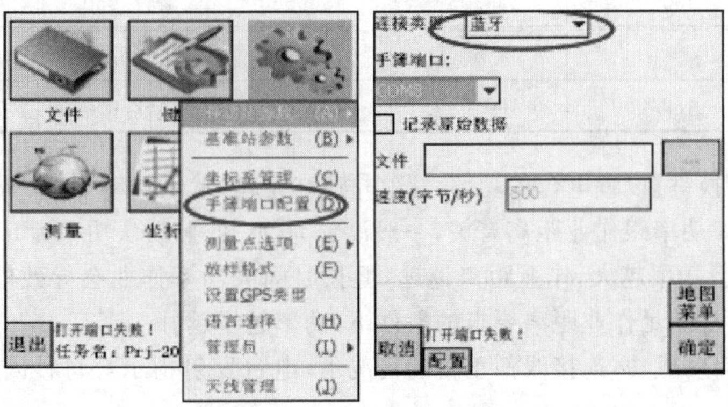

图 6-14　蓝牙连接操作界面

打开手簿中对应的设置软件，选中【用蓝牙】和【打开端口】。自启动基准站的设置如图 6-15 所示。

连上后，将各对应项设置为【正常模式】、【自启动基准站】、【Port2＋GPRS/CDMA】。【自启动发送格式】常用 CMR、RTCM3、SCMR（三星格式），其他默认，然后单击【应用】即可。设置完后打开接收机软件，单击【配置】→【手簿端口配置】→【配置蓝牙】，将基准站的绑定取消，然后将接收机重新开关机,基准站搜完卫星后将自动发射差分信号。

2)电台设置

在电台模式下作业时,使用电台面板开关键打开电台,使用信号通道(信道)切换键和功率切换键对功率和频率进行相应设置。电台面板及各功能如图 6-16 所示。

每个信道对应唯一频率,见表 6-3。可以通过该公司电台写频软件对电台信道的频率进行设置。各信道出厂默认设置可参阅电台侧面标贴。

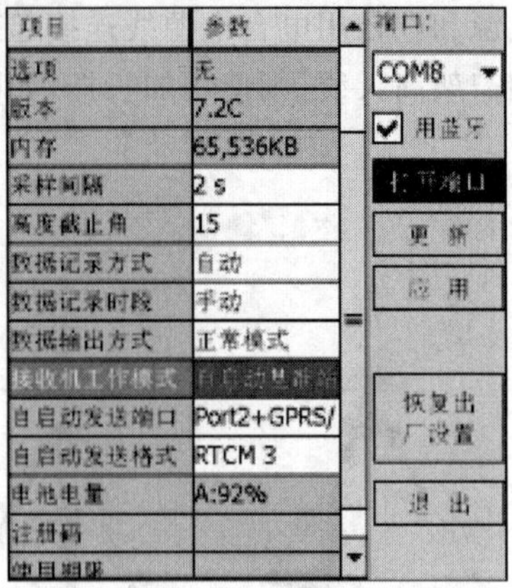

图 6-15 自启动基准站的设置

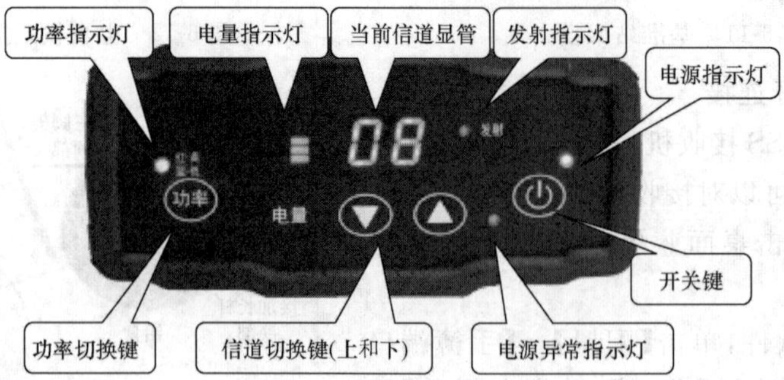

图 6-16 电台面板及各功能

表 6-3 频率与信道对照

信道	0	1	2	3	4
频率/MHz	455.050	456.050	456.550	457.050	458.050
信道	5	6	7	8	9
频率/MHz	459.050	460.050	461.050	462.050	462.550

使用【功率切换键】设置电台的功率。【红-高】灯亮起,默认功率为 20 W;【蓝-低】灯亮起,默认功率为 5 W。功率跟作业距离有关,一般设置为【蓝-低】,默认功率为 5 W,空旷地区距离可达 10 km 左右。功率越大,作业距离越远,但长时间大功率作业会导致电台过热而减少电台的使用寿命,故在满足作业距离要求的条件下,功率越小越好。

当基准站自启动成功,连接线都正常的情况下,电台发射指示灯每秒闪烁一次,表明数据在正常发射。

以上方法是最方便的基准站自启动模式,也是最常用的启动方法。也可以采用手簿启动基准站。

3)手簿启动基准站

手簿启动可采用已知点启动和未知点启动。首先打开接收机软件,单击【配置】→【基准站参数】→【基准站选项】,设置基准站广播格式、天线类型等信息,然后单击【测量】→【启动基准站接收机】。

未知点启动时：单击【选项】，选择 WGS-84 经纬度坐标，单击【确定】，输入基准站点名称，单击【此处】，以任意单点定位值启动基准站，如图 6-17 所示。

已知点启动时：单击【列表】，从已知坐标中选择点，启动基准站（已知点启动，基准站架设需要严格对中整平）。

【代码】、【天线高度（米）】根据实际情况输入，或默认为空。设置好启动坐标后单击【确定】。

基准站启动成功后，提示【成功设置了基准站！】，如图 6-18 所示，这时，电台发射灯也会随发送间隔闪烁；否则提示【设置基准站不成功！】，需重新启动基准站（一般来说，用已知点启动时，如果输入的已知点和单点定位相差很大，则会出现此情况，原因一般为中央子午线或所用坐标错误）。

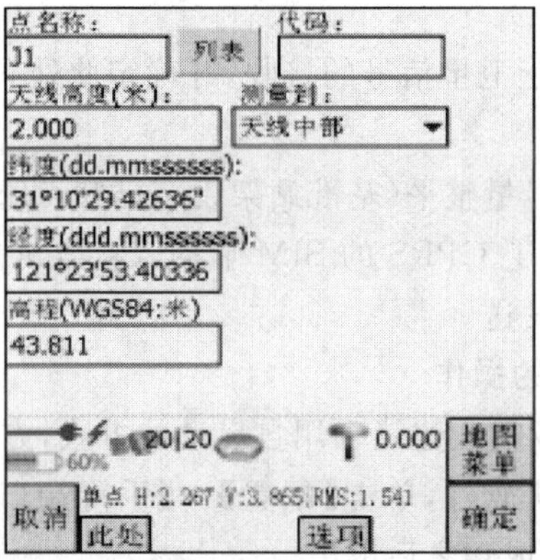

图 6-17　基准站未知点启动

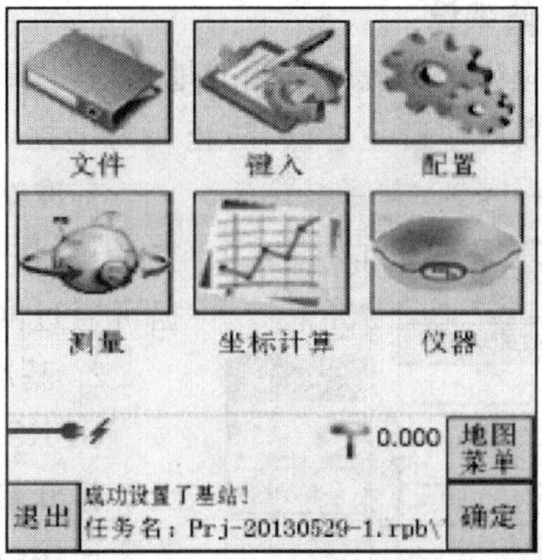

图 6-18　基准站设置成功

4. 流动站的操作

对于电台作业模式下，如果基准站发射成功，移动站会收到差分信号，通过查看移动站主机差分信号灯是否闪烁来判断，如果每秒一次，表示收到差分信号，如果手簿上没有显示【浮动】或者【固定】，则要单击【测量】→【启动移动站接收机】即可。如果仍不正常或没有获得差分信号，则进行如下操作。

打开接收机软件，单击【配置】→【手簿端口配置】，连接类型选择【蓝牙】；单击【配置】，进行蓝牙连接，连接成功之后退出。

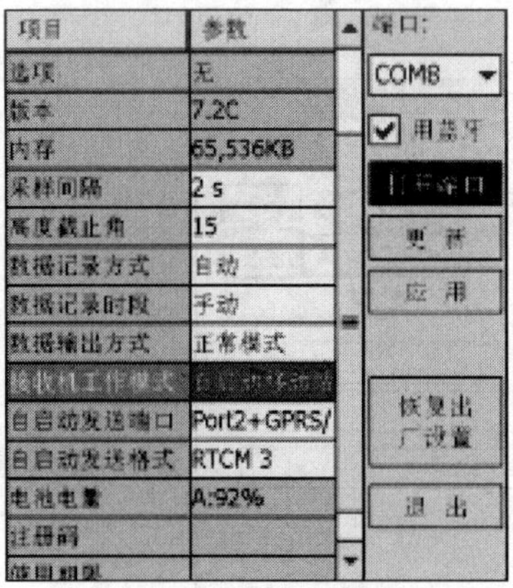

图 6-19　电台作业模式下自启动移动站的设置

打开对应的设置软件，选中【用蓝牙】和【打开端口】，根据图 6-19 更改接收机的设置。

设置结束后，单击【应用】，将接收机重新开关机，再打开接收机软件，单击【配置】→【移动站参数】→【移动站内置电台】，设置移动站的工作频率与基准站电台的发射频率一致。1～9 为固定频率信道；0 为自定义信道，可以设置频率。

单击【设置】→【确定】，退到接收机软件的初始界面，单击【配置】→【移动站参数】→【移动站选项】，查看广播格式是否与基准站差分格式保持一致。

移动站收到差分信号后会有一个【单点定位】→【浮

动】→【固定】的 RTK 初始化过程。

【单点定位】:接收机未使用任何差分改正信息计算的三维坐标。

【浮动】:移动站接收机使用差分改正信息计算的当前相对坐标。但相位的整周模糊度未能固定为整数,而是用浮点的估值来替代它。

【固定】:在 RTK 模式下,整周模糊度参数固定后,移动站接收机计算的当前相对坐标,达到固定解后即可开始测量。

RTK 初始化时间根据卫星的 PDOP、周围环境、基准站距离,或长或短,正常一般在开机后 90 s 左右。

6.4.3　GPRS 作业模式的操作

1. 基准站架设

基准站应当选择视野开阔的地方,这样有利于卫星信号的接收,并确定此处有无手机网络信号。架设高度应避免过低,防止人为干扰。

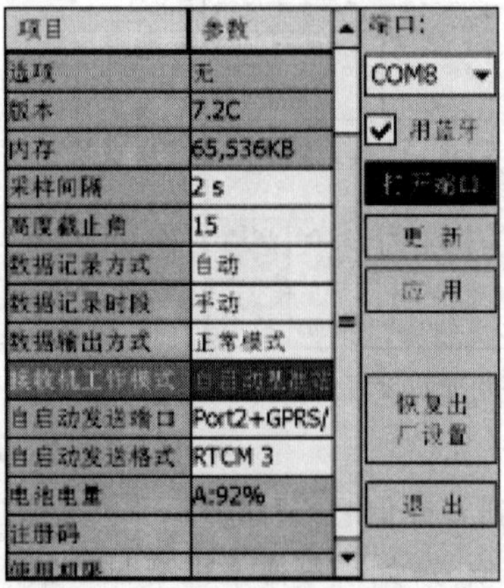

图 6-20　基准站工作模式的设置

基准站应尽量整平(基准站架设在已知点时还要求对中整平)。将开通了 GPRS 的 SIM 卡插入接收机内,基准站数据可通过网络发送。

2. 基准站的操作

GPRS 作业模式建议采用自启动的方式,方便作业。

打开接收机软件,单击【配置】→【手簿端口配置】,进行蓝牙连接,连接成功之后退出。

打开对应的设置软件,选中【用蓝牙】和【打开端口】。该公司的基准站接收机出厂默认设置如图 6-20 所示。

连上手簿中对应的设置软件后,将各对应项设置为【正常模式】、【自启动基准站】、【Port2+GPRS/CDMA】。【自启动发送格式】常用 CMR、RTCM3、SCMR(三星格式),其他默认,然后单击【应用】即可。

进行 GPRS 设置时,打开手簿中对应的设置软件,按图 6-21 设置各项参数后,单击【更新】。

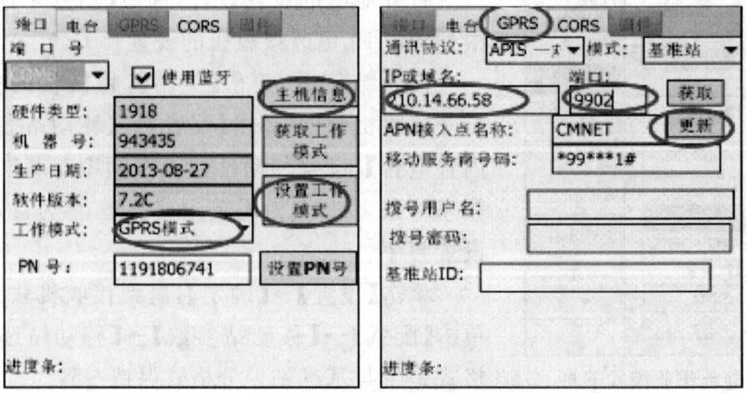

图 6-21　设置基准站内置 GPRS

该公司免费给用户提供服务器 IP 地址及端口号，基准站启动后数据会自动通过预先设置的服务器转发，移动站与基准站绑定即可获得基准站数据。

设置完后，打开接收机软件，单击【配置】→【手簿端口配置】→【配置蓝牙】，取消绑定的基准站后，接收机重新开关机。

3. **移动站的操作**

打开接收机软件，单击【配置】→【手簿端口配置】，进行蓝牙连接，连接成功后退出。

打开对应的设置软件，选中【蓝牙】和【打开端口】，根据图 6-22 更改接收机的设置。

设置结束后，单击【应用】，再打开接收机软件，单击【配置】→【移动站参数】→【GPRS 网络】，根据实际工作情况设置，如图 6-23 所示。

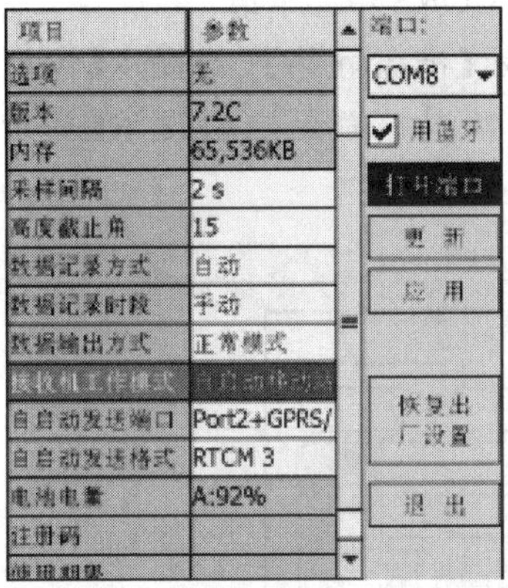

图 6-22　GPRS 模式下自启动移动站的设置

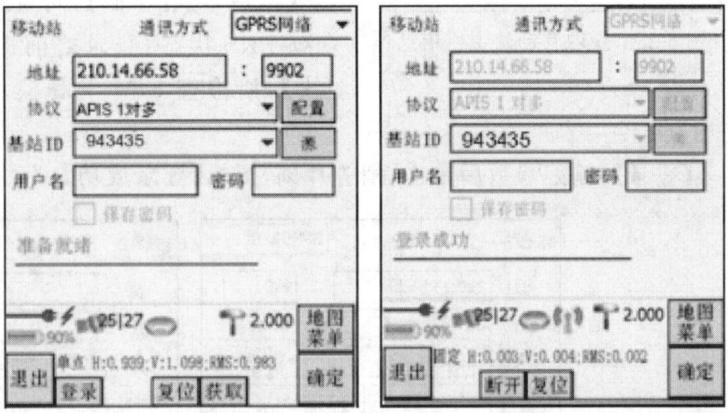

图 6-23　移动站 GPRS 网络设置

【基准站 ID】为移动站绑定的基准站 S/N 号，其他和途中一致，结束后单击【登录】，界面提示【登录成功】。单击【确定】，退到接收机软件的初始界面，单击【测量】→【启动移动站接收机】，当移动站信号灯正常闪烁时，则移动站启动成功。

移动站收到差分信号后会有一个【单点定位】→【浮动】→【固定】的 RTK 初始化过程。

6.4.4　CORS 作业模式的操作

该公司的 GNSS 接收机完全兼容其他的 CORS 系统，如果要接入当地 CORS 系统，除了要办理一张手机卡之外，还要从当地 CORS 系统管理部门获取 IP 地址、端口号、源列表、用户名和密码等信息。

打开接收机软件，单击【配置】→【手簿端口配置】，进行蓝牙连接，连接成功后退出。

打开对应的设置软件，单击【用蓝牙】和【打开端口】，根据图 6-24 更改接收机的设置。

将各对应项设置为【正常模式】、【自启动接收机】、【Port2＋GPRS/CDMA】，其他一般默认。设置结束后，单击【应用】。

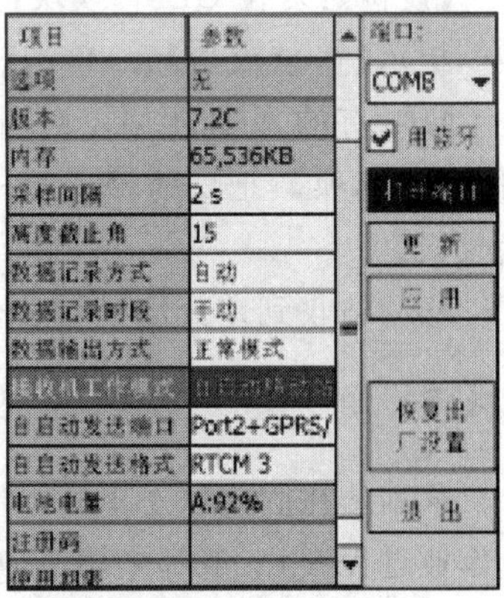

图 6-24　CORS 作业模式下自启动移动站的设置

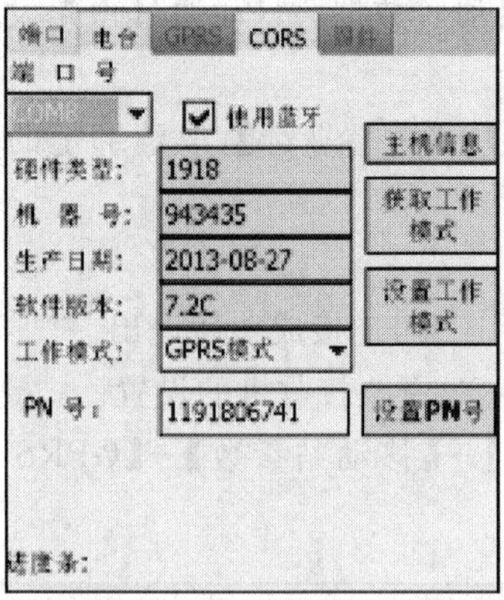

图 6-25 获取移动站主机信息

打开手簿中对应的设置软件,勾选【使用蓝牙】,单击【主机信息】,查看机器号,如图 6-25 所示,选择【GPRS 模式】,单击【设置工作模式】。

打开接收机软件,单击【配置】→【移动站参数】→【GPRS 网络】,输入 CORS 服务器 IP 和端口,通信协议选择【CORS】,输入 CORS 中心的【源】、【用户名】和【密码】,如图 6-26 所示。

【源】:CORS 中心提供的差分数据源,可通过相关软件或咨询 CORS 中心获取源列表。

【用户名】、【密码】:向当地 CORS 中心申请。

GPRS 状态:登录之前提示【准备就绪】(若提示【没有上线】,请检查 SIM 卡和模块情况),登录之后提示【登录成功】。

【登录】:输好参数后单击,稍等片刻,提示【登录成功】。

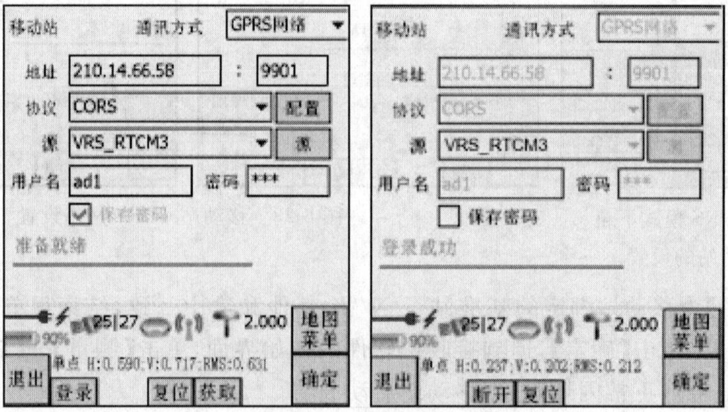

图 6-26 移动站 CORS 设置和登录

【断开】:断开接收机 GPRS 模块和服务器的连接。

【复位】:复位 GPRS 模块,重新上线。

提示【登录成功】后,单击【确定】,注意所用的 CORS 源列表所对应的广播格式,如有的是 CMR,有的是 RTCM。对于广播格式,在接收机软件中单击【配置】→【移动站参数】→【移动站选项】,把广播格式统一即可,其他可以默认设置,然后单击【测量】→【启动移动站接收机】。

移动站收到差分信号后会有一个【单点定位】→【浮动】→【固定】的 RTK 初始化过程。

6.4.5 测 量

移动站在固定状态下就可以进行测量了,打开接收机软件,单击【测量】→【点测量】,在实际作业过程中,一般都采用当地坐标,在移动站得到固定解进行测量时,接收机软件里所记录的点都是未经过任何转换得到的平面坐标。若要得到和已有成果相符合的坐标,需要做点校正,获取转换参数,或者直接采用七参数。

1. 新建和保存任务

打开接收机软件，单击【文件】→【新建任务】，新建任务。输入任务名称，选择跟已知点相匹配的坐标系统，单击【接受】，如图 6-27 所示。

单击【文件】→【保存任务】，保存任务。

图 6-27　新建任务

2. 确定坐标系统

打开接收机软件，单击【配置】→【坐标系管理】，根据所选取的坐标系统，设置【投影】的参数，包括椭球参数、中央子午线经度等，而【基准转换】、【水平平差】、【垂直平差】都无须设置，在点校正后参数会自动保存在此处，如图 6-28所示。

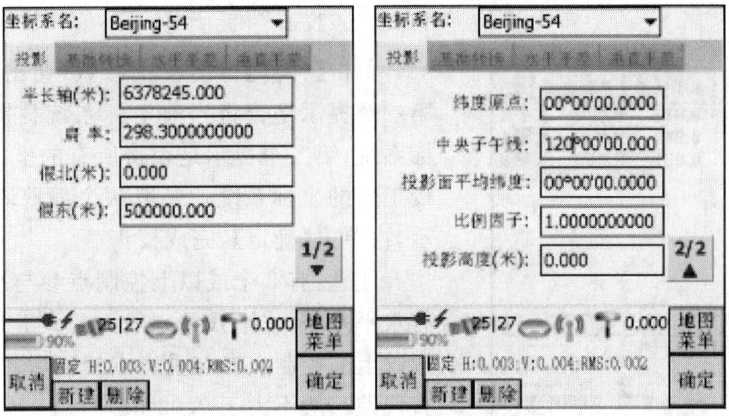

图 6-28　坐标系统管理

3. 键入已知点

打开接收机软件，单击【键入】→【点】，输入已知点名称(如 K4)和坐标，选中【控制点】，单击【保存】，如图 6-29 所示。再继续输入其他已知点坐标(如 K5、K6 等)。

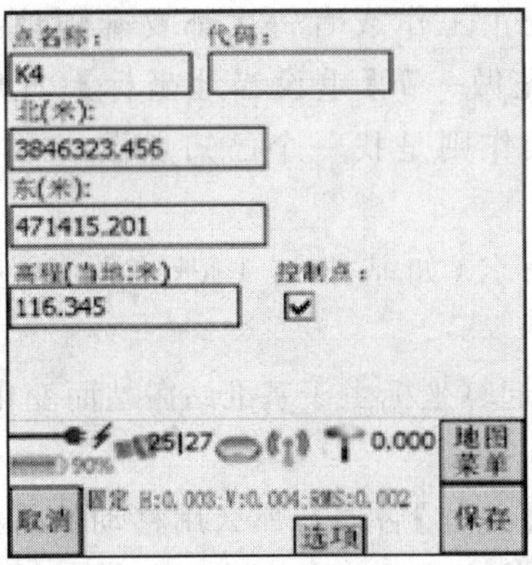

图 6-29　输入已知点

4. 点校正

测量已知点，找到已知点(如 K4、K5、K6 等)的实际位置，单击【测量】→【测量点】，输入天线高度和测量到的位置，测量出已知点的坐标，分别命名(如 K4-1、K5-1、K6-1 等)。所有的已知点必须在同一个基准站坐标基准下，测量后开始进行点校正。

校正方法如下：

单击【测量】→【点校正】。

单击【增加】，在【网格点名】和【GPS 点名】两项控件里分别选已知当地平面坐标【K4】和实测的 WGS-84 坐标【K4-1】，【校正方法】选【水平和垂直】，如图 6-30 所示。再单击【增加】，依次分别加入校正点 K5、K6，K5-1、K6-1 等。

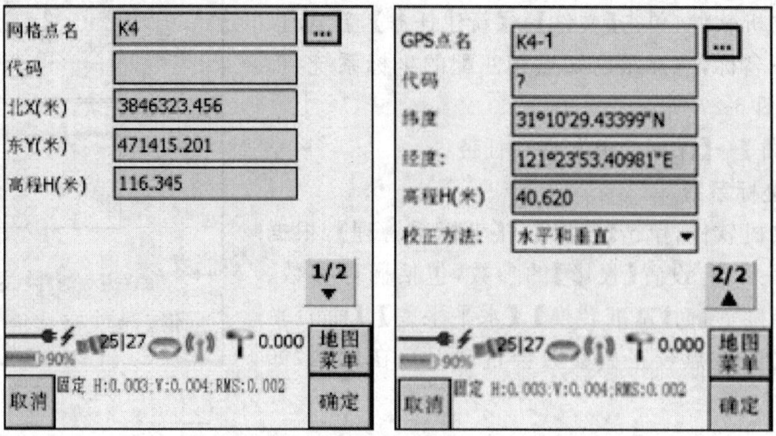

图 6-30 点校正

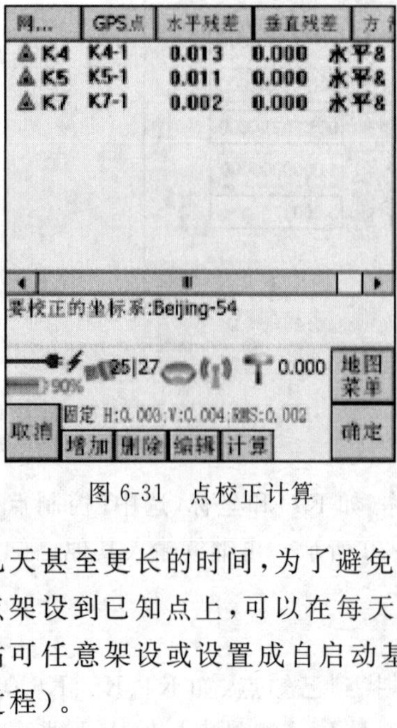

图 6-31 点校正计算

单击【计算】得出校正参数(会出现两个对话框:第一个提示是否将当前坐标系统替换成校正后的坐标系统;第二个提示是否将所有的坐标系统都替换成校正后的坐标系统。一般两个都默认),如图 6-31 所示,再单击【确定】,完成校正。

注意:有 3 个或以上控制点参与平面点校正后才有水平残差,水平残差一般不要大于 0.015 m;有4 个或以上的控制点参与垂直点校正后才有垂直残差,垂直残差一般不大于 0.02 m。

点校正结束后,就可以直接进行测量工作。

5. 重设当地坐标

在每个测区进行测量或放样的工作时,有时需要几天甚至更长的时间,为了避免每天都重复进行点校正工作或者每次都要麻烦地把基准点架设到已知点上,可以在每天开始测量工作以前先做一下【重设当地坐标】(此时基准站可任意架设或设置成自启动基准站,而移动站的操作则是找一个已知点做一下平移的过程)。

当多次架设基准站后,软件会自动按架设顺序命名(如基准站 1、基准站 2、基准站 3 等)。

因为基准站的坐标是基于基准站起算坐标得到的,当起算坐标由于基准站搬站而变化后,需要重设当地坐标,方法如下:

方法 1:基准站 2 若是架设在未知点(自启动,或手簿【此处】启动),那么用移动站再次去测量一个在基准站 1 下测过的精度较高的点 a1,重新测量命名为 a2,单击【文件】→【元素管理器】→【点管理器】,在基准站 2 下面选中 a2 点,双击或单击【细节】,单击【重设当地坐标】,再单击【…】,在弹出的列表中选中基准站 1 下测得的 a1 点,单击两次【确定】后即完成重设当地坐标的工作,如图 6-32 所示。

方法 2:基准站 2 若是架设在已知点(包括基准站 1 下测过的点),那么可以通过手簿已知点启动的方式，选择基准站 2 所在已知坐标点来启动基准站，并且输入实测的基准站天线高。

图 6-32　重设当地坐标

方法 3：基准站 2 若是架设在已知点（包括基准站 1 下测过的点），启动方式为自启动，那么可以在【点管理器】里面选中基准站 2，单击【细节】，将【基准站校正类型】设置为【基站架在已知点】，输入已知坐标，单击两次【确定】后即完成坐标改正操作，如图 6-33 所示。

注意：基准站若是自启动的方式，因断电重开机后，即使基准站位置没变，也需要做【重设当地坐标】的工作；基准站若是自启动方式，移动站在手簿上有测量点的操作后，才会在【点管理器】里面记录下基准站信息。

6. **数据导出**

打开接收机软件，单击【文件】→【导出】，根据所需要的格式导出坐标，一般选用【点坐标】，输入文件名，【显示方式】和【导出的文件类型】一般选用默认，导出数据，如图 6-34 所示。再将手簿和电脑连接通信（需要先安装微软同步软件或 USB 驱动），单击【我的电脑】→【移动设备】，进入【我的 Windows 移动设备】→【Program Files】→【RTKCE】→【Projects】，找到相应的任务文件夹，将文件拷出来即可。

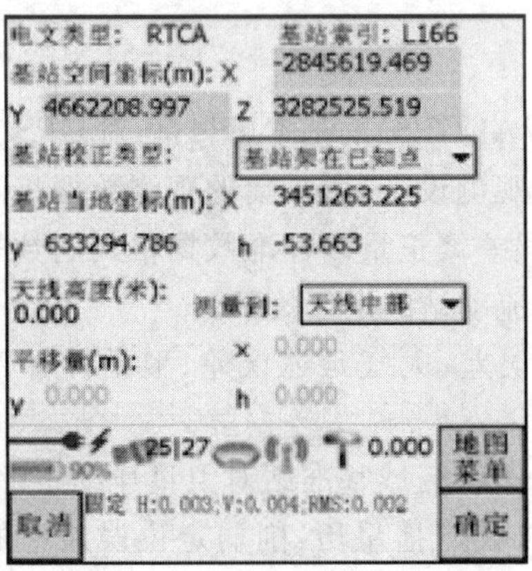

图 6-33　校正基准点坐标

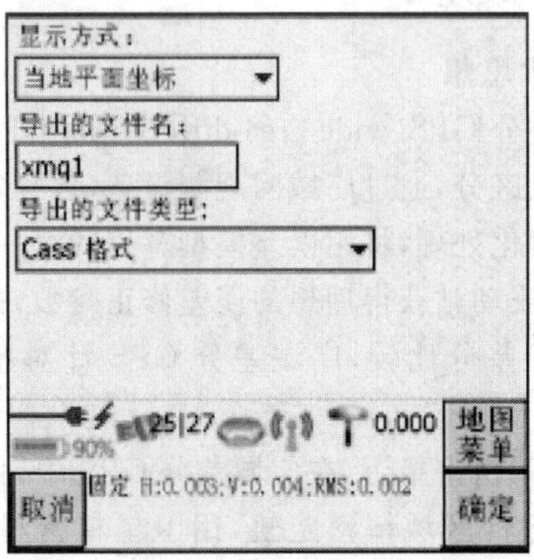

图 6-34　数据导出

6.5 GPS 增强系统

GPS 增强系统是在 GPS 星座、地面监控和用户三大系统基础上,独立地增加一个或多个能与 GPS 一起兼容运作的子系统或功能模块,进而增强 GPS 定位服务能力与精度的系统。局域差分、广域差分和网络 RTK 系统都属于 GPS 增强系统,单基站差分系统实质上也是一种小型的 GPS 增强系统。

6.5.1 局域差分 GPS

单基站测码伪距差分定位中,基准站发送给流动站的差分数据是基准站的星地伪距改正数及其变率,供流动站改正自身的伪距观测值,但一个基站的覆盖范围是有限的。局域差分 GPS(local area differential GPS,LADGPS)由若干基准站、数据通信链和用户流动站构成。其基本思想是:限定基准站与流动站间隔在一定距离(一般小于 150 km)内,以基准站、流动站同步对同轨卫星跟踪为基础,使基准站与流动站对同一卫星同一弧段的观测值之误差与同一时空环境具强相关性,以提高基准站伪距改正数对流动站伪距改正时的敏感性。

局域差分 GPS 的运行:各基准站通过数据通信链,以标准化格式发送伪距改正数及其变率给附近流动站,流动站接收后取加权平均值作为用户流动站观测伪距的改正数,其中的权根据用户流动站与基准站的相对位置来确定。一般做法是,根据基准站分布,预先在基准站网中构成以流动站与基准站相对位置为函数的改正数据加权平均值模型,并将该模型与改正数一起发送给用户流动站,供其计算改正数使用,然后利用改正后的流动站伪距建立星地伪距方程,即可解算出流动站坐标。

局域差分 GPS 基准站站点应有位置精度优于 1 m 的三维地心坐标,周边视野开阔,基准站还应有自动气象记录仪。局域差分系统与单基站差分系统一样,仍使用广播星历,且要求基准站、流动站对同步卫星的观测值有强时空相关性,限制了基准站与流动站的间距,具有局限性。

6.5.2 广域差分 GPS

1. 基本思想

广域差分 GPS(wide area differential GPS,WADGPS)的基本思想是:对 GPS 观测量的误差来源加以区分,通过广域网观测设备(含气象等观测设备)所采集的观测数据将每一个误差源进行模型化处理,将用误差模型算出的每一个误差修正量以标准数据格式用数据链发送给流动站,使流动站获得理想的误差修正参数,提高流动站的定位效果。

与常规差分比较,广域差分 GPS 针对星历误差、大气延迟误差、卫星钟钟差进行以下处理。

(1)使用精密星历:在广域差分 GPS 中,依据作用区域基准站对卫星连续跟踪的数据,对导航卫星进行区域精密定轨,用卫星精密星历取代广播星历,削弱定位误差中的主要来源之一。

(2)用精确的模型计算大气延迟误差:当流动站与基准站相距很远时,两地的大气电子密度、水汽密度是不同的，对导航卫星信号的延迟也不相同，用基准站延迟量来改正流动站的大气延迟是不合适的；广域差分GPS利用系统中的大气观测设备获取观测数据，进而建立精确的大气延迟模型，以建立的模型为基础，结合站点位置的大气参数，计算精确的大气延迟改正值。

(3)卫星钟钟差误差：常规卫星定位利用广播星历提供的卫星钟钟差参数进行卫星钟钟差改正，改正后的卫星钟时间基准近似接近GPS标准时间；广域差分系统则可通过监控卫星钟计算出卫星各时刻的精确钟差值。

2. 系统构成

广域差分GPS由一个广域网主控站、若干个基准站(GPS卫星跟踪站)、若干个监测站、一个差分信号播发站、数据通信网络、用户流动站构成，如图6-35所示。

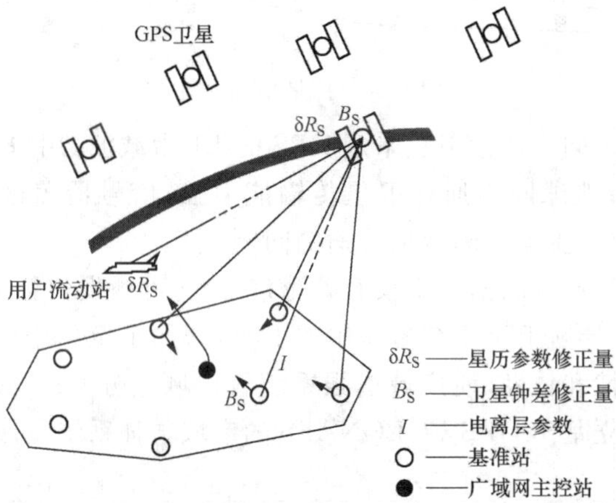

图6-35 广域差分GPS

3. 工作流程

(1)在不少于三个已知精确地心坐标的基准站上，跟踪并接收卫星的广播星历、测码伪距、载波相位、大气延迟参数等信息。

(2)基准站通过数据网络传输接收数据至广域网主控站。

(3)主控站计算出相对卫星广播星历的卫星轨道误差改正，或用监测站对GPS卫星的监测数据绘制精密星历、卫星钟钟差改正、电离层时间延迟改正信息，生成差分数据，并编制成标准数据格式。

(4)广域网主控站将差分改正值通过数据通信网络传输至播发站。

(5)播发站将差分信号播发到各用户流动站。

(6)用户流动站用差分数据改正流动站接收的GPS数据，实时解算出流动站坐标。

数据链条为：基准站→主控站→播发站→用户流动站。

4. 增强系统

在广域差分GPS技术发展方面，国外还提出了广域增强系统(wide area augmentation system，WAAS)的概念。广域增强系统由若干个基准站和若干个广域网主控站构成，利用数据链系统播发差分定位信号。广域增强系统重要的特点是把地球同步通信卫星加入到差分数据传输链中，这样，在远洋、沙漠等困难地区，不设电台用户也可通过接收通信卫星信号获得定位修正信息。广域增强系统的构成如图6-36所示。

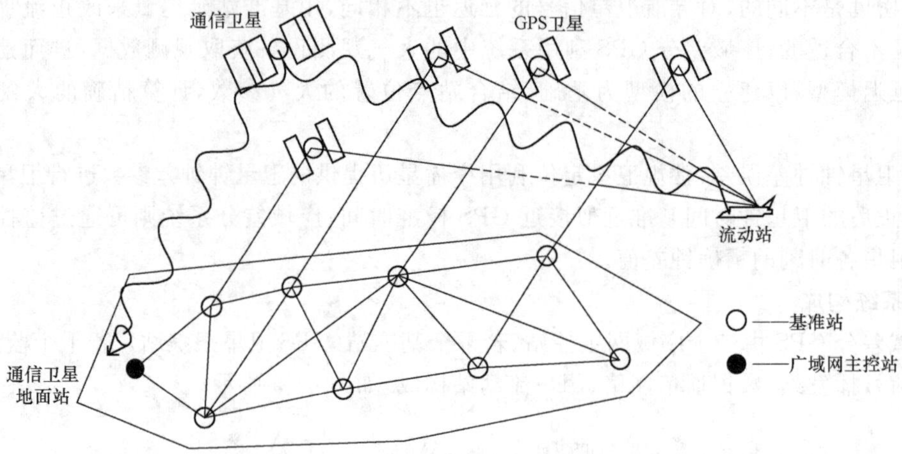

图 6-36 广域增强系统

传输差分信号的地球同步通信卫星采用 GPS 的 L1 为载波,用户在接收差分改正信息时无须使用另外的数据链;地球同步通信卫星传输能力强,信号覆盖区域大,可较好解决主控站→播发站、播发站→用户流动站间数据传输的问题。

地球同步通信卫星所传输的信号不仅有差分信号,还可播发包括 C/A 码和通信卫星的星历信号,通信卫星可视作导航卫星系统星座中的卫星,增加了定位中的已知点和测距源,因而可提高用户定位的可靠性和精度,使广域增强系统较广域差分 GPS 具有相当优势。另外,国外有关机构还提出了建立基于 GPS+GLONASS 的广域增强系统。

6.6 GNSS 导航基本原理

运动载体导航参数包括载体的位置、速度与姿态,实时精确地测量出载体的导航参数,对于载体实现导航、制导和控制是必要的。

GNSS 接收机的载体速度测量可以用两种方法来实现,即平均速度法和多普勒频移法。

载体的姿态是指飞行器坐标系相对于地理坐标系的 3 个姿态角:航向角、俯仰角和横滚角。载体姿态角的确定可以归结为载体上不共线的 3 个点相对于地理坐标系的位置坐标值,换句话说,可以通过不共线的 3 个点坐标来计算载体的姿态角。应用 GNSS 测量载体的姿态,需要在载体上配置多根天线(至少为 3 根 GNSS 天线),利用各天线测 GNSS 载波相位的相位差,来实时确定运动载体相对于当地地理坐标系的角位置,完成 GNSS 测姿任务。

6.6.1 GNSS 接收机的载体速度测量

GNSS 平均速度测量法中,假设在 t_1 和 t_2 时刻测定的载体位置分别为 $\boldsymbol{X}(t_1)$ 和 $\boldsymbol{X}(t_2)$,则载体的运动速度可以简单表示为

$$\begin{bmatrix} \dot{X}_i \\ \dot{Y}_i \\ \dot{Z}_i \end{bmatrix} = \frac{1}{t_2 - t_1} \left(\begin{bmatrix} X_i(t_2) \\ Y_i(t_2) \\ Z_i(t_2) \end{bmatrix} - \begin{bmatrix} X_i(t_1) \\ Y_i(t_1) \\ Z_i(t_1) \end{bmatrix} \right) \tag{6-45}$$

式中,$[\dot{X}_i \quad \dot{Y}_i \quad \dot{Z}_i]^{\mathrm{T}}$ 为协议地球坐标系中载体速度分量。

这种载体测速方法简单，动态测量实时测速主要是选择合适的时间间隔 $\Delta t = t_2 - t_1$ 和前后两次的载体定位数据 $\boldsymbol{X}(t_1)$ 和 $\boldsymbol{X}(t_2)$。

6.6.2　利用 GNSS 载波相位信号计算载体姿态

如果研究飞机的导航问题，在飞机的头部和尾部纵轴方向安装 2 根 GNSS 接收天线 i、j，两根 GNSS 接收天线中心之间的连线称为基线$[\Delta X_{ij}\quad \Delta Y_{ij}\quad \Delta Z_{ij}]^{\mathrm{T}}$。通过此基线，可以确定飞机相当于当地地理坐标系的 2 个姿态角：即航向角 ψ 和俯仰角 θ。在飞机两个机翼再安装 2 根（也可以 1 根）GNSS 接收天线 k、l，这 2 根 GNSS 接收天线中心之间的连线称为基线 $[\Delta X_{kl}\quad \Delta Y_{kl}\quad \Delta Z_{kl}]^{\mathrm{T}}$，这时可以确定横滚角 φ。2 个基线向量属于地球空间直角坐标系，可以将空间直角坐标系的向量转换为当地地理坐标系向量 $[\Delta B_{ij}\quad \Delta L_{ij}\quad \Delta H_{ij}]^{\mathrm{T}}$ 和 $[\Delta B_{kl}\quad \Delta L_{kl}\quad \Delta H_{kl}]^{\mathrm{T}}$，再转换到为飞机坐标系的坐标 $[\Delta x_{ij}\quad \Delta y_{ij}\quad \Delta z_{ij}]^{\mathrm{T}}$ 和 $[\Delta x_{kl}\quad \Delta y_{kl}\quad \Delta z_{kl}]^{\mathrm{T}}$。

飞机坐标系原点取在飞机的重心，X 轴与飞机纵轴一致，指向飞机前方。Y 轴垂直于飞机对称面并指向右方。Z 轴在飞机对称面内并且垂直于纵轴，指向下方。

根据几何关系，可以根据下式计算 3 个姿态角

$$\left.\begin{aligned} \psi &= -\arctan\frac{\Delta x_{ij}}{\Delta y_{ij}} \\ \theta &= \tan\frac{\Delta z_{ij}}{\sqrt{\Delta x_{ij}^2 + \Delta y_{ij}^2}} \\ \varphi &= -\arctan\frac{\Delta z_{kl}}{\Delta x_{kl}} \end{aligned}\right\} \tag{6-46}$$

6.6.3　卡尔曼滤波技术

卡尔曼滤波技术是动态导航数据处理的主要方法。卡尔曼滤波的函数模型为

$$\left.\begin{aligned} \boldsymbol{X}_k &= \boldsymbol{\Phi}_{k,k-1}\boldsymbol{X}_{k-1} + \boldsymbol{\Omega}_k \\ \boldsymbol{L}_k &= \boldsymbol{B}_k\boldsymbol{X}_k + \boldsymbol{\Delta}_k \end{aligned}\right\} \tag{6-47}$$

式中，$\boldsymbol{X}_{k-1}$、$\boldsymbol{X}_k$ 分别为 t_{k-1}、t_k 时刻载体运动状态，$\boldsymbol{\Phi}_{k,k-1}$、$\boldsymbol{B}_k$ 分别为状态转移矩阵和观测方程系数矩阵，系统的动态噪声 $\boldsymbol{\Omega}_k$ 的协方差矩阵为 $\boldsymbol{D}_{\Omega_k}$，观测噪声 $\boldsymbol{\Delta}_k$ 的协方差矩阵为 $\boldsymbol{D}_{\Delta_k}$，$\boldsymbol{\Omega}_k$ 和 $\boldsymbol{\Delta}_k$ 互不相关，即 $\mathrm{cov}(\boldsymbol{\Omega}_k, \boldsymbol{\Delta}_k) = \boldsymbol{0}$。

式(6-46)中第一式称为动态方程，第二式称为观测方程。设如果在测量 $k-1$ 次以后，已经得到 $\hat{\boldsymbol{X}}_{k-1}$ 的估计值，那么根据动态方程就可以预测 k 次的状态值，即

$$\bar{\boldsymbol{X}}_k = \boldsymbol{\Phi}_{k,k-1}\hat{\boldsymbol{X}}_{k-1} \tag{6-48}$$

预测值 $\bar{\boldsymbol{X}}_k$ 的协方差为

$$\boldsymbol{D}_{\bar{X}_k} = \boldsymbol{\Phi}_{k,k-1}\boldsymbol{D}_{\hat{X}_{k-1}}\boldsymbol{\Phi}_{k,k-1}^{\mathrm{T}} + \boldsymbol{D}_{\Omega_k} \tag{6-49}$$

将预测值 $\bar{\boldsymbol{X}}_k$ 作为 k 时刻的虚拟观测值，与 k 时刻的实际观测值联合平差，可获得 k 时刻状态参数的最优估值 $\bar{\boldsymbol{X}}_k$。联合平差的函数模型为

$$\left.\begin{aligned} \boldsymbol{V}_{\bar{X}_k} &= \hat{\boldsymbol{X}}_k - \bar{\boldsymbol{X}}_k \\ \boldsymbol{V}_k &= \boldsymbol{B}_k\hat{\boldsymbol{X}}_k - \boldsymbol{L}_k \end{aligned}\right\} \tag{6-50}$$

其权为

$$\left.\begin{aligned} \boldsymbol{P}_{\bar{X}_k} &= \boldsymbol{D}_{\bar{X}_k}^{-1} \\ \boldsymbol{P}_k &= \boldsymbol{D}_{\Delta_k}^{-1} \end{aligned}\right\} \tag{6-51}$$

组成法方程,并求解得

$$\hat{\boldsymbol{X}}_k = (\boldsymbol{D}_{\bar{X}_k}^{-1} + \boldsymbol{B}_k^{\mathrm{T}}\boldsymbol{D}_{\Delta_k}^{-1}\boldsymbol{B}_k)^{-1}(\boldsymbol{D}_{\bar{X}_k}^{-1}\bar{\boldsymbol{X}}_k + \boldsymbol{B}_k^{\mathrm{T}}\boldsymbol{D}_{\Delta_k}^{-1}\boldsymbol{L}_k) \tag{6-52}$$

$\hat{\boldsymbol{X}}_k$ 的协方差矩阵为

$$\boldsymbol{D}_{\hat{X}_k}^{-1} = (\boldsymbol{D}_{\bar{X}_k}^{-1} + \boldsymbol{B}_k^{\mathrm{T}}\boldsymbol{D}_{\Delta_k}^{-1}\boldsymbol{B}_k)^{-1} \tag{6-53}$$

由矩阵反演公式可得

$$\hat{\boldsymbol{X}}_k = \bar{\boldsymbol{X}}_k - \boldsymbol{D}_{\bar{X}_k}\boldsymbol{B}_k^{\mathrm{T}}(\boldsymbol{B}_k\boldsymbol{D}_{\bar{X}_k}\boldsymbol{B}_k^{\mathrm{T}} + \boldsymbol{D}_{\Delta_k})^{-1}(\boldsymbol{B}_k\bar{\boldsymbol{X}}_k - \boldsymbol{L}_k) \tag{6-54}$$

令

$$\boldsymbol{J}_k = \boldsymbol{D}_{\bar{X}_k}\boldsymbol{B}_k^{\mathrm{T}}(\boldsymbol{B}_k\boldsymbol{D}_{\bar{X}_k}\boldsymbol{B}_k^{\mathrm{T}} + \boldsymbol{D}_{\Delta_k})^{-1} \tag{6-55}$$

则式(6-54)为

$$\hat{\boldsymbol{X}}_k = \bar{\boldsymbol{X}}_k - \boldsymbol{J}_k(\boldsymbol{B}_k\bar{\boldsymbol{X}}_k - \boldsymbol{L}_k) \tag{6-56}$$

令

$$\bar{\boldsymbol{V}}_k = \boldsymbol{B}_k\bar{\boldsymbol{X}}_k - \boldsymbol{L}_k \tag{6-57}$$

其协方差矩阵为

$$\boldsymbol{D}_{\bar{V}_k} = \boldsymbol{B}_k\boldsymbol{D}_{\bar{X}_k}\boldsymbol{B}_k^{\mathrm{T}} + \boldsymbol{D}_{\Delta_k} \tag{6-58}$$

将式(6-57)代入式(6-56)得

$$\hat{\boldsymbol{X}}_k = \bar{\boldsymbol{X}}_k - \boldsymbol{J}_k\bar{\boldsymbol{V}}_k \tag{6-59}$$

式中,$\bar{\boldsymbol{X}}_k$ 是根据动态系统状态方程获得的状态估值,称为一步预估值,$\boldsymbol{B}_k\bar{\boldsymbol{X}}_k$ 是观测值的预估值,$\bar{\boldsymbol{V}}_k$ 称为新息向量,也称为预报残差,$\boldsymbol{J}_k\bar{\boldsymbol{V}}_k$ 是第 k 时刻新观测值对一步预估值 $\bar{\boldsymbol{X}}_k$ 的修正值,也是用新观测值对动态系统状态方程的修正值,$\boldsymbol{J}_k$ 称为增益矩阵。

将式(6-53)按矩阵反演展开,可以得到协方差矩阵的递推算法

$$\begin{aligned} \boldsymbol{D}_{\hat{X}_k} &= \boldsymbol{D}_{\bar{X}_k} - \boldsymbol{D}_{\bar{X}_k}\boldsymbol{B}_k^{\mathrm{T}}(\boldsymbol{B}_k\boldsymbol{D}_{\bar{X}_k}\boldsymbol{B}_k^{\mathrm{T}} + \boldsymbol{D}_{\Delta_k})^{-1}\boldsymbol{B}_k\boldsymbol{D}_{\bar{X}_k} \\ &= (\boldsymbol{I} - \boldsymbol{J}_k\boldsymbol{B}_k)\boldsymbol{D}_{\bar{X}_k} \end{aligned} \tag{6-60}$$

上述式(6-56)至式(6-60)就是离散动态系统卡尔曼滤波递推公式。

习题与思考题

1. 单点动态定位与单点静态定位在计算时有什么不同?
2. 差分定位与相对静态定位有什么不同?
3. 载波相位差分与相对静态定位有什么不同?
4. RTK 定位时为什么要进行点校正?
5. RTK 有几种工作模式?
6. 基准站重新启动之后是否要再次进行点校正?
7. GPS 增强系统与伪距差分有什么不同?与载波相位差分有什么不同?

第 7 章　GNSS 在控制测量中的应用

本章介绍使用全球导航卫星系统(GNSS)技术建立控制网的过程、方法，包括控制网设计、施测、数据处理和成果检核等。第 1 章已经介绍了主要的 GNSS 系统，常用的有美国的 GPS、俄罗斯的 GLONASS、欧洲的 Galileo 和中国的 BDS。很多接收机可以进行多系统联合导航定位。由于应用 GPS 做控制测量已经有近 30 年的历史，所以本章只以 GPS 控制测量为例进行讲述 GNSS 控制网设计和外业观测的过程。本章还介绍了 GPS 控制网的数据处理过程。应用其他 GNSS 系统建立控制网，可以参照 GPS 建立控制网的过程，并根据各系统的特点进行数据处理。

7.1　GNSS 控制网设计

以 GPS 控制网设计为例进行说明。

7.1.1　控制网的建立步骤

1. 设计阶段

根据控制网的用途和精度确定 GPS 控制网的等级；图上选点，按照等级要求的密度在小比例尺地形图上选择控制点的位置；实地选点，根据地形图上标出的点位以及 GPS 的观测条件在实地确定点位；根据实地高级控制点的情况确定坐标起算点和高程起算点；根据 GPS 接收机的台数和重复设站数进行 GPS 控制网的图形设计；根据图形、GPS 接收机的精度、起算点的精度进行点位精度估算和相对精度估算；在图上设计 GPS 点的水准联测路线；根据水准测量等级和路线进行高程精度的估算；根据图形和等级要求设计观测时段。

2. 观测阶段

GPS 观测、数据下载、保存、备份；水准测量和概算。

3. 平差阶段

水准网平差、基线解算平差、三维无约束平差、二维约束平差和高程拟合；平差成果假设检验。

7.1.2　控制网的建立原理

图 7-1 是一个 GPS 控制网图，网中共有 8 个 GPS 控制点，两点之间的连线称为基线，如基线 12、23 等，在每条基线的两端分别安置 GPS 接收机接收卫星信号，可以解算基线向量，如 ΔX_{12}、ΔY_{12}、ΔZ_{12}。网中至少有一个点是已知点，假设已知点(X_1, Y_1, Z_1)，根据测量得到的基线向量，可计算出 $X_2 = X_1 + \Delta X_{12}$，$Y_2 = Y_1 + \Delta Y_{12}$，$Z_2 = Z_1 + \Delta Z_{12}$，以此类推，可计算每一个点的三维空间直角坐标。

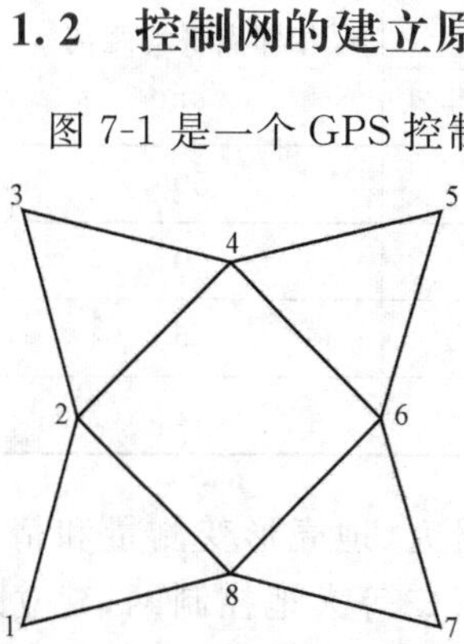

图 7-1　GPS 控制网图

图 7-1 中所有的基线都是独立基线，因此，在三维空间内可构成多个图形条件，因此要进行三维空间内的无约束平差。同样在二维平面内也会构成多个图形条件，同时，控制点中有多个

已知点,因此要进行二维平面内的平差,以便消除闭合差和进行坐标转换。如果要将大地高转换为正常高,还要用水准测量联测网中部分控制点进行高程拟合。

7.1.3 技术设计依据

GPS控制测量的技术设计是进行GPS定位的最基本工作,是根据国家有关规范(规程)及GPS控制网的用途、用户的要求对网形、精度及基准等的具体设计。GPS控制网技术设计的主要依据是GPS测量规范(规程)和测量任务书。目前,使用GPS进行测量的有关规范主要有GB/T 18314—2009《全球定位系统(GPS)测量规范》、CH 8016—95《全球定位系统(GPS)测量型接收机检定规程》、GB/T 28588—2012《全球导航卫星系统连续运行基准站网技术规范》、CJJ/T 73—2019《卫星定位城市测量技术标准》、GB 50026—2007《工程测量规范》、JTG C10—2007《公路勘测规范》等。

以上规范(规程)适用的对象不同,如《全球定位系统(GPS)测量规范》适用于所有的GPS控制测量,从洲际间的联测网、国家控制网、省级控制网、城市控制网到施工控制网,而其他规范(规程),如《卫星定位城市测量规范》适用于城市规划、建设测量,同时也可以作为其他类型测量的参考和依据。

7.1.4 控制网的等级

确定GPS控制网的等级非常重要,不同等级的GPS控制网,其精度和密度不同,相应的测量方案也不同。《全球定位系统(GPS)测量规范》中规定GPS控制网的等级为A、B、C、D、E级,其中,A级GPS控制网由卫星定位连续运行基准站构成,其精度不低于表7-1的要求,B、C、D和E级的精度应不低于表7-2的要求。

表7-1 《全球定位系统(GPS)测量规范》对A级GPS控制网的精度要求

级别	坐标年变化率中误差		相对精度	地心坐标各分量年平均中误差/mm
	水平分量/(mm/a)	垂直分量/(mm/a)		
A	2	3	1×10^{-8}	0.5

表7-2 《全球定位系统(GPS)测量规范》对B、C、D和E级GPS控制网的精度要求

级别	相邻点基线分量中误差		相邻点平均距离/km
	水平分量/mm	垂直分量/mm	
B	5	10	50
C	10	20	20
D	20	40	5
E	20	40	3

用于建立国家一等大地控制网,进行全球性的地球动力学研究、地壳形变测量和精密定轨的GPS测量,应满足A级控制网的精度要求;用于建立国家二等大地控制网,建立地方或城市坐标基准框架、区域性的地球动力学研究、地壳形变测量、局部形变监测和各种精

密工程测量等的 GPS 测量，应满足 B 级控制网的精度要求；用于建立三等大地控制网，以及建立区域、城市及工程测量的基本控制网等的 GPS 测量，应满足 C 级控制网的精度要求；用于中小城市、城镇，以及测图、不动产测量、物探、勘测、建筑施工等控制测量的 GPS 测量，应满足 D、E 级控制网的精度要求。《工程测量规范》中规定的卫星定位测量控制网的主要技术要求见表 7-3。

表 7-3 《工程测量规范》中规定的 GPS 控制网的主要技术要求

等级	平均边长 /km	固定误差 a/mm	比例误差系数 b/(mm/km)	约束点间的边长相对中误差	约束平差后最弱边相对中误差
二等	9	≤10	≤2	≤1/250 000	≤1/120 000
三等	4.5	≤10	≤5	≤1/150 000	≤1/70 000
四等	2	≤10	≤10	≤1/100 000	≤1/40 000
一级	1	≤10	≤20	≤1/40 000	≤1/20 000
二级	0.5	≤10	≤40	≤1/20 000	≤1/10 000

表 7-3 中的固定误差 a 和比例误差系数 b 用来计算基线长度的精度，如

$$\sigma = \sqrt{a^2 + (bd)^2} \tag{7-1}$$

式中，σ 表示 GPS 控制网相邻点间基线长度的标准差，单位是 mm；d 表示相邻点间距离，单位是 km。

本章内容主要针对《全球定位系统(GPS)测量规范》中的 C、D、E 级网，以及《工程测量规范》中的二等、三等和四等 GPS 控制网，因为这是最常用的控制网。

7.1.5 基准设计

基准就是坐标系统，坐标系统是由地面一个个控制点来实现的，这些控制点称为坐标框架。例如，2000 国家大地坐标系(CGCS2000)是这样定义的：原点位于地球质心，Z 轴指向国际地球自转服务局(IERS)定义的参考极(IRP)方向，X 轴为 IERS 定义的参考子午面(IRM)与通过原点且同 Z 轴正交的赤道面的交线，Y 轴与 X、Z 轴构成右手坐标系。但是，这只是理论上的定义，具体还得通过一系列点的坐标和速度来实现。CGCS2000 由国家 GPS 大地网在历元 2000.0 的点位坐标和速度具体实现。因此，一个控制网的基准其实就是该网的起算点。起算点属于什么坐标系统，基准就是什么坐标系统。GNSS 系统是一个基于卫星的导航定位系统，用 GNSS 进行定位时并不需要地面的起算点。但是，一个控制网必须与当地的坐标系统一致，因此，为求定 GNSS 点在某一参考坐标系中的坐标，在布设 GNSS 控制网时应与该参考坐标系中的原有控制点联测。

基准设计的内容及要求如下：

(1)确定联测平面控制点的数量，联测的总点数不得少于 3 个。联测的平面控制点最好均匀分布在网的四周，这样能够保证转换参数在有效的作用范围内。用于联测的所有控制点均应该属于同一坐标系统，并且最好是使用相同的软件一次平差计算的。当用于联测的起算点间隔距离较大时，要考虑地壳位移的影响。最好选择那些能够安置 GPS 接收机的原控制点直

接进行联测,这样能大大减少联测工作。如图 7-2 所示,GPS 点 1、3、5、7 与原控制点 A、B、C、D 重合。个别不能重合的点则使用传统的方法进行联测,如图 7-3 所示,原控制点 D 上由于有树木遮挡,不能安置 GPS 接收机,那么要将 7 号点作为 GPS 控制网的起算点,则必须使用传统方法将 D 点坐标引测到 7 号点。

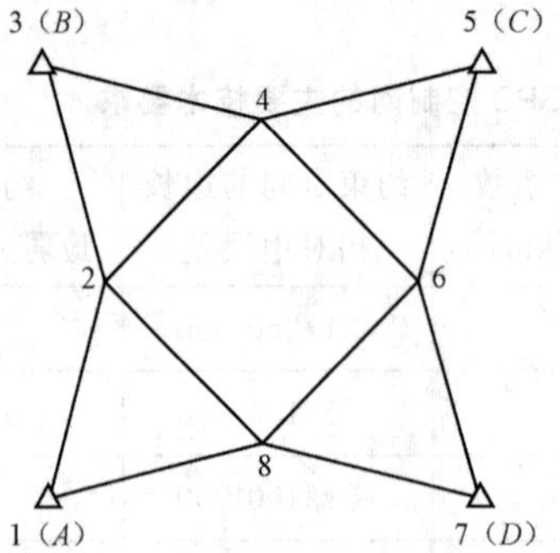

图 7-2 控制点上可安置接收机

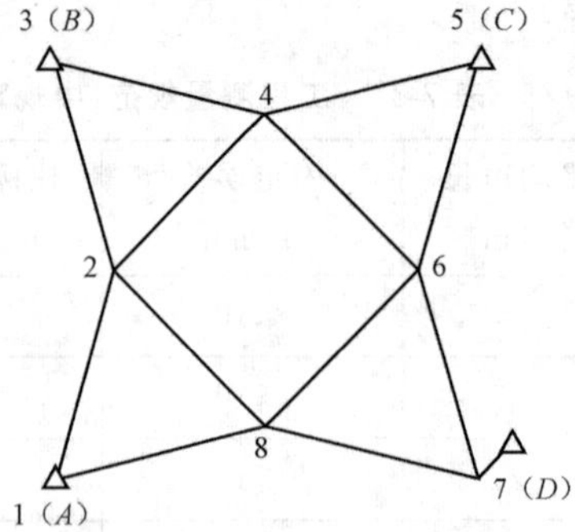

图 7-3 控制点上不能安置接收机

(2)为求得 GPS 控制网点的正常高,应根据需要适当进行高程联测。高程联测点至少 1 个。高程联测路线应构成闭合路线或附合路线。《全球定位系统(GPS)测量规范》规定,A 级网应逐点联测高程,B 级网至少每隔 2～3 点、C 级网每隔 3～6 点联测一个高程点,D、E 级网可依具体情况确定联测高程的点数。

7.1.6 图形设计

1. GPS 控制网构成的几个基本概念

在进行 GPS 控制网图设计前,必须明确有关 GPS 控制网图构成的几个概念:

(1)观测时段:接收机开始接收卫星信号到停止接收卫星信号连续工作的时间段。接收机开始接收卫星信号时必然会自动生成一个观测文件自动记录观测数据,当停止接收卫星信号时该文件自动结束,因此,一个观测文件就代表一个观测时段。

(2)同步观测:由两台或两台以上接收机同时对相同的卫星进行的观测。由三台或三台以上接收机进行同步观测所获得的基线向量构成的环是闭合环。在构成闭合环的所有基线中,只要有一条不是同步观测的基线,则这个环就是异步环。

(3)独立基线:在同步观测获得的所有基线中只有一部分是独立的,用这部分基线可以把其他所有基线都计算出来,这部分基线称为独立基线。在一个时段中获得的独立基线一般等于同步观测可接收机台数减 1,如有 N 台接收机,则一个时段的独立基线等于 $N-1$。

2. GPS 控制网特征条件的计算

GPS 控制网的特征条件是设计 GPS 控制网图形的依据,包括以下几项:

(1)观测时段数:如果网中有 n 个控制点,平均每个点设站数为 m,每个时段都用 N 台接收机进行同步观测,则可计算观测时段数 C,即

$$C = nm/N \tag{7-2}$$

(2)基线数:N 台接收机进行同步观测,可获得 J 条基线的基线向量,即

$$J = N(N-1)/2 \tag{7-3}$$

如果一共观测了 C 个时段,则总基线数为

$$J_{总} = CJ = CN(N-1)/2 \tag{7-4}$$

(3)独立基线数：在一个时段中的 J 条基线中只有 $N-1$ 条是独立的，因此全网中的独立基线数为

$$J_{独} = C(N-1) \tag{7-5}$$

(4)必要基线数：对于全网来说，一共有 n 个点，在控制网中，如果有起算控制点，则必要基线数等于待定点数；如果没有起算控制点，则必要基线数为

$$J_{必} = n-1 \tag{7-6}$$

(5)多余基线数：多余基线数等于独立基线数减去必要基线数，即

$$J_{多} = J_{独} - J_{必} \tag{7-7}$$

3. 独立基线的选择

选取独立基线会有很多方案，但各种方案都是等价的。以 4 台仪器同步观测为例，这里列出 4 种选择方案，如图 7-4 所示。进行图形设计时，根据实际情况灵活选择。

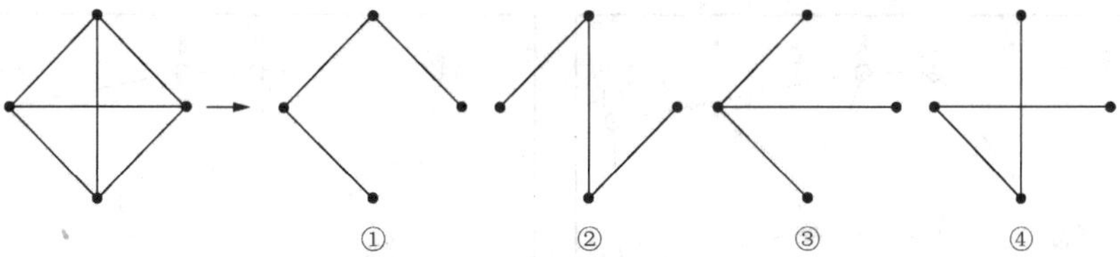

图 7-4　$N=4$ 时独立基线的不同选择方案

4. 图形设计步骤

为了科学合理、简单快捷地设计网图，一般要遵循一定的原则：图形必须由独立基线构成；基线必须要互相连接成多个闭合环或附合路线，独立闭合环的个数与附合路线的个数之和必须等于多余基线数；选择独立基线时短基线优先，基线近似相等时可任意选择；闭合环或附合路线的边数不能超过表 7-4 的规定；A、B 级网，除边缘点外，每点的连接点数不应少于3 个；边与边之间不能交叉。

表 7-4　独立闭合环或附合路线边数的规定

级别	A	B	C	D	E
闭合环或附合路线的边数	≤5	≤6	≤6	≤8	≤10

下面以 E 级网为例，讲述网图设计的过程。这是一个由 16 个控制点组成的 GPS 控制网，如图 7-5所示。用 4 台接收机进行观测，设站数取 2，根据式(7-2)～式(7-7)可算出测量时段数为 8，独立基线数为 24，必要基线数为 15，多余基线数为 9。

网图设计的目的是要将 16 个点连成 24 条基线，构成 9 个闭合环。将各点进行编号，从里到外编号增大。具体步骤如下：

第一步：根据短边优先的原则，从 1 号点到 16 号点，在每个点上寻找一个与其最靠近的点连接起来，如图 7-6 所示，这一步完成后已构建 11 条边。

第二步：在每个点上寻找与该点相距第二短的点连接起来。如果在这个点上已经有两条边，则省略这一步，如图 7-7 所示，这一步完成后已有 19 条边。

第三步：按照上面的类似原则补齐剩余的 5 条边，最后再进行适当调整，如图 7-8 所示，正

好构成 9 个闭合多边形,共 24 条基线。

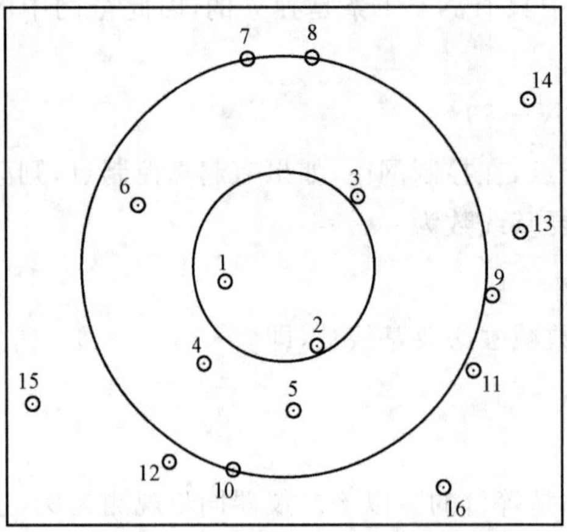

图 7-5　GPS 控制网的点位分布

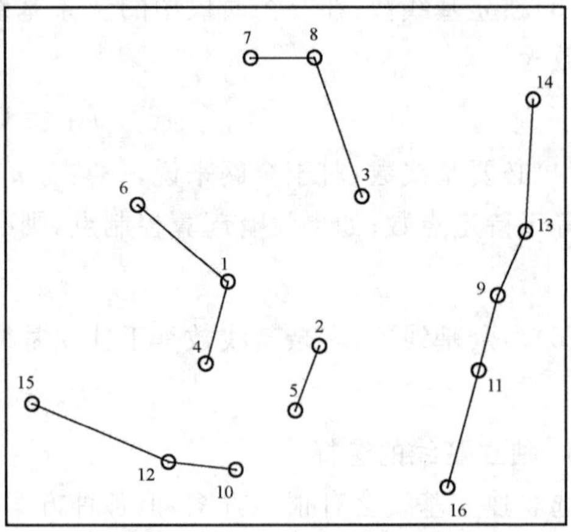

图 7-6　第一步完成后的网图

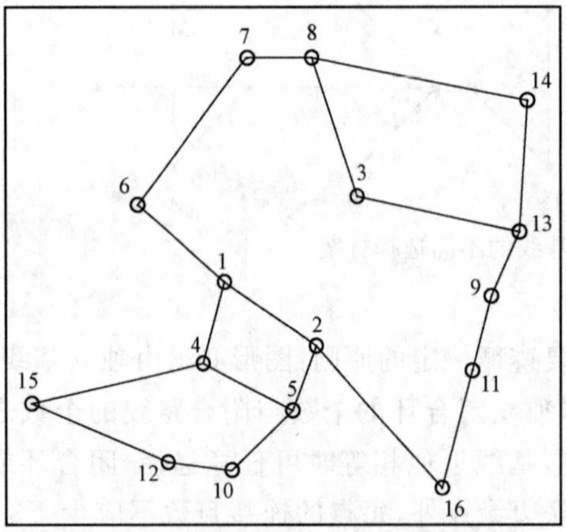

图 7-7　第二步完成后的网图

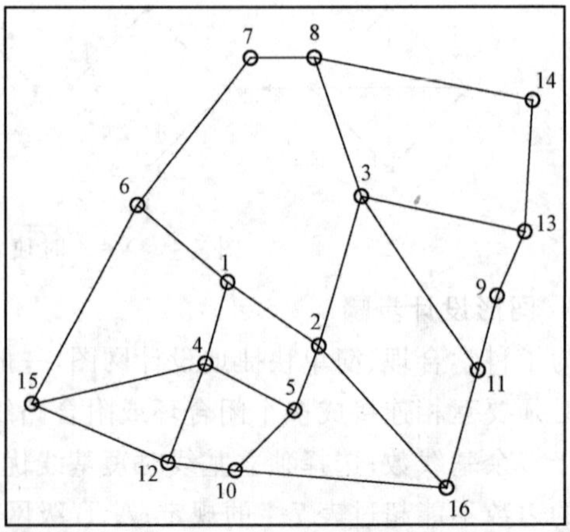

图 7-8　最后的网图

7.1.7　精度估算

精度估算是控制网设计的基本工作,目的是要验证设计的控制网能不能满足要求的精度。但是,并不是所有的 GPS 控制网都要进行精度的计算。当控制网的布设及测量完全按照规范的要求进行时,应该能够满足精度的要求,这时就没有必要进行精度估算了。但是出现下面的情况时,也需要进行精度预计:

(1)当控制网中出现极长、极短边时。例如,某 D 级网的平均边长是 5 km,按照规范,最长边不能大于平均距离的 2 倍,即 10 km。当网中的个别边长大于 10 km 时,就应该进行精度的估算。

(2)使用的 GPS 接收机的精度不能达到规范规定的精度时。例如,四等网规定的固定误差是 10 mm,比例误差因子是 10 mm/km,当所使用的接收机的实际精度低于这个要求时,需要进行精度估计。

(3)GPS 控制网中闭合环或附合路线的边数超过规定的要求时。例如,D 级网要求闭合环或附合路线的边数要小于等于 8,当设计的网中有超过此规定的闭合环时,要进行精度估算。

根据参数平差的理论，只要列出观测值的误差方程的系数并且指定观测值的权，就可以计算各个点的点位误差及两点之间的相对误差。估计 GPS 控制网的误差时，以平面基线向量 $(\Delta x_{ij},\Delta y_{ij})$ 为观测量，已知的数据包括：①基线端点的概略坐标 x_i^0、y_i^0、x_j^0、y_j^0；②接收机标称的平面距离固定误差 a 和平面距离比例误差系数 b。

精度估算包括：

(1)根据观测值 Δx 和 Δy 的误差方程，构造误差方程的系数矩阵 $\boldsymbol{A}$，其展开式为

$$\left.\begin{aligned} v_{\Delta x_{ij}} &= -\delta x_j + \delta x_i - l_{\Delta x_{ij}} \\ v_{\Delta y_{ij}} &= -\delta y_j + \delta y_i - l_{\Delta y_{ij}} \end{aligned}\right\} \tag{7-8}$$

式中，δx 和 δy 表示坐标近似值的改正数，l 表示自由项。

(2)计算观测值的权，即

$$\left.\begin{aligned} p_{\Delta x_{ij}} &= \frac{\sigma_0^2}{\sigma_{\Delta x_{ij}}^2} \\ p_{\Delta y_{ij}} &= \frac{\sigma_0^2}{\sigma_{\Delta y_{ij}}^2} \end{aligned}\right\} \tag{7-9}$$

式中，$\sigma_{\Delta x_{ij}}^2$ 和 $\sigma_{\Delta y_{ij}}^2$ 是基线向量观测值的方差，计算式为

$$\left.\begin{aligned} \sigma_{\Delta x_{ij}}^2 &= \sigma_{s_{ij}}^2 \cos^2\alpha_{ij}^0 \\ \sigma_{\Delta y_{ij}}^2 &= \sigma_{s_{ij}}^2 \sin^2\alpha_{ij}^0 \end{aligned}\right\} \tag{7-10}$$

式中，$\sigma_{s_{ij}}^2$ 是基线平面距离的方差，α_{ij}^0 是坐标方位角的近似值，计算式为

$$\sigma_{s_{ij}}^2 = a^2 + b^2 (s_{ij}^0)^2 \tag{7-11}$$

$$(s_{ij}^0)^2 = (x_j^0 - x_i^0)^2 + (y_j^0 - y_i^0)^2 \tag{7-12}$$

$$\left.\begin{aligned} \cos^2\alpha_{ij}^0 &= \frac{(x_j^0 - x_i^0)^2}{(s_{ij}^0)^2} \\ \sin^2\alpha_{ij}^0 &= \frac{(y_j^0 - y_i^0)^2}{(s_{ij}^0)^2} \end{aligned}\right\} \tag{7-13}$$

当坐标方位角约等于 90°或 0°时，会出现误差特别小的情形，这会引起权特别大的情况，此时应该进行人工干预，干预的原则是使误差比起算点的误差至少低 2 个数量级。σ_0^2 是单位权方差，可以取任意值，为了方便，这里取所有方差的平均值，即

$$\sigma_0^2 = \frac{1}{2n}\sum_{k=1}^{n}(\sigma_{\Delta x_k}^2 + \sigma_{\Delta y_k}^2) \tag{7-14}$$

式中，n 是基线的个数。

(3)计算法方程系数矩阵 $\boldsymbol{N}$，即

$$\boldsymbol{N} = \boldsymbol{A}^{\mathrm{T}}\boldsymbol{P}\boldsymbol{A} \tag{7-15}$$

式中，$\boldsymbol{P}$ 是由 $p_{\Delta x_{ij}}$ 和 $p_{\Delta y_{ij}}$ 构成的权矩阵，是对角矩阵。

(4)计算协因数矩阵 $\boldsymbol{Q}$。由于还没有指定起算点，因此，法方程系数矩阵 $\boldsymbol{N}$ 是一个秩亏矩阵，无法求逆，为此必须对参数施加约束。根据参数约束平差的理论对起算点上的坐

标值构建虚拟观测方程，即

$$\left.\begin{aligned} v_{x_m} &= \delta x_m,\ p_{x_m} \\ v_{y_m} &= \delta y_m,\ p_{y_m} \end{aligned}\right\} \tag{7-16}$$

由此可构建虚拟观测方程的系数矩阵 $\boldsymbol{H}$ 和权矩阵 $\boldsymbol{P}_h$。p_{x_m} 和 p_{y_m} 的计算公式为

$$\left.\begin{aligned} p_{x_m} &= \frac{\sigma_0^2}{\sigma_{x_m}^2} \\ p_{y_m} &= \frac{\sigma_0^2}{\sigma_{y_m}^2} \end{aligned}\right\} \tag{7-17}$$

式中，σ_{x_m} 和 σ_{y_m} 是已知点 m 的中误差，可取 0.000 1 m。p_{x_m} 和 p_{y_m} 的数值应该比 $p_{\Delta x_{ij}}$ 和 $p_{\Delta y_{ij}}$ 大好几个数量级。

(5)计算各个点的点位误差，即

$$\left.\begin{aligned} \sigma_{x_i}^2 &= \sigma_0^2 Q_{x_i x_i} \\ \sigma_{y_i}^2 &= \sigma_0^2 Q_{y_i y_i} \\ \sigma_i^2 &= \sigma_{x_i}^2 + \sigma_{y_i}^2 \end{aligned}\right\} \tag{7-18}$$

(6)计算各条边的边长误差和相对误差，即

$$\left.\begin{aligned} \sigma_{s_{ij}}^2 &= \sigma_0^2 Q_{s_{ij}} \\ \frac{\sigma_{s_{ij}}}{s_{ij}^0} &= \frac{1}{\dfrac{s_{ij}^0}{\sigma_{s_{ij}}}} \end{aligned}\right\} \tag{7-19}$$

式中

$$Q_{s_{ij}} = \cos^2\alpha_{ij} \cdot Q_{\mathrm{d}x_{ij}\mathrm{d}x_{ij}} + \sin^2\alpha_{ij} \cdot Q_{\mathrm{d}y_{ij}\mathrm{d}y_{ij}} + \cos^2\alpha_{ij} \cdot Q_{\mathrm{d}x_{ij}\mathrm{d}y_{ij}} \tag{7-20}$$

$$\left.\begin{aligned} Q_{\mathrm{d}x_{ij}\mathrm{d}x_{ij}} &= Q_{x_i x_i} + Q_{x_j x_j} - 2Q_{x_i x_j} \\ Q_{\mathrm{d}y_{ij}\mathrm{d}y_{ij}} &= Q_{y_i y_i} + Q_{y_j y_j} - 2Q_{y_i y_j} \\ Q_{\mathrm{d}x_{ij}\mathrm{d}y_{ij}} &= Q_{x_i y_i} + Q_{x_j y_j} - Q_{x_i y_j} - Q_{x_j y_i} \end{aligned}\right\} \tag{7-21}$$

7.2 GNSS测量外业准备和技术设计书编写

以 GPS 为例，在进行 GPS 外业工作之前，必须进行测区踏勘、资料收集、设备和器材筹备及人员组织、观测计划拟定、仪器检验及技术设计书编写等工作。

7.2.1 测区踏勘

测区踏勘就是了解、调查测区的详细情况，为布设控制网点、制定作业时间、选取作业路线、确定交通工具、安排住宿吃饭、预算经费成本等提供依据。踏勘要了解和搜集的资料包括：

(1)测区交通概况：公路、铁路、乡村便道的分布及通行情况。

(2)测区水系分布：江河、湖泊、池塘、水渠的分布，桥梁、码头及水路交通情况。

(3)测区植被分布：森林、草原、农作物的分布及面积。

(4)测区气候特点：最高和最低温度及时间、风力情况、冻土深度、雨量等。

(5)已知控制点的分布情况和资料分析：三角控制点、水准控制点、GPS 控制点、导线控制点的等级，坐标和高程系统，点位的数量级分布，标志的保存情况。

(6)居民点分布情况：城镇和乡村的分布、食宿及供电情况。

(7)当地民俗风情：民族的分布、习俗及地方方言、习惯及社会治安情况。

7.2.2　资料收集

根据探勘测区掌握的情况，收集的资料包括：

(1)各类图件：1∶1 万到 1∶10 万比例尺的地形图、大地水准面起伏图、交通图、行政区划图、卫星影像图。道路交通图和卫星影像图可使用百度地图或从天地图上下载。

(2)平面控制点：测区内和测区周边各级各类三角点、GPS 点、导线点的网图、等级、坐标和高程数据、坐标系统和高程系统、高程的测量方法、测量机构、观测时间、计算时间、平差成果的精度、平差软件、成果的参考历元等。

(3)水准点：测区内和测区周边的各级各类水准点的水准路线图、等级、高程系统、测量机构、观测时间、计算时间、平差成果的精度、平差软件等。

(4)测区内有关地质、气象、交通、通信等方面的资料。

7.2.3　设备和器材筹备及人员组织

设备和器材筹备及人员组织包括：

(1)GPS 接收机、架腿、天线、基座、电池、充电器、钢卷尺、外业记录纸、铅笔等与 GPS 测量有关的仪器、设备和耗材。

(2)计算机、人员通信和数据通信、数据下载软件、GPS 接收机设置软件、数据处理软件、光盘、U 盘等与数据操作、保存和计算有关的设备。

(3)交通工具和材料、工具和有关设备。

(4)人员组织包括 GPS 测量人员、水准测量人员、监督检查质量保证人员、后勤保障人员。测量人员必须要有测量作业证书。

7.2.4　观测计划拟定

观测工作是 GPS 测量的主要外业工作。观测开始之前，外业观测计划的拟定对于顺利完成数据采集任务、保证测量精度、提高工作效率都是极为重要的。观测计划的主要内容包括：

(1)编制卫星可见性预报图。打开历书文件，输入测区中心的概略坐标，设置截止高度角，输入开始时间和结束时间，并指明是地方时间还是世界时，软件会自动显示卫星跟踪图、卫星星座、可见卫星数、几何精度因子等图表。截止高度角是接收机天线到卫星的竖直角，在数据处理时低于这个角度的所有卫星的数据将不会被使用。对于 D、E 级网，截止高度角取 15°。

(2)选择最佳的作业时间。卫星多于 4 颗，PDOP 值小于 6 的时段为最佳观测时间。

(3)编制作业调度表。作业调度表根据设计的 GPS 控制网图进行编制,要保证网图中所有的基线都能够测到。针对图 7-8 的网图,编制作业调度表,见表 7-5。

表 7-5 作业调度表

时段编号	观测时间	接收机 1(号码)	接收机 2(号码)	接收机 3(号码)	接收机 4(号码)
1		6	7	8	3
2		14	13	8	3
3		11	13	9	3
4		11	2	16	3
5		10	2	16	5
6		10	4	12	5
7		15	4	12	6
8		2	4	1	6

当作业仪器台数较多,观测时段数和点数较多时,在每天出测前最好采用书面的形式通知操作员。GPS 测量外业观测通知单(示例)见表 7-6。

表 7-6 GPS 测量外业观测通知单(示例)

观测日期:2014 年 7 月 20 日

组别:第 1 组　　操作员:　　接收机编号:C08567

观测时段	总时段数	点名/四字符点名/点号	所在图幅	观测时间
1	13	江苏师大/JSSD/9		8:00—9:00
2	14	铜山中学/TSZX/12		10:00—11:00
…				

安排人:　　2014 年 7 月 19 日

7.2.5 GPS 接收机的选型

GPS 接收机是完成测量任务的关键设备,其性能、精度、数量、质量都与测量的效率、结果的可靠性、精度等息息相关。不同等级的控制网对接收机性能和数量的要求不同,《全球定位系统(GPS)测量规范》中对接收机的要求见表 7-7。

表 7-7 接收机的选用要求(一)

级别	B	C	D、E
接收机类型	双频全波长	双频全波长	双频或单频
观测量至少有	L1、L2 载波相位	L1、L2 载波相位	L1 载波相位
同步观测接收机数	≥4	≥3	≥2

《工程测量规范》对接收机的选用也有要求,见表 7-8。

表 7-8　接收机的选用要求(二)

等级	二等	三等	四等	一级	二级
接收机类型	双频	双频或单频	双频或单频	双频或单频	双频或单频
仪器标称精度	10 mm+ $2\times10^{-6}\cdot D$	10 mm+ $5\times10^{-6}\cdot D$	10 mm+ $5\times10^{-6}\cdot D$	10 mm+ $5\times10^{-6}\cdot D$	10 mm+ $5\times10^{-6}\cdot D$
观测量	载波相位	载波相位	载波相位	载波相位	载波相位

注:D 为观测距离,取以 km 为单位的数值。

7.2.6　GPS 接收机的检验

GPS 接收机检验的目的是了解仪器性能、工作特性及其可能达到的精度水平,它是制定 GPS 作业计划的依据,也是 GPS 定位测量顺利完成的重要保证。

1. GPS 接收机的检验项目

购置新的接收机、接收机或天线受到强烈撞击后,或更换接收机部件、更新天线与接收机的匹配关系后,应按规定进行全面检验后才能使用。全面检验和定期检验的项目见表 7-9。正常使用的接收机每年要做定期检验,但检验项目少于全面检验;天线或基座的圆水准泡、光学对中器在作业期间至少每月检验一次。

表 7-9　GPS 接收机的检验项目

检定项目	全面检验	定期检验
接收机系统检视	√	√
接收机通电检验	√	√
内部噪声水平测试	√	√
接收机天线相位中心稳定性测试	√	
接收机野外作业性能及不同测程精度指标测试	√	
接收机频标稳定性检验和数据质量评价	√	√
接收机高低温性能测试	√	
GPS 接收机附件检验	√	√
数据后处理软件验收和测试	√	
接收机综合性能评价	√	

2. GPS 接收机的检验项目

GPS 接收机及天线外观是否良好,型号是否正确,主机与配件是否齐全;需固紧的部件是否有松动和脱落;设备使用手册和后处理软件手册是否齐全;后处理软件载体是否齐全。

3. GPS 接收机的通电检验项目

将 GPS 接收机与电源正确连接,然后进行以下检验:电源信号灯工作是否正常;按键和显示系统工作是否正常;利用自测试命令检测仪器工作是否正常;检验接收机锁定卫星的时间快慢、接收信号的信噪比及信号失锁情况。

4. GPS接收机实测的检验项目

GPS接收机内部噪声水平测试;接收机天线相位中心稳定性测试;接收机野外作业性能及不同测程精度指标测试;接收机频标稳定性检验和数据质量评价;接收机高低温性能测试。

5. GPS接收机附件的检验项目

(1)电池、电缆和充电器的检验:①电池电容量的检验;②电缆型号及接头是否配套和完好;③充电机功能是否完好。

(2)天线连接件及天线高量尺的检验:①天线与基座连接件是否完好无损及配套;②基座光学对中器的检验;③天线或基座圆水准器的检验;④天线高量尺是否完好及尺长精度的检验。

(3)数据转录设备及软件的检验:GPS接收机数据传输接口配件及软件是否齐全,数据传输性能是否良好。

(4)气象测试仪表的检验:①通风干湿表的检验;②空盒气压表的检验。

6. 数据后处理软件的验收和测试

(1)数据后处理软件的检查验收项目:①基线处理软件及软件说明书、网平差软件及软件说明书、加密卡及功能;②数据后处理软件所需的支撑系统;③软件功能测试和评价。

(2)接收机所配备商用软件的测试及评价:接收机软件所具备的功能应通过实例计算进行测试。一般测量型接收机基本测试内容应包括RINEX格式转换软件的测试、天空卫星分布软件的测试、星历预报软件的测试、静态定位软件的测试、RTK软件的测试。

(3)软件的评价项目:①数据处理的精度;②软件使用的方便性;③自动批处理功能是否齐全;④数据删选、人工修复功能是否灵活,周跳判断与修复、整周模糊度解算、相位残差图形化处理功能是否强;⑤网平差软件使用灵活性、实用性及最多可平差网点数;⑥RTK软件中是否有无线电模式、GPRS模式以及CORS模式,初始化时间长短。

7. GPS接收机综合性能的评价项目

接收机的快速响应特性,即捕获卫星信号、锁定卫星、开始记录数据的速度;仪器操作方便性和灵活性;接收机体积、重量和功耗;接收机观测数据噪声水平;GPS接收机测量成果的精度和可靠性,以及数据的删除率;天线相位中心的稳定性;接收机后处理软件的功能和精度;RTK软件的功能和精度。

8. GPS接收机检验的方法和技术要求

1)接收机系统内部噪声水平的测试

接收机的内部噪声是接收机通道间的偏差,延迟锁相环、码跟踪环的偏差,以及钟差等引起的测距和测相误差的综合反映。此项测试可根据具体情况采用以下两种方法之一进行,并尽可能采用零基线测试方法。

(1)零基线测试方法:是检验接收机钟钟差,信号通道时延、延迟锁相环误差及机内噪声等电性能所引起的定位误差的一种有效方法。它是采用功率分配器(简称功分器)将同一天线输出信号分成功率、相位相同的两路或多路信号送到接收机,然后,将观测数据进行双差处理求得坐标增量。由于零基线的坐标增量的理论值等于零,同时由于这种方法可以消除卫星几何图形的影响、天线相位中心偏移、大气传播时延误差、信号多路径效应误差以及仪器对中误差等，因此，计算出来的坐标增量的大小就能反映接收机的内部噪声的高低。

(2)超短基线测试方法：在无功率分配器的条件下可采用超短基线法检验接收机内部噪声水平。超短基线应选择在地面平坦的地方，基线长度 5～10 m，用检定后大钢尺量距，两台仪器的天线应严格对中整平。同步观测卫星，用静态定位软件计算基线长度。由于两点相距很近，可以消除卫星几何图形的影响、大气传播时延误差、信号多路径效应误差等，因此，比较基线值与钢尺测量值之差能够反映接收机的内部噪声的高低。

2)接收机天线相位中心稳定性的测试

接收机天线相位中心(平均天线相位中心)指微波天线的电气中心，其理论设计应与天线几何中心一致。接收机天线相位中心与几何中心之差称为天线相位中心偏差。天线视在相位中心与平均天线相位中心之差称为天线相位中心的变化。接收机天线相位中心稳定性测试是测定天线相位中心与厂家提供的天线相位中心位置之差。可采用以下两种方法进行。

(1)相对定位法：测定天线相位中心稳定性应在超短基线上进行。测试时，将 GPS 接收机天线分别安置在基线点上，精确对中整平，天线定向标志指向正北，观测 1 个时段；然后，固定 1 个天线不动，其他天线依次旋转 90°、180°、270°，再测 3 个时段；最后，原固定不动的天线相对任意一个天线依次旋转 90°，再测 3 个时段，分别求出各时段基线值，各时段基线之差就能反映天线相位中心的变化情况。

(2)旋转天线法：是较为严格的方法，需要在专门的微波暗室内利用固定的微波反射源测定天线相位方向图，从而确定天线平均相位中心，以及天线(视在)相位中心随卫星(信号源)高度和方位变化的规律。

天线相位中心的偏差应小于仪器的固定误差。

3)接收机野外作业性能及不同测程精度指标的测定

此项检验分为短基线直接比较法检验和中长基线检验。

(1)短基线直接比较法检验：在标准检定场进行，天线应严格整平，对中误差小于 1 mm，天线高量取至 1 mm。两台或多台仪器同步观测 1.5 h。内业计算采用单双频分别计算。测试结果与基线长比较应小于仪器标称误差。

(2)中长基线检验：在有检定场的情况下，中长基线测验应采用基线比对法；如无检定场，则可采用重复边检验和异步环检验。

测定基线时，观测时段应参照表 7-10 执行。

表 7-10　中长基线检验时的基线观测时段

基线长/km	4 颗卫星	5 颗卫星	6 颗卫星
	观测时段/h		
＜5	2.0	1.5	1.5
5～＜15	2.5	2.0	2.0
15～＜30	3.0	2.5	2.5
30～＜40	3.5	3.0	3.0
≥40	4.0	3.5	3.5

4)接收机频标稳定性检验和数据质量的评价

接收机频标的稳定性(主要是短期频率的稳定性)对观测数据的质量有着重大的影响,主要表现为观测值残差大小和噪声水平。小周跳,特别是半周周跳出现的概率,是考核接收机性能和潜在的可达到的精度水平的一个重要指标。对于高精度 GPS 测量和地球动力学研究方面的应用,频标稳定性及其对观测值噪声的影响分析将具有更为重要的意义。

5)接收机高低温性能的测试

此项测试可以在野外不同气温条件下进行,也可在专用的高低温实验箱中进行,测试温度从－10℃到＋30℃变化时的接收机内部噪声水平。

7.2.7 技术设计书编写

资料收集齐全后,要编写技术设计书。主要编写内容如下:

(1)任务来源及工作量:包括项目的来源、用途及意义;GPS 测量点的数量(包括新定点数、约束点数、水准点数、检查点数);GPS 点的精度指标及坐标、高程系统。

(2)测区概况:测区隶属的行政管辖;测区范围的地理坐标、控制点面积;测区的交通状况和人文地理;测区的地形及气候状况;测区控制点的分布,对控制点的分析、利用及评价。

(3)设计依据:根据 GPS 控制网的用途及性质,确定相应的指导性技术文件或规范(规程),如《全球定位系统(GPS)测量规范》等。

(4)布网方案:GPS 控制网点的图形及基本连接方法;GPS 控制网结构特征的测算;点位布设图的绘制;高程联测的方案。

(5)选点及埋设:GPS 点位的基本要求;点位标志的选用及埋设方法;点位的编号等。

(6)外业观测:观测工作的具体要求;观测计划的制定;观测纲要的制定;对数据采集提出的要注意的问题。

(7)数据处理:数据处理的基本方法及使用的软件;起算点坐标的决定方法;闭合差检验及点位精度的评定指标;水准网的数据处理方法,使用的软件,平差的精度评价,高程拟合方案的选择。

(8)上交资料:任务完成后应上交的资料。

(9)完成任务的措施:要求措施具体,方法可靠,能在实际工作中贯彻执行。

7.3 GNSS 测量外业工作

以 GPS 测量外业工作为例,GPS 测量的外业实施包括 GPS 点位的选埋、观测、数据传输及数据预处理等工作。

7.3.1 选 点

选点人员在实地选点前,应收集有关布网任务与测区的资料,包括测区 1∶5 万或更大比例尺的地形图,已有各类控制点、卫星跟踪站的资料等,还应该充分了解和研究测区情况,特别是交通、通信、供电、气象及大地点等情况。

控制点点位选择应满足以下基本要求:

(1)视野开阔,便于安装接收设备和操作,视场内障碍物的截止高度角不宜超过 15°。

(2)远离大功率无线电发射源(如电视台、电台、微波站等),其距离不小于200 m;远离高压输电线和微波无线电信号传送通道,其距离不得小于50 m。

(3)附近不应有强烈反射卫星信号的物件(如大型建筑物、大面积的水域等)。

(4)地面基础稳定,易于点位的保存。

(5)充分利用符合要求的旧有控制点。

(6)选站时尽可能使测站周围附近的小环境(地形、地貌、植被等)与周围的大环境保持一致,以减少气象元素的代表性误差。

(7)为了便于测量作业,GPS控制点应与1～2个周围GPS控制点通视。

选点人员应按照技术设计书,经过踏勘,在实地按照以上要求选定点位,并在实地加以标定。当利用旧点时,应检查旧点的稳定性、可靠性和完好性,符合要求后方可利用。

点位取名应取居民地名,C、D、E级GPS点名也可取山名、地名和单位名。新旧点重合时应采用原有旧点名,不得更改。如需要更改应在新点名后括号内附上旧点名。如与水准点重合时,应在新点名后的括号内附上水准点等级、编号。

根据实地踏勘确定水准联测控制点的联测水准路线,确定联测水准路线点,绘出联测路线图。

现场绘制点之记,详细记录现场的标志性地物和特征性地貌。点位周围有高于10°的建筑物时,应绘制点的环视图。

控制网区选点完成后,应绘制GPS控制网选点图。

7.3.2 埋 石

确定点位之后,就要制作或埋设标石。在标石上设有中心标志,中心标志一般使用铜或不锈钢制作,也可以使用铁或坚硬的复合材料制作。标志中心应用清晰、精细的十字线或嵌入用不同颜色金属(不锈钢或铜)制作的直径小于0.5 mm的中心点,用以表示测量的准确点位。

根据埋石地点的土质情况,标石可以分为基岩型、岩层型、土层型、冻土型、沙丘型、建筑物上型等类型;根据标石上有无强制归心装置可将标石分为天线墩和一般标石,A级网和CORS点都使用天线墩。D、E级网使用普通标石即可,如表7-11所示。各类标石的规格及埋设方法参见《全球定位系统(GPS)测量规范》。

表7-11 GNSS标石类型

标石类型	适用级别	标石类型	适用级别
(a)基岩天线墩	A	(f)普通基本标石	B～E
(b)岩层天线墩	A	(g)冻土基本标石	B
(c)基岩标石	B	(h)固定沙丘基本标石	B
(d)岩层普通标石	B～E	(i)普通标石	B～E
(e)图层天线墩	A	(j)建筑物上标石	B～E

《工程测量规范》对平面控制点标志也有详细的规定:

(1)二、三、四等平面控制点标志可采用磁质或金属等材料制作,其规格如图7-9(单位为 mm)所示。

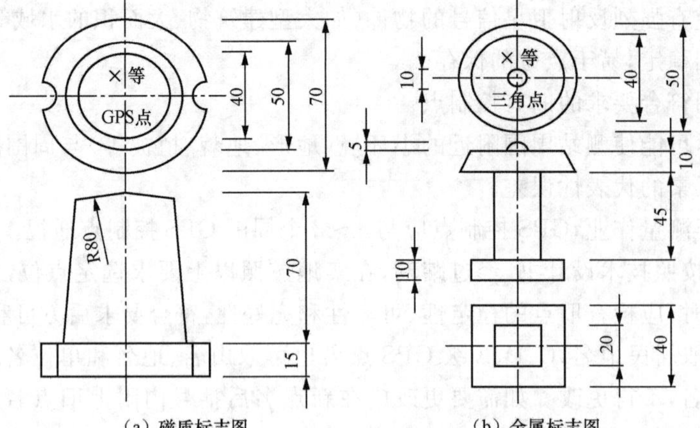

(a) 磁质标志图　　(b) 金属标志图

图 7-9　二、三、四等平面控制点的标志规格

(2)一、二级平面控制点及三级导线点、埋石图根点等平面控制点标志可采用直径为 14～20 mm、长度为 30～40 cm 的普通钢筋制作,钢筋顶端应锯十字标记,距底端约 5 cm 处应弯成钩状。

(3)二、三等平面控制点标石规格及埋设结构图如图 7-10(a)(单位为 cm)所示,标石与盘石间应放 1～2 cm 厚粗砂,两层标石中心的最大偏差不应超过3 mm。四等平面控制点可不埋盘石,柱石的高度应适当加大。

(4)一、二级平面控制点标石规格及埋设结构图如图 7-10(b)(单位为 cm)所示。三级导线点、埋石图根点的标石规格及埋设可参照图 7-10(b)略缩小或自行设计。

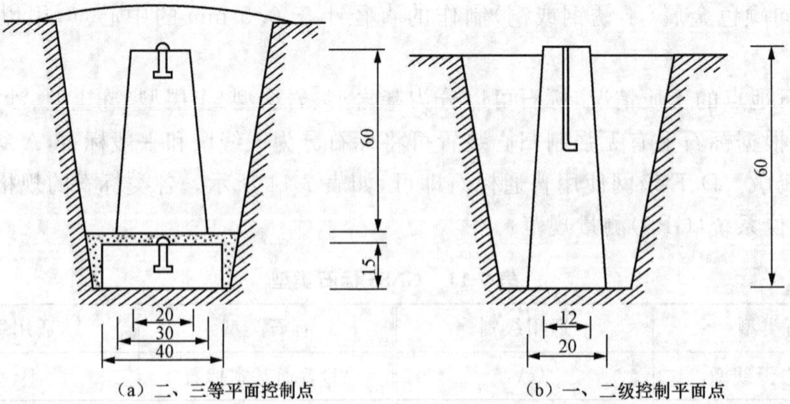

(a) 二、三等平面控制点　　(b) 一、二级控制平面点

图 7-10　平面控制点标石规格及埋设结构

标石埋设结束后稳定一段时间方可进行观测。例如,A、B 级标石埋设后,至少需经过一个雨季,冻土地区至少需经过一个冻解期,基岩或岩层标石至少需经一个月后方可用于观测。标石的大小视使用地点而定,如寒冷地区,标石的高度要大于冻土层的深度,具体要求按国家规范的要求而定。

埋石工作结束后,应在点之记中填写埋石情况。

7.3.3 观　测

1. 基本技术规定

对于不同等级的 GPS 控制网，基线长度不同，解算基线所要求的数据量也不相同，为了能够解算出基线向量来，同时保证基线解算的精度和可靠性，各种规范对不同等级的 GPS 控制网制定了相应的基本要求，例如，《全球定位系统(GPS)测量规范》对 A～E 级网测量的基本技术规定见表 7-12。

表 7-12　各级 GNSS 测量基本技术要求规定

<table>
<tr><th colspan="3" rowspan="2">项目</th><th colspan="5">级别</th></tr>
<tr><th>A</th><th>B</th><th>C</th><th>D</th><th>E</th></tr>
<tr><td colspan="3">卫星截止高度角/(°)</td><td>10</td><td>15</td><td>15</td><td>15</td><td>15</td></tr>
<tr><td colspan="3">同时观测有效卫星数</td><td>≥4</td><td>≥4</td><td>≥4</td><td>≥4</td><td>≥4</td></tr>
<tr><td colspan="3">有效观测卫星总数</td><td>≥20</td><td>≥9</td><td>≥6</td><td>≥4</td><td>≥4</td></tr>
<tr><td colspan="3">重复设站数</td><td>≥6</td><td>≥4</td><td>≥2</td><td>≥1.6</td><td>≥1.6</td></tr>
<tr><td rowspan="4">时段长度
/min</td><td colspan="2">静态</td><td>≥540</td><td>≥240</td><td>≥60</td><td>≥45</td><td>≥40</td></tr>
<tr><td rowspan="3">快速静态</td><td>双频＋P(Y)码</td><td>—</td><td>—</td><td>≥10</td><td>≥5</td><td>≥2</td></tr>
<tr><td>双频全波</td><td>—</td><td>—</td><td>≥15</td><td>≥10</td><td>≥10</td></tr>
<tr><td>单频或双频半波</td><td>—</td><td>—</td><td>≥30</td><td>≥20</td><td>≥15</td></tr>
<tr><td rowspan="3">采样间隔
/s</td><td colspan="2">静态</td><td>30</td><td>30</td><td>10～30</td><td>10～30</td><td>10～30</td></tr>
<tr><td colspan="2">快速静态</td><td>—</td><td>—</td><td>5～15</td><td>5～15</td><td>5～15</td></tr>
<tr><td colspan="2">静态</td><td>≥15</td><td>≥15</td><td>≥15</td><td>≥15</td><td>≥15</td></tr>
<tr><td rowspan="3">时段中任一
卫星有效观测
时间/min</td><td rowspan="3">快速静态</td><td>双频＋P(Y)码</td><td>—</td><td>—</td><td>≥1</td><td>≥1</td><td>≥1</td></tr>
<tr><td>双频全波</td><td>—</td><td>—</td><td>≥3</td><td>≥3</td><td>≥3</td></tr>
<tr><td>单频或双频半波</td><td>—</td><td>—</td><td>≥5</td><td>≥5</td><td>≥5</td></tr>
</table>

2. 观测步骤

1)架设 GPS 天线

在标石上方架设三脚架，在三脚架上安装基座，对中整平后将天线固定到基座上。对中误差不应大于 3 mm。对于 B 级及以上的 GPS 测量，应该使天线上的指北标志指向正北，其偏差不应该大于 5°，这样做的目的是为了对天线的相位偏心进行改正。对于那种有强制归心装置的标石，则直接将天线安置在强制归心装置上即可，但是要保证基座上的水准气泡严格居中。

2)量取天线高度

用小钢卷尺直接丈量标志中心到天线的高度。具体量到天线的什么位置，在仪器的使用说明书中都有相应的说明。如果基座上有水准气泡，则丈量 1 次即可，但是，为了防止读数错误，一般应该在对径方向上丈量 2 次，2 次的较差不应大于 3 mm，最后取 2 次的平均值作为天线高。如果基座上没有水准气泡，则应该在互为 120°的方向上丈量 3 次，通过调整基座的脚螺旋,使3次丈量的较差不大于3 mm,最后取3次结果的平均值作为天线高。

3)开　机

检查各种连接正常后则可以开机进行数据采集。接收机上有电量、GPS卫星数和数据记录等指示灯。开机后要注意观察各种指示灯的情况,如果某一个指示灯出现异常,则应该立即报告负责人并采取措施。观测数据将会保存在一个自动命名的文件中,如6534089C.*,其中,6534是接收机的编号,089是年积日,即一年中的第几天,C是一天中时段号,从A到Z编排,也有从0到9编排的。对于一台接收机而言,只要在同一天观测,每次开机生成的文件名只有时段号会变化,其他都不变。

4)关　机

到预定的观测时间后,就可以关机,则本站观测结束。关机后还应该再次丈量天线高,方法同上。最后要检查所有规定的作业项目已全面完成并符合要求、记录与资料完整无误、点位和觇标恢复原状后方可迁站。

3. 外业记录

外业观测过程中的相关数据要及时记录下来,以便在将来的数据处理中使用,同时也为查找错误、分析解算失败原因提供参考。

外业记录表的格式见表7-13。

表7-13　GPS外业观测手簿

点名		点号		四字符点名	
观测员		日期段号		观测日期	
接收机编号		天线编号		天气情况	
开始时间	h　min	结束时间	h　min	时段长度	min
天线高测定		天线高测定方法及略图		点位略图	
测前：　　测后： 第一次________　________m 第二次________　________m 平均值________　________m 测前测后平均____________m					
记事：					

4. 外业作业注意事项

(1)架设天线不宜过低,一般应距地面1 m以上。

(2)刮风天气安置天线时,应将天线进行三方向固定,以防倒地摔坏仪器。雷雨天气安置天线时,应注意将其底盘接地,以防雷击天线。

(3)在高精度测量中要测定温度、大气压。

(4)一个时段的观测过程中,不准进行关机、开机操作,不准改变天线位置,不准旋转天线。

(5)要特别注意供电情况。如果接收机中有两块电池,要及时更换没电的那一块。如果接收机中只有一块电池,则要根据经验在测前决定要不要更换。对于需要很长时间的观测,则最好使用汽车电瓶、太阳能电池板进行供电。

(6)在观测过程中不要在接收机 10 m 以内使用对讲机、手机。也不要将汽车停在接收机旁边。

(7)出测前要查看内存情况,及时删除内存中不需要的文件,以便留出足够的空间进行数据记录。

(8)每日观测结束后要及时将接收机中的数据下载到计算机硬盘上,并进行备份,确保数据不会丢失;数据转存过程中不得对数据进行任何删除或修改,不得调用任何对数据实施重新加工组合的操作指令。

(9)记录手簿要认真、及时填写,坚决杜绝事后补记或追记。记事栏中要将观测过程中发生的重要问题,如电池没电、大风、大雨、仪器被碰动、接收机不记录数据、搜不到卫星等。

(10)确保接收机正常工作。天气太冷时,接收机应适当保暖;天气太热时,要避免阳光直接照射。

7.4　GNSS 测量数据处理

将观测数据下载到计算机上后,就可以对数据进行处理了。以 GPS 测量数据处理为例,数据处理的目的是要计算 GPS 点的坐标和高程,同时评定它们的精度。数据处理的流程为:基线解算→三维无约束平差→二维约束平差→高程拟合。

7.4.1　基线解算

在基线的两端点安置 GPS 接收机进行同步观测,就可以将该基线的基线向量 Δx、Δy、Δz 计算出来。基线解算可以采用单差模型、双差模型和三差模型,这方面的知识已经在第 5 章进行了阐述,在此不再重复。一般认为,采用双差模型固定解的结果是最准确的。

用搜索法进行基线解算,其成功与否主要看"比率"这个指标,比率越大,解算越成功。一般比率应大于 3,如果比率小于 3,则应该对基线重新进行解算。重新解算之前,应该对解算过程进行分析,通过剔除不好的数据,或者重新指定基准卫星,或者重新设置对流层模型,或者输入正确的温度、大气压等参数,或者重新选择观测值的组合,或者重新设置搜索方法等使解算获得成功。如果通过种种措施还不能解算成功,则说明观测时段过短,需要重新观测。

所有的基线解算成功之后,要检查重复基线、同步环、异步环的闭合差。若闭合差超限,说明在观测过程中对中误差过大,或者仪器高丈量有问题。一般使用相对闭合差作为考核指标。

1. 重复边检核

同一基线若观测了多个时段,则可得到多个基线向量的结果。这种具有多个独立观测结果的基线就是重复基线。设一条基线,其长度为 s,则该基线长度的误差应为

$$\sigma = \sqrt{a^2 + (bs)^2} \tag{7-22}$$

式中,a 和 b 分别是外业测量时使用的 GPS 接收机标称的固定误差和比例误差系数。基线的相对误差应为

$$k = \frac{\sigma}{s} \tag{7-23}$$

如果独立观测该基线两次,则两次测量长度的闭合差应满足

$$w \leqslant 2\sqrt{2}\sigma \tag{7-24}$$

式中,w 是闭合差,即

$$w = \sqrt{w_x^2 + w_y^2 + w_z^2} \tag{7-25}$$

而

$$\left.\begin{aligned} w_x &= \Delta x^{(1)} - \Delta x^{(2)} \\ w_y &= \Delta y^{(1)} - \Delta y^{(2)} \\ w_z &= \Delta z^{(1)} - \Delta z^{(2)} \end{aligned}\right\} \tag{7-26}$$

式中,Δx、Δy、Δz 是基线向量的三个分量,上标(1)和(2)分别表示第 1 次和第 2 次。

因此,基线长度的相对闭合差应满足

$$\frac{w}{d} \leqslant 2\sqrt{2}k \tag{7-27}$$

式中,d 是被考核基线的长度。因为在同一个网中,基线的长度相差不大,因此在使用式(7-22)和式(7-23)计算基线的长度误差 σ 和相对闭合差 k 时,s 取基线的平均长度。

2. 同步环检核

当环中各边为多台接收机同步观测时,由于各边是不独立的,所以其闭合差应恒为零。但是,由于模型误差和处理软件的内在缺陷,使得这种同步环的闭合差实际上仍可能不为零。不管有几台接收机进行同步观测,总可以构成许多三边同步环,因此,通常用三边同步环闭合差来进行同步环的检核。同步环的闭合差应满足

$$\left.\begin{aligned} w_x &\leqslant \frac{\sqrt{3}}{5}\sigma \\ w_y &\leqslant \frac{\sqrt{3}}{5}\sigma \\ w_z &\leqslant \frac{\sqrt{3}}{5}\sigma \end{aligned}\right\} \tag{7-28}$$

同步环的全长闭合差应满足

$$w = \sqrt{w_x^2 + w_y^2 + w_z^2} \leqslant \frac{3}{5}\sigma \tag{7-29}$$

同步环的全长相对闭合差应满足

$$\frac{w}{\sum d} \leqslant \frac{3}{5}k \tag{7-30}$$

式(7-28)~式(7-30)中,σ 和 k 的意义以及计算方法与重复边检核相同。$\sum d$ 是闭合环中所有基线长度之和。显然,同步环的闭合差应该比重复边的闭合差小。

3. 异步环检核

不管是采用单基线模式还是多基线模式进行基线解算,都应在整个 GPS 控制网中选取一组完全独立的基线构成独立环,各独立环的坐标分量闭合差应符合

$$\left.\begin{aligned} w_x &\leqslant 3\sqrt{n}\sigma \\ w_y &\leqslant 3\sqrt{n}\sigma \\ w_z &\leqslant 3\sqrt{n}\sigma \end{aligned}\right\} \tag{7-31}$$

各独立环的全长闭合差应符合

$$w = \sqrt{w_x^2 + w_y^2 + w_z^2} \leqslant 3\sqrt{3n}\sigma \tag{7-32}$$

各独立环的全长相对闭合差应满足

$$\frac{w}{\sum d} \leqslant 3\sqrt{3n}k \tag{7-33}$$

式(7-31)～式(7-33)中,σ 和 k 的意义以及计算方法与重复边检核相同。

7.4.2　三维无约束平差

基线解算的过程实际上也是平差计算的过程,其观测值是差分观测值(单差、双差和三差),基线解算的结果是基线向量及其方差-协方差矩阵。由许多独立基线相互连接就构成了一个网,称为 GPS 基线向量网。以基线向量为观测值对该网进行平差计算,叫作基线向量网平差。

按照基线向量观测值所处的空间,GPS 基线向量网的平差可分为三维平差和二维平差;按照起算点的数量,GPS 基线向量网平差可分为无约束平差和约束平差。综合以上两种分类,GPS 基线向量网平差可以细分为三维无约束平差、三维约束平差、二维无约束平差、二维约束平差。实际应用时,使用三维无约束平差和二维约束平差就可以实现数据处理的目的。

三维无约束平差是固定网中某一点的空间直角坐标,通过平差计算基线向量的改正数。固定点的坐标一般是单点定位的结果,有一定的误差,因此,通过三维无约束平差计算出来的点位坐标也有一定的误差,但是,基线向量的平差值是准确值。

通过三维无约束平差可以检验网本身的内部符合精度以及基线向量有无明显的系统误差和粗差,同时提供大地高的数据,以便进行高程拟合。

对于 GPS 控制网中的基线 $\overline{ij}$,设:

(1)i 点的近似坐标为(x_i^0, y_i^0, z_i^0),近似坐标的改正数为$(\mathrm{d}x_i, \mathrm{d}y_i, \mathrm{d}z_i)$,坐标的平差值为$(\overline{x}_i, \overline{y}_i, \overline{z}_i)$;

(2)j 点的近似坐标为(x_j^0, y_j^0, z_j^0),近似坐标的改正数为$(\mathrm{d}x_j, \mathrm{d}y_j, \mathrm{d}z_j)$,坐标的平差值为$(\overline{x}_j, \overline{y}_j, \overline{z}_j)$;

(3)基线向量的观测值为$(\Delta x_{ij}, \Delta y_{ij}, \Delta z_{ij})$,残差为$(V_{\Delta x_{ij}}, V_{\Delta y_{ij}}, V_{\Delta z_{ij}})$,平差值为$(\overline{\Delta x}_{ij}, \overline{\Delta y}_{ij}, \overline{\Delta z}_{ij})$;

(4)基线向量的方差-协方差矩阵为 $\boldsymbol{D}_{\Delta X_{ij}}$,由此计算得权矩阵为 $\boldsymbol{P}_{\Delta X_{ij}} = \sigma_0^2 \boldsymbol{D}_{\Delta X_{ij}}^{-1}$,其中 σ_0 为单位权中误差。

根据残差的定义,可以写出

$$V_{\Delta x_{ij}} = \overline{\Delta x}_{ij} - \Delta x_{ij} \tag{7-34}$$

将 $\overline{\Delta x}_{ij} = \overline{x}_j - \overline{x}_i$ 代入,得

$$V_{\Delta x_{ij}} = \overline{x}_j - \overline{x}_i - \Delta x_{ij} \tag{7-35}$$

将 $\overline{x}_i = x_i^0 + \mathrm{d}x_i$,$\overline{x}_j = x_j^0 + \mathrm{d}x_j$ 代入,得

$$V_{\Delta x_{ij}} = x_j^0 + \mathrm{d}x_j - x_i^0 - \mathrm{d}x_i - \Delta x_{ij} \tag{7-36}$$

经过整理,得到标准形式的误差方程,即

$$V_{\Delta x_{ij}} = -\mathrm{d}x_i + \mathrm{d}x_j - (\Delta x_{ij} + x_i^0 - x_j^0) \tag{7-37}$$

同理,可以写出

$$V_{\Delta y_{ij}} = -\mathrm{d}y_i + \mathrm{d}y_j - (\Delta y_{ij} + y_i^0 - y_j^0) \tag{7-38}$$

$$V_{\Delta z_{ij}} = -\mathrm{d}z_i + \mathrm{d}z_j - (\Delta z_{ij} + z_i^0 - z_j^0) \tag{7-39}$$

将式(7-37)～式(7-39)三式写成矩阵形式,得

$$\begin{bmatrix} V_{\Delta x_{ij}} \\ V_{\Delta y_{ij}} \\ V_{\Delta z_{ij}} \end{bmatrix} = -\begin{bmatrix} 1 & 0 & 0 \\ 0 & 1 & 0 \\ 0 & 0 & 1 \end{bmatrix}\begin{bmatrix} \mathrm{d}x_i \\ \mathrm{d}y_i \\ \mathrm{d}z_i \end{bmatrix} + \begin{bmatrix} 1 & 0 & 0 \\ 0 & 1 & 0 \\ 0 & 0 & 1 \end{bmatrix}\begin{bmatrix} \mathrm{d}x_j \\ \mathrm{d}y_j \\ \mathrm{d}z_j \end{bmatrix} - \begin{bmatrix} \Delta x_{ij} + x_i^0 - x_j^0 \\ \Delta y_{ij} + y_i^0 - y_j^0 \\ \Delta z_{ij} + z_i^0 - z_j^0 \end{bmatrix} \tag{7-40}$$

这样,每一条基线向量都可以写出像式(7-40)的误差方程。如果 i 和 j 中有一个是固定点,只要将对应于 i 或 j 的改正数项去掉,同时,将对应于 i 或 j 的近似坐标改成固定点的坐标就可以了。

列出所有基线的误差方程之后,再结合各个基线向量的权矩阵,就可以组成法方程。解算法方程,就能得到所有待定点的坐标改正数,从而求出坐标的平差值,即

$$\begin{bmatrix} \bar{x}_k \\ \bar{y}_k \\ \bar{z}_k \end{bmatrix} = \begin{bmatrix} x_k^0 \\ y_k^0 \\ z_k^0 \end{bmatrix} + \begin{bmatrix} \mathrm{d}x_k \\ \mathrm{d}y_k \\ \mathrm{d}z_k \end{bmatrix} \tag{7-41}$$

当基线向量很多时,也可以使用序贯平差的方法,逐条基线各自组成法方程,再将法方程进行累加,这样的结果与总体平差的结果是相同的。

求出所有待定点的坐标改正数之后,代入方程(7-40)还可以计算出各个基线向量的改正数,从而求出基线向量的平差值,即

$$\begin{bmatrix} \overline{\Delta x}_{ij} \\ \overline{\Delta y}_{ij} \\ \overline{\Delta z}_{ij} \end{bmatrix} = \begin{bmatrix} \Delta x_{ij} \\ \Delta y_{ij} \\ \Delta z_{ij} \end{bmatrix} + \begin{bmatrix} V_{\Delta x_{ij}} \\ V_{\Delta y_{ij}} \\ V_{\Delta z_{ij}} \end{bmatrix} \tag{7-42}$$

最后,根据空间直角坐标与大地坐标之间的关系,可以将空间直角坐标($\bar{x}_k, \bar{y}_k, \bar{z}_k$)转换为大地坐标($\bar{B}_k, \bar{L}_k, \bar{H}_k$),这样,就得到了大地高,为以后进行高程转换提供了数据。

7.4.3 二维约束平差

将 GPS 基线的三维基线向量投影到二维平面上,得到一系列二维基线向量,这些基线向量构成了一个基线向量网。以二维基线向量为观测值的平差,称为二维平差。二维平差的主要目的是进行坐标系统的转换,起算点通常不止一个,因此,称为二维约束平差。

1. 基线向量的投影

直接将三维基线向量 $[\Delta X_{ij}\ \ \Delta Y_{ij}\ \ \Delta Z_{ij}]^{\mathrm{T}}$ 投影到高斯平面上变成二维基线向量 $[\Delta x_{ij}\ \ \Delta y_{ij}]^{\mathrm{T}}$ 难度较大,因此,这里采用了间接的方法,即先进行坐标的投影,再对坐标求差,得到基线向量。

对于基线 $\overline{ij}$,有

$$\begin{bmatrix} \Delta X_{ij} \\ \Delta Y_{ij} \\ \Delta Z_{ij} \end{bmatrix} = \begin{bmatrix} X_j \\ Y_j \\ Z_j \end{bmatrix} - \begin{bmatrix} X_i \\ Y_i \\ Z_i \end{bmatrix} \tag{7-43}$$

(1)将空间直角坐标转换为大地坐标,得到用大地坐标差表示的基线向量。设

$$\begin{bmatrix}\Delta B_{ij}\\ \Delta L_{ij}\\ \Delta H_{ij}\end{bmatrix}=\begin{bmatrix}B_j\\ L_j\\ H_j\end{bmatrix}-\begin{bmatrix}B_i\\ L_i\\ H_i\end{bmatrix} \tag{7-44}$$

转换公式为式(2-13)。

(2)将大地坐标转换成高斯平面坐标,得到用高斯平面坐标差表示的基线向量。设

$$\begin{bmatrix}\Delta x_{ij}\\ \Delta y_{ij}\end{bmatrix}=\begin{bmatrix}x_j\\ y_j\end{bmatrix}-\begin{bmatrix}x_i\\ y_i\end{bmatrix} \tag{7-45}$$

转换公式为式(6-22)。

(3)方差-协方差矩阵的转换。从式(7-43)～式(7-45)可以看出,尽管可以将 $[\Delta X_{ij}\ \ \Delta Y_{ij}\ \ \Delta Z_{ij}]^{\mathrm{T}}$ 转换成 $[\Delta x_{ij}\ \ \Delta y_{ij}]^{\mathrm{T}}$,但是,之间的函数关系并不明显,因此,利用上述公式进行方差-协方差的转换将会很复杂。利用测站坐标与空间直角坐标之间的关系进行转换就相当容易,并且数值上相差很小。

测站坐标与空间直角坐标之间的关系式为

$$\begin{bmatrix}N\\ E\\ U\end{bmatrix}=\begin{bmatrix}-\sin B\cos L & -\sin B\sin L & \cos B\\ -\sin L & \cos L & 0\\ \cos B\cos L & \cos B\sin L & \sin B\end{bmatrix}\begin{bmatrix}\Delta X\\ \Delta Y\\ \Delta Z\end{bmatrix} \tag{7-46}$$

式中,N、E、U 就是测站坐标系中照准点的北坐标、东坐标和高程,N、E 在数值上与 Δx、Δy 接近,因此,如果用 $\boldsymbol{D}_{\Delta X}$ 表示三维基线向量的方差-协方差矩阵,用 $\boldsymbol{D}_{\Delta x}$ 表示高斯平面上二维基线向量的方差-协方差矩阵,则

$$\boldsymbol{D}_{\Delta x}=\begin{bmatrix}-\sin B\cos L & -\sin B\sin L & \cos B\\ -\sin L & \cos L & 0\end{bmatrix}\boldsymbol{D}_{\Delta X}\begin{bmatrix}-\sin B\cos L & -\sin L\\ -\sin B\sin L & \cos L\\ \cos B & 0\end{bmatrix} \tag{7-47}$$

2. 二维坐标系统转换的四参数法

两个二维坐标系统之间不仅坐标原点不同,而且坐标轴的指向也不同,同时,还存在着尺度上的差异,因此,两套系统之间的转换通常使用下面的四参数模型,即

$$\begin{bmatrix}x_2\\ y_2\end{bmatrix}=\begin{bmatrix}\Delta x\\ \Delta y\end{bmatrix}+m\begin{bmatrix}\cos\theta & \sin\theta\\ -\sin\theta & \cos\theta\end{bmatrix}\begin{bmatrix}x_1\\ y_1\end{bmatrix} \tag{7-48}$$

式中,Δx、Δy 是平移参数,m 是尺度参数,θ 是旋转参数。

实际计算时,可以令 $P=m\cos\theta$,$Q=m\sin\theta$,于是,式(7-48)变为

$$\begin{bmatrix}x_2\\ y_2\end{bmatrix}=\begin{bmatrix}\Delta x\\ \Delta y\end{bmatrix}+\begin{bmatrix}P & Q\\ -Q & P\end{bmatrix}\begin{bmatrix}x_1\\ y_1\end{bmatrix} \tag{7-49}$$

四个参数变为 Δx、Δy、P、Q,显然,如果已知 P 和 Q,则不难求出 m 和 θ,即

$$m=\sqrt{P^2+Q^2},\ \theta=\arctan\frac{Q}{P}$$

如果有两个重合点,则利用上述关系就能够求出这四个参数,从而实现坐标系统的转换。如果有三个及以上的重合点,则需要使用最小二乘法计算四参数。

按式(7-48)可以推出基线向量 $\overline{ij}$ 的转换公式为

$$\begin{bmatrix}\Delta x_{ij}\\ \Delta y_{ij}\end{bmatrix}_2=m\begin{bmatrix}\cos\theta & \sin\theta\\ -\sin\theta & \cos\theta\end{bmatrix}\begin{bmatrix}\Delta x_{ij}\\ \Delta y_{ij}\end{bmatrix}_1 \tag{7-50}$$

3. 二维约束平差的误差方程

对于 GPS 控制网中的基线$\overline{ij}$,设:

(1)i 点在 WGS-84 坐标系下的近似坐标为(x_i^G,y_i^G),在 WGS-84 坐标系下的近似坐标的改正数为$(\mathrm{d}x_i^G,\mathrm{d}y_i^G)$,在 WGS-84 坐标系下的平差值为$(\hat{x}_i^G,\hat{y}_i^G)$,在本地坐标系下的近似坐标为$(x_i^L,y_i^L)$,本地坐标系下近似坐标的改正数为$(\mathrm{d}x_i^L,\mathrm{d}y_i^L)$,在本地坐标系下坐标的平差值为$(\hat{x}_i^L,\hat{y}_i^L)$;

(2)j 点在 WGS-84 坐标系下的近似坐标为(x_j^G,y_j^G),在 WGS-84 坐标系下的近似坐标的改正数为$(\mathrm{d}x_j^G,\mathrm{d}y_j^G)$,在 WGS-84 坐标系下的平差值为$(\hat{x}_j^G,\hat{y}_j^G)$,在本地坐标系下的近似坐标为$(x_j^L,y_j^L)$,本地坐标系下近似坐标的改正数为$(\mathrm{d}x_j^L,\mathrm{d}y_j^L)$,在本地坐标系下坐标的平差值为$(\hat{x}_j^L,\hat{y}_j^L)$;

(3)基线向量的观测值为$(\Delta x_{ij}^G,\Delta y_{ij}^G)$,残差为$(V_{\Delta x_{ij}^G},V_{\Delta y_{ij}^G})$,在本地坐标系下的平差值为$(\Delta\hat{x}_{ij}^L,\Delta\hat{y}_{ij}^L)$;

(4)基线向量的方差-协方差矩阵为 $\boldsymbol{D}_{\Delta x_{ij}^G}$,由此计算得权矩阵为 $\boldsymbol{P}_{\Delta x_{ij}^G}=\sigma_0^2\boldsymbol{D}_{\Delta x_{ij}^G}^{-1}$,其中 σ_0 为单位权中误差。

根据残差的定义,可以写出

$$V_{\Delta x_{ij}^G}=\Delta\hat{x}_{ij}^G-\Delta x_{ij}^G \tag{7-51}$$

根据式(7-50)可知

$$\Delta\hat{x}_{ij}^G=m\cdot\cos\theta\cdot\Delta\hat{x}_{ij}^L+m\cdot\sin\theta\cdot\Delta\hat{y}_{ij}^L \tag{7-52}$$

将 $\Delta\hat{x}_{ij}^L=\hat{x}_j^L-\hat{x}_i^L$,$\Delta\hat{y}_{ij}^L=\hat{y}_j^L-\hat{y}_i^L$ 代入,得

$$\Delta\hat{x}_{ij}^G=m\cdot\cos\theta\cdot\hat{x}_j^L-m\cdot\cos\theta\cdot\hat{x}_i^L+m\cdot\sin\theta\cdot\hat{y}_j^L-m\cdot\sin\theta\cdot\hat{y}_i^L \tag{7-53}$$

令 $m=m^0+\mathrm{d}m$,$\theta=\theta^0+\mathrm{d}\theta$,再考虑 $\hat{x}_j^L=x_j^L+\mathrm{d}x_j^L$,$\hat{y}_j^L=y_j^L+\mathrm{d}y_j^L$,$\hat{x}_i^L=x_i^L+\mathrm{d}x_i^L$,$\hat{y}_i^L=y_i^L+\mathrm{d}y_i^L$,对式(7-53)线性化为

$$\begin{aligned}\Delta\hat{x}_{ij}^G=&m^0\cdot\cos\theta^0\cdot x_j^L-m^0\cdot\cos\theta^0\cdot x_i^L+m^0\cdot\sin\theta^0\cdot y_j^L-m^0\cdot\sin\theta^0\cdot y_i^L+\\&\cos\theta^0\cdot x_j^L\cdot\mathrm{d}m-m^0\cdot\sin\theta^0\cdot x_j^L\cdot\mathrm{d}\theta+m^0\cdot\cos\theta^0\cdot\mathrm{d}x_j^L-\\&\cos\theta^0\cdot x_i^L\cdot\mathrm{d}m+m^0\cdot\sin\theta^0\cdot x_i^L\cdot\mathrm{d}\theta-m^0\cdot\cos\theta^0\cdot\mathrm{d}x_i^L+\\&\sin\theta^0\cdot y_j^L\cdot\mathrm{d}m+m^0\cdot\cos\theta^0\cdot y_j^L\cdot\mathrm{d}\theta+m^0\cdot\sin\theta^0\cdot\mathrm{d}y_j^L-\\&\sin\theta^0\cdot y_i^L\cdot\mathrm{d}m-m^0\cdot\cos\theta^0\cdot y_i^L\cdot\mathrm{d}\theta-m^0\cdot\sin\theta^0\cdot\mathrm{d}y_i^L\end{aligned} \tag{7-54}$$

将同类项合并,得

$$\begin{aligned}\Delta\hat{x}_{ij}^G=&m^0\cdot\cos\theta^0\cdot\mathrm{d}x_j^L-m^0\cdot\cos\theta^0\cdot\mathrm{d}x_i^L+m^0\cdot\sin\theta^0\cdot\mathrm{d}y_j^L-m^0\cdot\sin\theta^0\cdot\mathrm{d}y_i^L+\\&(\cos\theta^0\cdot x_j^L-\cos\theta^0\cdot x_i^L+\sin\theta^0\cdot y_j^L-\sin\theta^0\cdot y_i^L)\cdot\mathrm{d}m+\\&(-m^0\cdot\sin\theta^0\cdot x_j^L+m^0\cdot\sin\theta^0\cdot x_i^L+m^0\cdot\cos\theta^0\cdot y_j^L-m^0\cdot\cos\theta^0\cdot y_i^L)\cdot\mathrm{d}\theta+\\&m^0\cdot\cos\theta^0\cdot x_j^L-m^0\cdot\cos\theta^0\cdot x_i^L+m^0\cdot\sin\theta^0\cdot y_j^L-m^0\cdot\sin\theta^0\cdot y_i^L\end{aligned} \tag{7-55}$$

正常情况下,$m^0=1$,$\theta^0=0$,因此可为

$$\Delta\hat{x}_{ij}^G=\mathrm{d}x_j^L-\mathrm{d}x_i^L+(x_j^L-x_i^L)\cdot\mathrm{d}m+(y_j^L-y_i^L)\cdot\mathrm{d}\theta+x_j^L-x_i^L \tag{7-56}$$

代入式(7-51),得到观测方程为

$$V_{\Delta x_{ij}^G}=-\mathrm{d}x_i^L+\mathrm{d}x_j^L+(x_j^L-x_i^L)\cdot\mathrm{d}m+(y_j^L-y_i^L)\cdot\mathrm{d}\theta-\Delta x_{ij}^G+x_j^L-x_i^L \tag{7-57}$$

按照相同的方法可推出

$$V_{\Delta y_{ij}^{G}} = -\mathrm{d}y_i^{L} + \mathrm{d}y_j^{L} + (y_j^{L} - y_i^{L}) \cdot \mathrm{d}m - (x_j^{L} - x_i^{L}) \cdot \mathrm{d}\theta - \Delta y_{ij}^{G} + y_j^{L} - y_i^{L} \tag{7-58}$$

于是,对任一基线可以写出两个误差方程,即

$$\left.\begin{aligned} V_{\Delta x_{ij}^{G}} &= -\mathrm{d}x_i^{L} + \mathrm{d}x_j^{L} + (x_j^{L} - x_i^{L}) \cdot \mathrm{d}m + (y_j^{L} - y_i^{L}) \cdot \mathrm{d}\theta - \Delta x_{ij}^{G} + x_j^{L} - x_i^{L} \\ V_{\Delta y_{ij}^{G}} &= -\mathrm{d}y_i^{L} + \mathrm{d}y_j^{L} + (y_j^{L} - y_i^{L}) \cdot \mathrm{d}m - (x_j^{L} - x_i^{L}) \cdot \mathrm{d}\theta - \Delta y_{ij}^{G} + y_j^{L} - y_i^{L} \end{aligned}\right\} \tag{7-59}$$

如果 i 和 j 中某一个点为起算点,则将对应的改正数去掉,同时用起算点的坐标代替公式中近似坐标。

需要注意的是,式(7-59)只适用于以地球子午线为基准定义坐标系统及其投影的情况。如果本地坐标系是任意指向的坐标系,则不能将式(7-55)简化为式(7-56)。

7.4.4　平差模型正确性的统计检验

GPS 基线向量网平差是在给定的函数模型和随机模型下进行的,平差参数的最小二乘估计是最优线性无偏估计。如果给定的函数模型或随机模型本身不完善,就不能保证参数估值的最优性质,因此,对于 GPS 基线向量网的平差,包括三维无约束平差和二维约束平差,必须进行模型正确性的统计检验。

函数模型的不完善原因很多,例如,函数的线性化所取近似值与其平差值相差过大,起始数据与观测数据不匹配,起始数据误差大或者观测数据存在粗差等,都将使函数模型存在超出偶然误差限值的属于系统误差或粗差的模型误差。随机模型的模型误差主要是所定观测值间的权比不正确造成的。如果模型误差的数量级不超过最大的偶然误差,则认为平差模型正确,否则平差结果不能认为最优,甚至是歪曲的结果。在这种情况下,必须查明原因,改进和完善平差模型,重新进行平差,以保证平差结果的正确性和最优性。

平差模型正确性的检验是一种对平差模型的总体检验方法,以后验方差为统计量,即采用平差后计算的单位权方差估值,故也称为后验方差检验。检验的基本思想是:定权时先验单位权方差 σ_0^2 是已知的,通过平差可求得其估值 $\hat{\sigma}_0^2$(后验方差),两者应该统计一致,即应满足 $E(\hat{\sigma}_0^2)=\sigma_0^2$。如果在一定的显著性水平 α 下,满足此假设,则可从总体上认为平差模型正确;否则,平差成果不能认为达到预定要求的使用成果。

误差方程和单位权方差的估值为

$$\left.\begin{aligned} \boldsymbol{V} &= \boldsymbol{B}\hat{\boldsymbol{x}} - \boldsymbol{l} \\ \hat{\sigma}_0^2 &= \frac{\boldsymbol{V}^{\mathrm{T}}\boldsymbol{P}\boldsymbol{V}}{n-t} \end{aligned}\right\} \tag{7-60}$$

统计量为

$$\chi_{(f)}^2 = \frac{\boldsymbol{V}^{\mathrm{T}}\boldsymbol{P}\boldsymbol{V}}{\sigma_0^2} = f\frac{\hat{\sigma}_0^2}{\sigma_0^2} \tag{7-61}$$

服从自由度 $f=n-t$ 的 χ^2 分布,故采用 χ^2 检验法。选取 α,以自由度 f 查得 $\chi_{\alpha/2}^2$ 和 $\chi_{1-\alpha/2}^2$,得区间$(\chi_{1-\alpha/2}^2, \chi_{\alpha/2}^2)$。如果统计量 $\chi_{(f)}^2$ 不在此区间内,则认为平差模型不正确。只有通过检验后才能使用平差成果,因此本小节检验是平差中的一个组成部分,不能省略。

7.4.5　高程拟合

通过三维无约束平差已经获取了所有点的大地高,但这个大地高并不是真正的高程,不能

当作高程使用。另外,由于三维无约束平差时使用的固定点坐标往往是单点定位的值,误差较大,因此,计算出来的大地高绝对值的误差也很大。但是,点与点之间的大地高差是比较准确的,一般认为,基线两端点之间的大地高差的误差仅仅是平面坐标增量误差的2~3倍。

1. 大地高与正常高

大地高是空间一点沿着椭球面法线到椭球面的距离,是一种纯几何学的概念,并没有物理含义。而正常高是空间一点沿着铅垂线到似大地水准面的距离,具有物理学的含义。大地高与正常高之间的区别可以用图7-11表示,h 表示正常高,用虚线表示,H 表示大地高,用实线表示。大地高与正常高之间的关系为

$$H = h + \zeta \tag{7-62}$$

式中,ζ 称为高程异常。若想将大地高转换为正常高,就要设法求出高程异常 ζ。

2. 高程异常

高程异常是一个重要的地球物理学概念,是研究地球形状必不可少的物理量。高程异常是椭球面与似大地水准面之间的差距。由于椭球是一个规则的形体,如果已知地球上任意点处的高程异常,就可以计算出似大地水准面的形状。

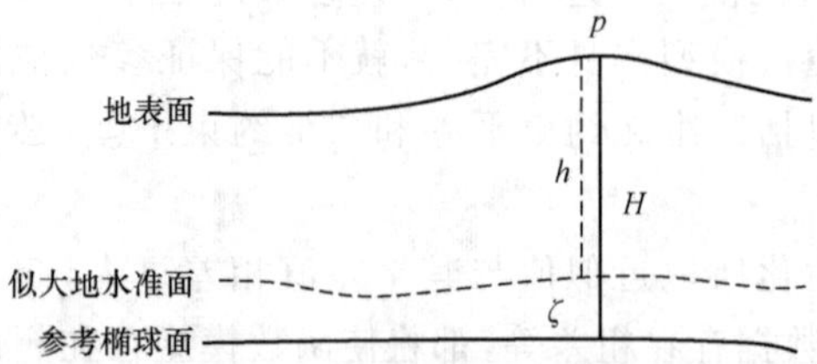

图7-11 大地高与正常高

当椭球与地球的相对位置确定下来之后,高程异常也被固定了下来。利用重力数据及相关理论,可以推导出高程异常的全球重力学模型,即

$$\zeta = \frac{GM}{r\gamma}\sum_{n=2}^{n_{\max}^{\mathrm{EGM}}}\left(\frac{a}{r}\right)^n\sum_{m=0}^{n}(\overline{C}_{nm}\cos m\lambda + \overline{S}_{nm}\sin m\lambda)\overline{P}_{nm}\cos\theta \tag{7-63}$$

式中,n 和 m 为球谐系数的阶和次,$n_{\max}^{\mathrm{EGM}}$ 表示级数展开式的最高阶数,GM 为地心引力常数,a 为对应参考椭球的长半轴,γ 为在参考椭球表面的正常重力,$\overline{C}_{nm}$ 和 $\overline{S}_{nm}$ 为完全规格化位系数,$\overline{P}_{nm}\cos\theta$ 是完全规格化的连带勒让德函数,坐标组(r,θ,λ)表示地面点的向径、地心纬度和经度。

国际上有很多这样的模型,但是分辨率和精度都较低,如:EGM96,其分辨率为 $5'\times5'$,全球的总体精度为0.36 m;CQG2000,其分辨率为 $5'\times5'$,高程异常的总体精度为0.36 m。美国国家地理空间情报局(NGA)在2008年4月发布的地球重力场模型EGM2008,该模型完全到球谐函数的阶次为2 160,还提供一些附加的球谐系数,直到2 190阶,分辨率为 $1'\times1'$,全球的平均误差为4 cm,山区的误差为10 cm。

利用GPS测量出某点的大地经度 L、大地纬度 B 以及大地高 H,将 B 和 L 转换为(r,θ,λ)代入式(7-63)即可计算高程异常,从而获得正常高。但是,由于模型本身的误差,以及本地高程基准(似大地水准面)与式(7-63)表示模型的似大地水准面并不一致,因此,通过这种方法计算出来的高程与水准测量得到的高程并不相同。

3. 拟合法求解高程异常

在局部区域的GPS控制网中,为了将所有点的大地高转换为正常高,同时要保证转换后的正常高程与当地的高程系统一致,还要满足一定的精度要求,人们总是用水准测量的方法联测GPS控制网中的部分控制点,得到这些点的正常高程,然后利用式(7-62)求出这些点上的

高程异常。这样的控制点成为高程重合点。最后采用内插的方法计算其他点的高程异常，或采用拟合的方法求出包括重合点在内的所有点的高程异常。

高程重合点的选择按照规范的要求进行，对于小范围的 D、E 级控制网，高程重合点一般分布在网的周边，如图 7-12 中的 1、3、5、7 四个点均是高程重合点。

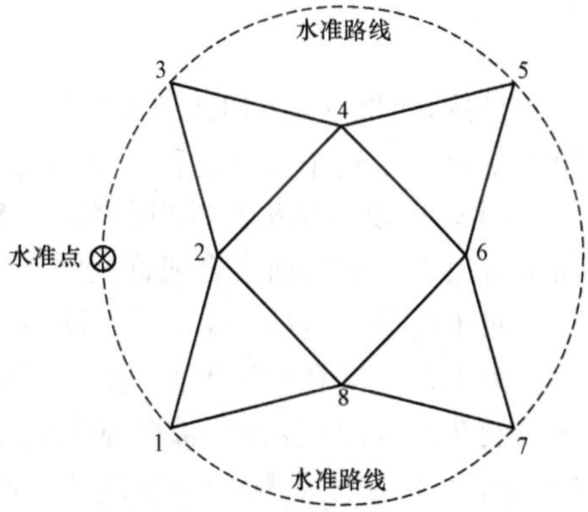

图 7-12　高程重合点的分布

高程异常随点位而变化，因此，可以将高程异常 ζ 表示为坐标 (x,y) 的函数，如

$$\zeta = f(x,y) \tag{7-64}$$

根据函数 $f(x,y)$ 的形式，可以构造多种拟合方法，常用的拟合方法如下。

1）平面拟合

令

$$f(x,y) = a_0 + a_1x + a_2y \tag{7-65}$$

式中，a_0、a_1、a_2 是常数。

2）二次曲面拟合

令

$$f(x,y) = a_0 + a_1x + a_2y + a_3x^2 + a_4y^2 + a_5xy \tag{7-66}$$

式中，a_0、a_1、a_2、a_3、a_4、a_5 是常数。

下面以平面拟合为例，说明拟合法求解高程异常的过程。

在重合点上，根据式(7-65)可以列出误差方程

$$\left.\begin{aligned} \zeta_1 + v_1 &= a_0 + a_1x_1 + a_2y_1 \\ \zeta_2 + v_2 &= a_0 + a_1x_2 + a_2y_2 \\ &\vdots \\ \zeta_n + v_n &= a_0 + a_1x_n + a_2y_n \end{aligned}\right\} \tag{7-67}$$

式中，$\zeta_i(i=1,2,\cdots,n)$ 是 n 个重复点上的高程异常，$(x_i,y_i)(i=1,2,\cdots,n)$ 是 n 个重复点的坐标，a_0、a_1、a_2 是三个系数常数，是待估量，$v_i(i=1,2,\cdots,n)$ 是 $\zeta_i(i=1,2,\cdots,n)$ 的改正数。

将式(7-67)用矩阵表示，得

$$\begin{bmatrix} v_1 \\ v_2 \\ \vdots \\ v_n \end{bmatrix} = \begin{bmatrix} 1 & x_1 & y_1 \\ 1 & x_2 & y_2 \\ \vdots & \vdots & \vdots \\ 1 & x_n & y_n \end{bmatrix} \begin{bmatrix} a_0 \\ a_1 \\ a_2 \end{bmatrix} - \begin{bmatrix} \zeta_1 \\ \zeta_2 \\ \vdots \\ \zeta_n \end{bmatrix} \tag{7-68}$$

令

$$\boldsymbol{V} = \begin{bmatrix} v_1 \\ v_2 \\ \vdots \\ v_n \end{bmatrix},\ \boldsymbol{A} = \begin{bmatrix} 1 & x_1 & y_1 \\ 1 & x_2 & y_2 \\ \vdots & \vdots & \vdots \\ 1 & x_n & y_n \end{bmatrix},\ \boldsymbol{X} = \begin{bmatrix} a_0 \\ a_1 \\ a_2 \end{bmatrix},\ \boldsymbol{L} = \begin{bmatrix} \zeta_1 \\ \zeta_2 \\ \vdots \\ \zeta_n \end{bmatrix}$$

则式(7-68)可写为

$$\boldsymbol{V} = \boldsymbol{AX} - \boldsymbol{L} \tag{7-69}$$

根据最小二乘法，可以求出待求系数为

$$\boldsymbol{X}=(\boldsymbol{A}^{\mathrm{T}}\boldsymbol{A})^{-1}\boldsymbol{A}^{\mathrm{T}}\boldsymbol{L} \tag{7-70}$$

中误差为

$$\sigma_0=\sqrt{\frac{\boldsymbol{V}^{\mathrm{T}}\boldsymbol{V}}{n-3}} \tag{7-71}$$

显然,如果 $n=3$,用式(7-70)可以计算待求系数 $\boldsymbol{X}$,但是不会求出改正数 $\boldsymbol{V}$,也不会计算中误差 σ_0,此时,这个计算过程不能称为拟合,只能叫作内插。

用 σ_0 可以评定拟合的内部精度,当 σ_0 异常时,可能是由于拟合方法不正确引起的,将平面拟合改为二次曲面拟合或许能改善拟合的精度。

对于其他点,将 a_0、a_1、a_2 以及 (x,y) 代入式(7-65)就可以计算高程异常。

为了检验拟合的正确性,用水准测量的方法再联测 1～2 个点做检核。

例 7-1 GPS 控制网部分基线向量解算结果见表 7-14。四等网精度要求固定误差 $a=10$ mm,比例误差系数 $b=5\times10^{-6}$。试求:①复测基线 N019→N028 的长度之差值,并判断是否超限;②同步环 N015→N019→N028→N015 的闭合差,并判断是否超限;③异步环 N015→N059→N005→N028→N015 的闭合差,并判断是否超限。

表 7-14 基线向量观测值 单位:m

基线向量	Δx	Δy	Δz
N015→N019	321.941 3	13.439 5	209.911 2
N019→N028	17.123 1	248.363 4	−303.037 3
N015→N028	339.062 4	261.805 5	−93.123 5
N015→N059	5.095 6	409.716 4	−532.122 1
N005→N059	−468.126 9	37.954 6	−375.819 9
N005→N028	−134.152 2	−109.968 0	63.181 1
N019→N028	17.121 8	248.363 9	−303.035 2

解:

(1)复测基线 N019→N028 长度之差

$$\begin{aligned}\Delta s_{\text{N019—N028}}&=\sqrt{(17.123\ 1-17.121\ 8)^2+(248.363\ 4-248.363\ 9)^2+(-303.037\ 3+303.035\ 2)^2}\\&=2.5(\text{mm})\end{aligned}$$

限差 $\Delta s_{限}=2\sqrt{2}\ \sqrt{a^2+(bs)^2}=28.8(\text{mm})$

复测基线长度之差满足限差要求,合格。

(2)同步环 N015→N019→N028→N015 的闭合差

$$\left.\begin{aligned}W_x&=321.941\ 3+17.123\ 1-339.062\ 4=2.0(\text{mm})\\W_y&=13.439\ 5+248.363\ 4-261.805\ 5=-2.6(\text{mm})\\W_z&=209.91.12-303.037\ 3+93.123\ 5=-2.6(\text{mm})\\W_s&=\sqrt{W_x^2+W_y^2+W_z^2}=4.2(\text{mm})\end{aligned}\right\}$$

同步环闭合差的限差

分量闭合差的限差 $\Delta W_{限}=\frac{\sqrt{3}}{5}\sqrt{a^2+(bs)^2}=3.5(\text{mm})$

全长闭合差的限差　$\Delta W_{限} = \frac{3}{5}\sqrt{a^2+(bs)^2} = 6.1(\text{mm})$

同步环闭合差满足限差要求，合格。

(3)异步环 N015→N059→N005→N028→N015 的闭合差

$$\left.\begin{array}{l}W_x = 5.0956+468.1269-134.1522-339.0624=7.9(\text{mm})<2\sigma=41(\text{mm})\\ W_y = 409.7164-37.9546-109.9680-261.8055=-11.7(\text{mm})<2\sigma=41(\text{mm})\\ W_z = -532.1221+375.8199+63.1811+93.1235=2.4(\text{mm})<2\sigma=41(\text{mm})\\ W_s = \sqrt{W_x^2+W_y^2+W_z^2}=14.3(\text{mm})<2\sigma=71(\text{mm})\end{array}\right\}$$

异步环闭合差满足限差要求，合格。

7.5 GNSS 控制测量技术总结

以 GPS 控制测量技术总结为例。

7.5.1 技术总结

GPS 测量工作结束后，需按要求编写技术总结报告，其内容包括：

(1)测区范围与位置，自然地理条件，气候特点，交通及电信、电源等情况；

(2)任务来源、测区已有测量情况、项目名称、施测目的和基本精度要求；

(3)施测单位、施测起讫时间、技术依据、作业人员情况；

(4)接收设备类型与数量，以及检验情况；

(5)选点所遇障碍物和环境影响的评价、埋石与重合点情况；

(6)观测方法要点与补测、重测情况，以及野外作业发生与存在的问题的说明；

(7)野外数据检核，起算数据情况和数据预处理内容、方法及软件情况；

(8)工作量、工作日及定额计算；

(9)方案实施与规范执行情况；

(10)上交成果尚存问题和需要说明的其他问题；

(11)各类附表与附图。

7.5.2 上交资料

GPS 测量任务完成后，应上交下列资料：

(1)测量任务书及专业设计书；

(2)点之记、环视图和测量标志委托保管书；

(3)卫星可见性预报表和观测计划；

(4)外业观测记录(包括原始记录的存储介质及其备份)、测量手簿及其他记录(包括偏心观测)；

(5)接收设备、气象及其他仪器的检验资料；

(6)外业观测数据质量分析及野外检验计算资料；

(7)数据加工处理中生成的文件(含磁盘文件)、资料和成果表；

(8)控制网展点图；

(9)技术总结和成果检验报告。

习题与思考题

1. 控制网的等级主要根据什么来衡量?

2. GPS 测量采用的大地基准是什么? 本地测量采用的大地基准是什么? 基准设计是针对 GPS 测量采用的基准还是本地测量采用的基准?

3. GPS 接收机从开机到关机会将观测数据记录到一个文件中,那么一个文件就可以理解为一个时段,是这样的吗?

4. 为什么同步环的闭合差允许值明显小于异步环或重复基线?

5. 既然构成 GPS 控制网的基线是独立基线,那么在平差时是不是要把多余的基线去掉而只保留独立基线?

6. GPS 控制网的图形设计时为什么要优先选择短边?

7. GPS 控制网的精度主要根据什么来衡量?

8. 从哪些方面来评价接收机的综合性能?

9. 什么叫作天线相位中心偏差? 一般接收机的天线相位中心偏差有多大?

10. 接收机的内部噪声包含哪些噪声?

11. 二维平差之前要将三维基线投影到二维平面上,这里说的三维基线是原始的三维基线还是经过三维无约束平差后的三维基线?

12. 高程异常的计算除了所讲的全球重力学模型、平面拟合以及二次曲线拟合外,还有什么方法?

13. GPS 控制网平差后,从哪些方面考核其成果的正确性?

14. 下面是一个 GPS 控制点的点位分布平面图,已知相邻控制点之间的平均距离为 4 km,请根据《全球定位系统(GPS)测量规范》的要求回答下面的问题:

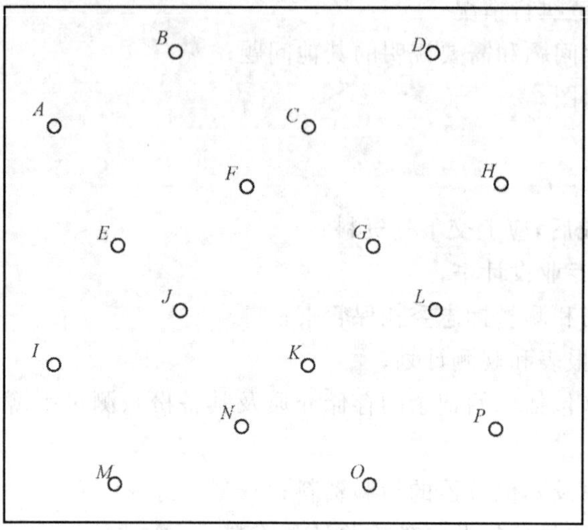

图 7-13 点位分布

(1)该网的等级。

(2)固定误差和比例误差系数是多少?

(3)测量该网应该使用单频接收机还是双频接收机?观测量中必须包含什么数据?

(4)请为该网设计卫星截止高度角、时段长度、采样间隔、重复设站数。

(5)如果要进行坐标转换,请指出最好将哪些点联测到本地控制点。

(6)如果要进行高程拟合,请指出最好在哪些点上进行水准联测。

(7)如果使用 4 台仪器进行观测,请设计网图,并制定作业调度表。

(8)如果使用 5 台仪器进行观测,请设计网图,并制定作业调度表。

参考文献

毕永良，孙毅，黄谟涛，2004. 海洋测量技术研究进展与展望[J]. 海洋测绘，24(3)：65-69.

陈俊勇，2005. GPS 现代化和 Galileo 运行准备的进展[J]. 测绘通报(3)：1-5.

陈俊勇，2010. GPS 技术进展及其现代化[J]. 大地测量与地球动力，30(3)：1-4.

党亚民，秘金钟，成英燕，2007. 全球导航卫星系统原理与应用[M]. 北京：测绘出版社.

格里森，雷格齐亚布泽尔，2011. GNSS 应用与方法[M]. 杨东凯，译. 北京：电子工业出版社.

龚辉，2005. 可配置多模式卫星定位信号处理技术研究[D]. 长沙：国防科技大学.

国家测绘局，1995. CH 8016—95 全球定位系统(GPS)测量型接收机检定规程[S]. 北京：测绘出版社.

黄丁发，熊永良，周乐韬，等，2009. GPS 卫星导航定位技术与方法[M]. 北京：科学出版社.

黄丁发，周乐韬，李成钢，等，2011. GPS 增强参考站网络理论[M]. 北京：科学出版社.

黄俊华，陈文森，2009. 连续运行卫星定位综合服务系统建设与应用[M]. 北京：科学出版社.

霍夫曼-韦伦霍夫，利希特内格尔，瓦斯勒，2009. 全球卫星导航系统：GPS，GLONASS，Galileo 及其他系统[M]. 程鹏飞，蔡艳辉，文汉江，等，译. 北京：测绘出版社.

孔祥元，郭际明，刘宗泉，2011. 大地测量学基础[M]. 武汉：武汉大学出版社.

李明峰. 冯宝红，刘三枝，等，2009. GPS 定位技术及其应用[M]. 北京：国防工业出版社.

李天文，2004. GPS 测量原理及应用[M]. 北京：科学出版社.

李学友，赵荣军，李英成，等，2006. IMU/DGPS 辅助航测技术在大比例尺航测成图中的应用[J]. 测绘科学，31(1)：60-61.

李征航，黄劲松，2010. GPS 测量与数据处理[M]. 武汉：武汉大学出版社.

李征航，张小红，2009. 卫星导航定位新技术及高精度数据处理方法[M]. 武汉：武汉大学出版社.

连远锋，赵剡，吴发林，2010. 北斗二代卫星导航系统全球可用性分析[J]. 电子测量技术，33(2)：15-19.

刘大杰，施一民，过静珺，1996. 全球定位系统(GPS)的原理与数据处理[M]. 上海：同济大学出版社.

刘基余，2008. GPS 卫星导航定位原理与方法[M]. 北京：科学出版社.

刘基余，2011. GPS 现代化及其影响[J]. 数字通信世界(8)：24-30.

宁津生，罗志才，李建成，2004. 我国省市级大地水准面精化的现状及技术模式[J]. 大地测量与地球动力学，24(1)：4-8.

乔仰文，赵长胜，谢宏全，等，2000. GPS 卫星定位原理及其在测绘中的应用[M]. 北京：教育科学出版社.

冉一行，2011. GNSS 信号调制方式及频率兼容性研究[D]. 武汉：华中科技大学.

王惠南，2003. GPS 导航原理与应用[M]. 北京：科学出版社.

魏子卿，葛茂荣，1998. GPS 相对定位的数学模型[M]. 北京：测绘出版社.

武汉大学测绘学院测量平差学科组，2003. 误差理论与测量平差基础[M]. 武汉：武汉大学出版社.

徐绍铨，张华海，杨志强，等，2012. GPS 测量原理及应用[M]. 3 版. 武汉：武汉大学出版社.

杨元喜，李金龙，王爱兵，等，2014. 北斗区域卫星导航系统基本导航定位性能初步评估[J]. 中国科学：地球科学，44(1)：72-81.

袁修孝，2007. 当代航空摄影测量加密的几种方法[J]. 武汉大学学报(信息科学版)，32(11)：1001-1005.

袁修孝，傅建红，左正立，等，2006. 机载 POS 系统用于航空遥感直接对地目标定位的精度分析[J]. 武汉大学学报(信息科学版)，31(10)：847-850.

翟国君，黄谟涛，欧阳永忠，等，2001. 海洋测绘的现状与发展[J]. 测绘通报(6)：7-9.

张勤，李家权，2005. GPS 测量原理及应用[M]. 北京：科学出版社.

中华人民共和国国家质量监督检验检疫总局，2009. GB/T 18314—2009 全球定位系统（GPS）测量规范[S]. 北京：中国标准出版社.

中华人民共和国建设部，中华人民共和国国家质量监督检验检疫总局，2008. GB 50026—2007 工程测量规范[S]. 北京：中国计划出版社.

周德锁，2000. 星上多载波 QPSK 数字化解调关键技术研究[D]. 西安：西安电子科技大学.

周立，张东明，贺英斜，等，2006. GPS 测量技术[M]. 郑州：黄河水利出版社.

周忠谟，易杰军，周琪，1999. GPS 卫星测量原理及应用[M]. 北京：测绘出版社.